普通高等教育"十三五"规划教材

现代爆破工程

程 平　郭进平　孙锋刚　主编

U0315774

北 京

冶 金 工 业 出 版 社

2018

内 容 提 要

本书系统地介绍了爆破工程的基本内容，全面阐述了爆破基本理论、爆破参数、炸药、起爆器材和起爆方法、爆破用仪表和设备、爆破工程地质以及不同爆破条件、要求、目的的爆破设计和施工，并列举了近年来工程爆破的实例。本书理论结合实际，内容深入浅出，并且章后附有思考题，以便重点思考与复习。

本书可作为普通高等院校爆破工程专业以及采矿、土木、交通工程等专业的必修课教材，也可供从事相关专业的工程技术人员参考。

图书在版编目（CIP）数据

现代爆破工程／程平，郭进平，孙锋刚主编. —北京：冶金工业出版社，2018.10

普通高等教育"十三五"规划教材

ISBN 978-7-5024-7891-9

Ⅰ.①现… Ⅱ.①程… ②郭… ③孙… Ⅲ.①爆破技术—高等学校—教材 Ⅳ.①TB41

中国版本图书馆 CIP 数据核字（2018）第 214120 号

出 版 人 谭学余

地　　址　北京市东城区嵩祝院北巷 39 号　邮编　100009　电话　（010）64027926
网　　址　www.cnmip.com.cn　电子信箱　yjcbs@cnmip.com.cn
责任编辑　高　娜　刘晓飞　美术编辑　吕欣童　版式设计　孙跃红　禹　蕊
责任校对　卿文春　责任印制　牛晓波

ISBN 978-7-5024-7891-9

冶金工业出版社出版发行；各地新华书店经销；三河市双峰印刷装订有限公司印刷
2018 年 10 月第 1 版，2018 年 10 月第 1 次印刷

787mm×1092mm　1/16；19 印张；458 千字；290 页

47.00 元

冶金工业出版社　投稿电话　（010）64027932　投稿信箱　tougao@cnmip.com.cn
冶金工业出版社营销中心　电话　（010）64044283　传真　（010）64027893
冶金书店　地址　北京市东四西大街 46 号（100010）　电话　（010）65289081（兼传真）
冶金工业出版社天猫旗舰店　yjgycbs.tmall.com

（本书如有印装质量问题，本社营销中心负责退换）

前　言

近年来，国内外在爆破理论、爆破工艺、爆破技术方面都有了新的发展和提高，在爆破器材技术领域出现了一些令人瞩目的新成果。其中，现场混装乳化炸药技术的进一步发展和应用，数码电子雷管技术应用逐步成熟，受到了国内外爆破界的广泛关注，这也必将推动国际工业炸药、起爆器材与爆破技术的整体进步；信息化、智能化在爆破领域的应用，给爆破工程实践中质量管理工作提供了重要参考依据；降低爆破危害，既可作为工程验收的记录资料，也可能作为司法程序解决民事纠纷的依据。在环境和生态保护成为主题的今天，采用危害因素较少的精细、微震等爆破工艺是极其重要的。

"爆破工程"作为一门实践性较强的技术类基础课，结合当前爆破工程施工生产现场的实际情况，"新爆破器材和新技术的应用"知识点的更新在该课程的教学工作中具有重要的地位和作用。但在教学过程中，编者发现当前国内同类教材缺少这些知识点的更新，导致学生在学校掌握的知识点和现场应用脱节。为推广爆破技术和促进爆破技术的发展，加强在校学生对现代爆破器材和应用技术前沿信息的了解，扩大知识面，编者结合以往授课的讲义和爆破实践，综合爆破器材和应用技术的最新发展动态，编写了本书。

本书内容包含炸药和起爆器材、爆破理论、爆破方案设计、爆破危害控制，共10章，并列举了近年来工程爆破的实例。全书包括了丰富的爆破设计方案和数据，侧重实践，有利于读者对相关知识的理解和掌握。每章后面都提供了思考题，使读者充分掌握每一个知识点。

本课程已在实际教学中积累对教材改编的实践，扩大学生的视野并提高知识技能，逐步实现相关知识点的更新换代和实践性的要求，以及现代矿山对专业课程发展的要求。

本书在编写过程中，得到了北京科技大学、西安建筑科技大学、武汉理工大学以及中国工程爆破协会部分专家学者的支持、建议和指导，并得到西安建筑科技大学地爆教研室的大力支持，在此一并表示感谢！

　　由于本书编写时间仓促，编者水平有限，不妥之处在所难免，恳请广大读者批评指正。

编　者

2018 年 7 月

目　　录

绪　　论

爆破技术是利用炸药爆炸释放的能量进行岩石开挖或介质破碎的专门技术。炸药的始祖是黑火药，它为人类文明做出了重要贡献。最先关于黑火药的记载可追溯到6~7世纪，唐代孙思邈所著的《丹经内伏硫黄注》中出现了硫、硝、炭三种成分的黑火药，郑思远在《真远妙道要略》中描述了硝、炭的化学反应。9世纪出现了完整的黑火药配方，南宋时期黑火药被用于军事目的。黑火药传入欧洲是在13世纪，1627年匈牙利人首先将黑火药用于采矿过程的爆破工序，从此开始了爆破技术的萌芽。

爆破技术伴随着各种爆破器材的发明而发展，而爆破技术的进步又促进了爆破器材的发展。1799年E. Howard发明了雷汞炸药；1831年W. Bickford发明了导火索。A. Nobel在1867年发明了火雷管，同年又发明了以硅藻土为吸收剂的硝化甘油炸药（Dynamite），1875年研制成功胶质硝化甘油炸药。硝化甘油炸药后来逐渐取代了黑火药，从此开始了黄色炸药的新纪元。

19世纪随着许多工业炸药新品种的发明及凿岩机械和起爆技术的出现，爆破技术得到了很大的发展。如1813年R. Treuitck研制成功蒸汽式钻机，1862年Sommeiller研制出压气冲击式凿岩机，结束了人工掌钎抡锤打孔的历史；1895年出现的秒延期雷管，解决了大规模爆破同时起爆多个药包的难题，并为延时起爆技术发展创造了条件。

1925年以硝酸铵为主要成分的粉状硝酸铵炸药问世，使爆破工程技术朝着安全、经济的方向迈出了决定性的一大步。在此前后出现的以太安为药芯的导爆索（1919）和毫秒延期电雷管（1946），加上大型凿岩设备的出现，使大规模土石方开挖工程出现了深孔爆破，起爆形式也从齐发爆破发展到毫秒延时爆破。1956年M. Cook发明的浆状炸药，以及20世纪70年代乳化炸药的研制成功，彻底解决了硝铵类炸药的防水问题。1967年瑞典诺贝尔公司研制发明的导爆管起爆系统，克服了电雷管起爆系统易受外来电干扰的弊端，进一步提高了起爆的安全性，成为爆破工程的主流起爆器材。

爆破技术不断发展，新技术不断涌现，使一些过时的技术逐渐被淘汰。硐室爆破是以专用硐室或巷道作为装药空间的一种爆破技术，由于该技术爆破规模大、成本低、效率高，不需大型机械设备，曾在我国露天矿剥离、路堑开挖、基建平场和堤坝堆筑等工程中发挥过重要作用。硐室爆破药室的容量最大可达数千吨，我国曾成功进行过多次千吨至万吨级的硐室大爆破。随着机械化程度的提高和工程投资状况的改善，大规模硐室爆破的应用日益萎缩，加之爆破有害效应大和二次破碎工程量繁重，发达国家和地区已不再使用此种爆破技术。近年来，随着起爆规模的增加和起爆器材品种的更新，火雷管起爆已被淘汰，电雷管的使用范围也逐渐萎缩；乳化炸药的兴起和普及，使固体防水硝铵类炸药即将退出爆破市场。

　　长期以来，使用爆破技术几乎是破碎坚硬岩石的唯一手段。在逐渐与隧道掘进机和液压冲击锤等重型机械竞争的今天，爆破技术在较硬岩石和混凝土介质的破碎和开挖工程中，仍然没有失去其不可替代的优势。

　　我国的爆破技术在改革开放以来取得了突飞猛进的发展，如今不仅在爆破技术开发应用上成果显赫，在炸药技术输出和理论研究方面也取得了令世人瞩目的成就，21 世纪更是一跃跨进世界爆破技术先进国家行列。

1 工 业 炸 药

重点:

(1) 铵油炸药的成分、生产工艺及适用条件;

(2) 乳化炸药的组分、性能及适用条件。

1.1 概　述

1.1.1 炸药的定义

炸药是在一定条件下,能够发生快速化学反应,放出能量,生成气体产物,并显示爆炸效应的化合物或混合物。从炸药组成元素来看,炸药主要是由碳、氢、氮、氧四种元素组成的化合物或混合物。

在平常条件下,炸药是比较安定的物质,但一旦外界给予足够的活化能,使炸药内各种分子的运动速度和相互间碰撞力增加,使之发生迅速的化学反应,就会丧失安定性,引起爆炸。需要指出,炸药爆炸通常是从局部分子被活化、分解开始的,其反应热又使周围炸药分子被活化、分解,如此循环下去,直至全部炸药反应完毕。

1.1.2 工业炸药的定义

工业炸药又称民用炸药,是指用于矿山、铁道、水利、建材等部门的炸药。工业炸药是以氧化剂和可燃剂为主体,按照氧平衡原理构成的爆炸性混合物。工业炸药具有成本低廉、制造简单、应用可靠等特点,因而广泛应用于煤矿冶金、石油地质、交通水电、林业建筑、金属加工和控制爆破等各方面。随着各国经济建设不断发展,工业炸药品种和产量的需求不断增大,因此得到迅速发展。

工业炸药有如下基本要求:(1) 爆炸性能好,有足够的威力以满足各种矿岩的爆破要求;(2) 有较低的机械感度和适度的起爆感度,既能保证生产、贮存、运输和使用的安全,又能保证顺利起爆;(3) 炸药配比接近零氧平衡,以保证爆炸产物中有毒气体生成量少;(4) 有适当的稳定贮存期,在规定的贮存期内不会变质失效;(5) 原料来源广泛,加工工艺简单、操作安全,价格便宜。

1.2　炸药的分类

1.2.1　按使用条件分类

（1）煤矿用炸药，又称安全炸药。准许在一切地下矿山和露天爆破工程中使用的炸药，包括有沼气和矿尘爆炸危险的矿山。这类炸药爆炸产生的有毒气体不超过安全规程所允许的量，并保证不会引起瓦斯和矿尘爆炸。

（2）岩石炸药。准许在地下和露天工程中使用的炸药，但不允许在有沼气和矿尘爆炸危险的矿山。

（3）露天炸药。只准许在露天工程中使用的炸药。

1.2.2　按炸药主要化学成分分类

（1）硝铵类炸药。以硝酸铵为主要成分，加上适量的可燃剂、敏化剂及其附加剂的混合炸药，是目前国内外工程爆破中用量最大、品种最多的一大类混合炸药。

（2）硝化甘油类炸药。以硝化甘油或硝化乙二醇混合物为主要成分的混合炸药。

（3）芳香族硝基化合物类炸药。主要是苯及其同系物的硝基化合物炸药，如梯恩梯、黑索金等。

（4）其他工业炸药。指不属于以上三类的工业炸药，例如黑火药和雷管起爆药等。

1.2.3　按炸药用途特性分类

（1）发射药。发射药能在没有外界助燃剂（如氧气）的参与下进行迅速而有规律的燃烧，释放出大量的热能和产生大量的气体，主要用来作点火药和延期药（如黑火药）。常用的发射药除黑火药外，用的最多的是由硝化棉、硝化甘油为主要成分，外加部分添加剂胶化而成的无烟火药。

（2）起爆药。起爆药是用于起爆其他类型的炸药，有单质和混合的两种。常用的单质起爆药有雷汞、氮化铅、斯蒂酚酸铅和二硝基重氮酚等；常用的混合起爆药有 D.S 共晶起爆药和点火药等。起爆药的特点是感度灵敏，受外界较小能量作用立即发生爆炸反应，反应速度在极短时间内增长到最大值。

（3）猛炸药。猛炸药爆炸时可对周围介质产生猛烈的爆炸作用，按组分又分为单质猛炸药和混合猛炸药。工业上常用的单质猛炸药有 TNT（梯恩梯）、RDX（黑索金）、PETN（太安）、HMX（奥克托今）等，常用于雷管的加强药、导爆索和导爆管药芯以及混合炸药的敏化剂等。混合猛炸药是指由两种或两种以上的化学成分组成的混合物猛炸药，是工程爆破中用量最大的炸药，在开山、筑路、采矿等爆破作业中大量应用。感度较低，需要有较大的能量作用才能引起爆炸，其特点是猛度高、做功能力大。

常用炸药按炸药用途特性分类见表 1-1。

1.2.4　按组成分类

（1）单质炸药。单质炸药是爆炸化合物，是一种单一成分的炸药。主要有梯恩梯、黑索金、太安、奥克托今和硝化甘油等。

表 1-1 常用炸药

炸药种类		常 用 炸 药	主 要 特 点	用 途
发射药		无烟火药	感度较小，主要爆炸形式是燃烧，不易由燃烧转为爆炸	主要用作枪炮发射药和火箭推进剂
		有烟火药（黑火药）	火焰感度、机械感度较灵敏，主要爆炸形式是燃烧，能由燃烧转为爆轰（炸）	主要用作延期药、导火索药芯等
起爆药		雷汞、氮化铅、斯蒂酚酸铅	感度最灵敏，受轻微的冲击、摩擦或火花影响即能爆炸，极易由燃烧转为爆轰（炸）	装填雷管和火帽
猛炸药	高级炸药	黑索金、太安、特屈儿、硝化甘油等	威力最大，感度比起爆药低，容易由燃烧转为爆轰（炸）	装填雷管、导爆索、特种弹药和制造混合炸药
	中级炸药	梯恩梯、梯黑炸药等	威力中等，感度通常也中等，能由燃烧转为爆轰（炸）	装填弹药、地雷、构件爆破及制造混合炸药等
	低级炸药	硝铵炸药等	威力较小，感度通常较迟钝，能由燃烧转为爆轰（炸）	用于土壤、岩石爆破等

（2）混合炸药。混合炸药是爆炸混合物，它至少有两种或两种以上独立的化学成分组成，既可以含单质炸药，也可以不含单质炸药，但应含有氧化剂和可燃剂两部分，而且二者是以一定的比例均匀混合在一起，在需要改善炸药性能时，还含有一些附加物。混合炸药的组分一般有以下三种：

1）氧化剂。它是一种含氧丰富的成分，其本身可以是非爆炸性的氧化剂，也可以是含氧丰富的爆炸化合物。一种氧化剂是一种化学物质，它在反应中提供氧。硝酸铵是到目前为止最普遍的氧化剂。

2）可燃物。它是一种不含氧或含氧较少的可燃物质。可以是非爆炸性的可燃物，也可以是缺氧的爆炸化合物。常用的可燃物有柴油、石蜡、铝粉等。

3）附加物。它是为了改善炸药的性能而加入的物质。可以是非爆炸性物质，也可以是爆炸性物质。一种敏化剂提供空位，它在起爆和爆破过程中作为"热点"。敏化剂通常是非常微小的空气或其他气泡，有时是密封的玻璃微珠（BMBS）。

表 1-2 举例说明它们在不同的炸药中是如何使用的。

表 1-2 常用炸药的成分

成 分	铵油炸药	乳化炸药 1	乳化炸药 2
氧化剂	硝铵	硝铵	硝铵
可燃剂	燃油（蒸馏）	燃油	燃油或石蜡油
敏化剂	圈闭的空气	圈闭的空气	化学氧化微珠
其他		乳化剂	乳化剂

混合炸药的种类繁多，分类亦不同。按照其物理状态可分为气态爆炸混合物、液态爆炸混合物、固态混合炸药和高聚物黏结混合炸药。固态混合炸药是目前应用最广的一类混合炸药，属于这类炸药的有钝化黑索金、钝化太安、含铝炸药、硝铵炸药和混合起爆药等。高聚物黏结混合炸药是近代发展起来的一类混合炸药，属于这类炸药的有橡皮炸药和塑性炸药等。

1.3　常用炸药

1.3.1　铵油炸药（ANFO）

铵油炸药是一种无梯炸药。最广泛使用的铵油炸药是含粒状硝酸铵 94% 和轻柴油 6% 的氧平衡混合物，它是一种可以自由流动的产品。为了减少炸药的结块现象，也可适量加入木粉作为疏松剂。

最适合做成炸药用的粒状硝酸铵密度范围在 $1.40 \sim 1.50 \mathrm{g/cm^3}$ 之间。常使用两个品种的硝酸铵，一种是细粉状结晶的硝酸铵，另一种是多孔粒状硝酸铵。前者多用于地下矿山；后者表面充满空穴，吸油率较高，松散性和流动性都比较好，不易结块，适用于机械化装药，多用于露天矿深孔爆破。

1.3.1.1　铵油炸药主要特点

（1）成分简单，原料来源充足，成本低，制造使用安全，易于制造，甚至可在露天爆破工地当场拌合。在爆炸威力方面低于铵梯炸药。

（2）感度低，起爆比较困难。采用轮碾机热加工，且加工细致、颗粒较细、拌合均匀的细粉状铵油炸药可由普通雷管直接起爆；采用冷加工，且加工粗糙、颗粒较粗、拌合较差的粗粉状铵油炸药，需借助大约 10% 的普通炸药制成炸药包辅助起爆，雷管不能直接起爆。

（3）吸潮及固结的趋势更为强烈。吸潮、固结后爆炸性能严重恶化，故最好现做现用，不要储存。容许的储存期一般为 15d（潮湿天气为 7d）。

铵油炸药在炮孔中的散装密度取决于混合物中粒状硝酸铵自身的密度和粒度大小，一般约为 $0.78 \sim 0.85 \mathrm{g/cm^3}$。表 1-3、表 1-4 列出了常用的几种铵油炸药的成分、配比和性能。

1.3.1.2　铵油炸药主要产品

（1）粉状铵油炸药。是指以粉状硝酸铵为主要成分，与柴油和木粉（或不加木粉）制成的铵油炸药。产品主要包括：1~3 号粉状铵油炸药。

（2）多孔粒状铵油炸药。指以多孔粒状硝酸铵与柴油制成的铵油炸药。多孔粒状硝酸铵对柴油的吸附性决定了多孔粒状铵油炸药混制过程的简单和快速，所以多孔粒状铵油一般多采用炸药机械化的连续"现场混制"和炮孔装药相结合的方法。

（3）重铵油炸药。是指在铵油炸药中加入乳胶体的铵油炸药，具有密度大、体积威力大和抗水性好等优点，适用于有水炮孔，又称乳化铵油炸药。

（4）粒状黏性铵油炸药。是一种以粒状铵油炸药、乳化基质和敏化增粘剂为主组成的非雷管感度的工业炸药，具有不含有毒物质、运输使用安全可靠、防潮性能好、体积威力高等优点，适用于小直径炮孔爆破、露天中深孔爆破、地下中深孔爆破等。

无论是粉状铵油炸药，还是多孔粒状铵油炸药，它们的结块强度比硝铵炸药要小得多，尤其是多孔粒状铵油炸药几乎不结块。但是它们的贮存稳定性比较差，宜于"现混现用"或"短期存放"。

表 1-5、表 1-6 列出了国内外常用的几种重铵油炸药的成分、配比和性能。

表 1-3　几种铵油炸药的成分、配比和性能

成分与性能		92-4-4 细粉状铵油炸药	100-2-7 粗粉状铵油炸药	露天细粉状铵油炸药	露天粗粉状铵油炸药
成分	硝酸铵/%	92	91.7	89.5±1.5	94.2
	柴油/%	4	1.9	2±0.2	5.8
	木粉/%	4	6.4	8.5±5	3
性能	爆速/m·s⁻¹	3600	3300	3100	—
	爆力/mL	280~310	—	240~280	—
	猛度/mm	9~13	8~11	8~10	≥7
	殉爆距离/cm	4~7	3~6	≥3	≥2

表 1-4　铵油炸药的组成、性能及适用条件

炸药品种	组成/%			水分（不大于）/%	装药密度/g·mL⁻¹	爆炸性能				
	硝酸铵	柴油	木粉			殉爆距离/cm		猛度/mm	爆力/mL	爆速/m·s⁻¹
						浸水前	浸水后			
1 号铵油炸药（粉状）	95±1.5	4±1	4±0.5	0.75	0.9~1.1	5		12	300	3300
2 号铵油炸药（粉状）	92±1.2	1.8±0.5	6.2±1	0.8	0.8~0.9			18	250	3800
3 号铵油炸药（粒状）	94.5±1.5	5.5±1.5		0.8	0.9~1.0			18	250	3800

炸药保质期/d	炸药保质期内		适 用 条 件
	殉爆距离（不小于）/cm	水分（不大于）/%	
15（雨季 7）	2	0.5	露天或无瓦斯、无矿尘爆炸危险的中硬以上矿岩的爆破
15		1.5	露天中硬以上矿岩的中爆破和硐室大爆破工程
15		0.5	露天大爆破工程

表 1-5　几种国内重铵油炸药性能

炸药	密度/g·cm⁻³	爆速/m·s⁻¹	猛度/mm	殉爆距离/cm	抗水性	研制单位/生产厂家
YZA-A	1.35	3200~4100		10	良	马鞍山研究院
YZA-B	1.25	3700~4500	12~15	≥10	良	
RJ-A₁	1.1~1.35	3620			良	岭南化工厂
RJ-A₂	1.1~1.35	3620			良	
AR-Y	>1.0	2500~3200	11~13	4~8	良	安宁化工厂
粒状乳化岩石	0.9~1.0	>1800	≥5	≥3		东川矿务局化工厂

表 1-6　几种国外重铵油炸药性能

组成/%		密度/g·cm⁻³	爆速/m·s⁻¹	相对铵油炸药威力	抗水性
铵油	乳胶体				
95	5	0.95~1.00	3000~4000	1.04	差
90	10	1.00~1.05	3000~4000	1.10	可
80	20	1.15~1.20	3000~4000	1.12	良
70	30	1.25~1.30	3000~4000	1.13	优

1.3.2 乳化炸药

乳化炸药是当前矿山防水使用的主要含水炸药，与浆状炸药、水胶炸药相比，它的物理性能更稳定、原料成本更低，爆炸威力适中。

乳化炸药与铵油炸药相比，具有优良的抗水性，几乎不吸湿不结块，可以较长时间浸泡在水中，但成形性能较低会在爆破施工中给药卷装填带来困难，影响生产效率。另外，其贮存稳定性不利于长期贮存，且制造成本高于铵油炸药。

1.3.2.1 乳化炸药组分

乳化炸药也称乳胶炸药，是在水胶炸药的基础上发展起来的一种新型抗水炸药。它由氧化剂水溶液、燃料油、乳化剂、稳定剂、敏化发泡剂、高热剂等成分组成。它跟浆状炸药和水胶炸药不同，属于油包水型结构，而后两者属于水包油型结构。

乳化炸药是以无机含氧酸盐水溶液为分散相，以不溶于水的可液化的碳质燃料为连续相，借助乳化剂的乳化作用和敏化剂（包括敏化气泡）的敏化作用而制成的一种油包水（W/O）型乳脂状混合炸药。密度 $1.05 \sim 1.35 g/cm^3$，有乳白色、淡黄色、银灰色等各种颜色的产品。乳化炸药的主要成分如下：

（1）氧化剂。通常可采用硝酸铵和硝酸钠的过饱和水溶液做氧化剂，它在乳化炸药中所占的质量分数可达 80%~95%。加入硝酸钠的目的主要是降低"析晶"点。试验表明，硝酸钠对硝酸铵的比例以 1:5~1:6 为宜。实验表明，含水率在 8%~16% 范围内制成的乳状液经敏化后都具有炸药的特性。氧化剂水溶液构成"内相"（水相）。也有的产品用高氯酸钠、高氯酸铵作氧化剂。

（2）油包水型乳化剂。乳化炸药的基质是油包水型的乳化液。凡亲水亲油平衡值为 3~7 的乳化剂多数可用于乳化炸药。水和油两个互不相溶的物质在乳化剂作用下互相紧密吸附，形成的乳状液具有很高的比表面积并使氧化剂同还原剂的耦合程度增强。油包水型粒子的尺寸非常微细，一般为 $2\mu m$ 左右，因而极有利于爆轰反应。具有黏性的油蜡物质互相连接，形成"外相"（油相）。乳化剂用量为 1%~2% 的乳化炸药可以只含一种乳化剂，也可以含多种乳化剂。

（3）油相材料。油相材料为非水溶性有机物，形成乳化炸药的连续相。它还起燃烧剂和敏化剂的作用，同时对产品的外观形态及抗水性能、贮存稳定性有明显影响。其含量以 2%~5% 较佳。

（4）密度调整剂。一般地说，密度调整剂是以第三相加入的。它可以是呈包覆体形式的空气，也可以是通过添加某些化合物（如亚硝酸钠）发生分解反应产生的微气泡，还可以是封闭性的带气体的固体颗粒（如空心玻璃微球、空心树脂微球、膨胀珍珠岩微粒等）。

（5）添加剂。其添加量为 0.1%~0.5%，包括乳化促进剂、晶形改变剂和稳定剂等，视需要添加一种或几种。

1.3.2.2 乳化炸药的主要特性

（1）密度可调范围较宽。乳化炸药同其他两类含水硝铵炸药一样，具有较宽的密度可调范围。根据加入含微孔材料数量的多少，炸药密度变化于 $0.8 \sim 1.45 g/cm^3$ 之间。这样，就使乳化炸药适用范围较宽，从控制爆破用的低密度炸药到水孔爆破的高密度炸药等，可制成多种不同品种。

（2）爆速高。乳化炸药因氧化剂同还原剂耦合良好而具有较高的爆速，一般可达4000～5500m/s。

（3）起爆敏感度高。乳化炸药的起爆敏感度较高，通常只用一只8号雷管即可引爆。这是因为氧化剂水溶液微滴可通过搅拌加工到微米级的尺寸，加之微气泡充足、均匀，故可制成雷管敏感型炸药。

（4）猛度较高。由于其爆速和密度均较高，故其猛度比2号岩石硝铵炸药高约30%，达到17～19mm。然而，乳化炸药的爆力却并不比铵油炸药高，故在硬岩中使用的乳化炸药应加入热值较高的物质，如铝粉、硫磺粉等。

（5）抗水性强。乳化炸药的抗水性比浆状炸药或水胶炸药更强。

（6）成分中不含有毒物质，炮烟中有毒气体量也少；原料来源广泛，加工工艺简单，成本低廉。

国产主要乳化炸药产品的组成与性能见表1-7。

表1-7 国产主要乳化炸药产品的组成与性能

炸药系列或型号	组 成								
	硝酸铵(钠)	硝酸甲胺	水	乳化剂	油相材料	铝粉	添加剂	密度调整剂	铵油
ZL 系列	65～75		8～12	1～2	3～5	2.4	2.1～2.2	0.3～0.5	
	58～85	8～10	8～15	1～3	2～5		0.5～2	0.21	
CLH 系列	63～80		5～11	1～2	3～5	2.0	10～15		
	78～80		10～13	0.8～2	3～5		5～6.5		
SB 系列	67～80		8～13	1～2	3.5～6		6～9	1.5～3.0	
	65～86		8～13	0.8～1.2	4～6		1～3		
BME 系列	51～36		9～6	1.5～1.0	3.5～2.0	2～1	1.5～1.0		15～40
	65～80		8～13	0.8～1.2	3～5	1～5	5～10	另加消焰剂	

性 能					
爆速/km·s^{-1}	猛度/mm	殉爆距离/cm	临界直径/mm	抗水性	储存期/月
4～5.0	16～19	8～12	12～16	极好	6
4.5～5.4	16～18	>8	13	极好	3
4.5～5.5			40	极好	>8
4.7～5.8	18～20	5～10	12～18	极好	3
4～4.5	15～18	7～12	12～16	极好	>6
3.9	12～17	6～8	20～25	极好	3～4
3.1～3.5		40		极好	2～3
3.9	12～27	6～8	20～25	极好	3～4

1.4 现场混装炸药技术

现场混装炸药，也称散装炸药或无包装炸药。20世纪70年代中期，现场混装铵油炸药及其装药车首先出现在一些工业与矿业技术发达国家的大型露天矿山，1980 年前后，现场混装浆状炸药装药车投入工业应用，但由于乳化炸药的随后迅速崛起，现场混装浆状炸药技术很快并彻底被现场混装乳化炸药技术取代，现已成为大型矿山开采主要设备之一。

1.4.1　现场炸药混装系统的特点

现场炸药混装系统与普通炸药相比有如下特点：

(1) 安全可靠。现场炸药混装系统集原材料运输、炸药现场混制及机械化装药于一体。该系统从原材料地面站储备、半成品生产到现场混制的整个加工运输过程中都不产生成品炸药，不会发生爆炸，直至最后装入炮孔后 5~10min 才成为有雷管感度的炸药，因此消除了传统炸药生产、运输、储存及装药过程中的不安定因素。

(2) 效率高。尤其是在开挖量大、施工难度高、炸药需求量大的大型露天矿山，由于受到现场仓库的库存量较小、运输距离远和运输途中的不安全等因素的影响，完全满足高强度现场作业的要求有一定的困难，而现场混装炸药车系统可以根据施工强度和使用量直接按需生产，而且混装车每分钟可混装药 200~450kg，也就是 1~2min 可装一个炮孔，比人工装药提高工效数十倍。

(3) 计量准确。采用先进的计量仪表，计量误差小于±2%。

(4) 占地面积小，建筑物简单。根据《民用爆破器材工厂设计安全规范》，地面站仅为防火级。安全级别降低，减小了安全距离，减少了占地面积，节省投资。

(5) 用人少，炸药成本低。一个年产 10000t 的炸药加工厂需数百人，而采用地面站和现场混装炸药车只需几十人，炸药成本大大降低。

(6) 爆破效果好。在同一个炮孔内可装填两种以上不同密度、不同能量级的炸药，炸药和炮孔耦合性好，使炮孔充分利用，可扩大孔网距；克服根底，减少大块，改善爆破效果。

(7) 减少爆破作业对环境的不良影响，提高地下爆破作业效率。现代民用炸药组分中含有大量硝酸铵、硝酸钠等硝酸盐，它们易溶于水，生成铵、硝酸根和钠离子（NH_4^+、NO_3^-、Na^+），而铵离子、硝酸根离子释放出氮（N），形成对某些植物或微生物生长不利的富营养物质。现场混装乳化炸药技术减少了乳胶基质半成品在运输、储存和使用过程中的泄漏，而乳胶基质本身的油包水（W/O）结构也可阻止硝酸盐溶于水，基本上消除了民用炸药对环境的直接污染。特别是在地下爆破作业时，炮烟会直接影响作业环境和作业效率。使用乳化炸药，爆破后等待较短时间就可以进入作业面，这意味着可以用较短的时间完成隧道掘进。此外，在隧道掘进中采用现场混装乳化炸药技术，整个断面所有炮孔都可以装填乳化炸药，改变以前在周边孔装填传统光面炸药的做法，最大限度减少爆破有毒气体生成量。表 1-8 为不同炸药的爆破有毒气体生成量。

表 1-8　不同炸药的爆破有毒气体生成量

炸 药 种 类	CO 体积/L·kg⁻¹	NOₓ 体积/L·kg⁻¹
古力特，17mm 塑料管药卷	70~90	2
代纳迈克斯，29mm、32mm 塑料管药卷	30~50	2

炸 药 种 类	CO 体积/L · kg^{-1}	NO$_x$ 体积/L · kg^{-1}
代纳迈克斯，塑料薄膜药卷	15~20	2
乳化 100，塑料薄膜药卷	15~20	<1
乳化 100，29mm、32mm 塑料管药卷	10	<1
粒状铵油 A	10~20	7~12
乳化 1100	8~13	<0.5

1.4.2 现场炸药混装系统的组成

混装炸药生产系统主要是由混装炸药车和配套的地面站组成。

1.4.2.1 现场混装炸药车

（1）粒状铵油炸药现场混装车。地面站将多孔粒硝酸铵和柴油装到车上，驶入爆破现场，一边混制一边装入孔内，具有装药耦合性好、爆破成本低等优点。适合在干孔装药条件下中软岩层的露天梯段爆破施工。

（2）乳化炸药现场混装车。地面站将水相、油相和敏化剂装在车上，在爆破现场一边混制炸药一边装入炮孔，这种乳化、混合、敏化均在车上进行，具有装药耦合性好、作业速度快、劳动强度低、安全环保等优点。

适合在水孔和干孔装药条件下各种岩性的露天梯段爆破施工。

（3）重铵油炸药现场混装车。这是一种多功能混装车，同一辆车上可混制乳化炸药、粒状铵油炸药和重铵油炸药，具有炸药体积威力高、爆破后便于挖装等优点。适合在水孔和干孔装药条件下坚硬岩层的露天梯段爆破施工。

（4）井下乳化炸药现场混装车。具有装药耦合性好、劳动强度低等优点。适合各种炮孔直径的掘进与落矿爆破。

（5）乳胶基质远程配送应用技术。所谓"乳胶基质远程配送"，即像普通硝酸铵一样，实现乳胶基质的大规模生产，跨地区、跨国界远程分级配送，在最终用户的爆破现场，由装药车装填进入炮孔后才使其敏化成乳化型爆破剂，兼具乳化炸药混装车、多孔粒状铵油炸药混装车、重铵油炸药混装车应用技术的优点，可实现远距离、多品种装药爆破作业，且不受工程规模、炮孔直径、露天或地下施工的限制，是当前国际上最先进的爆破作业一体化方式。

图 1-1 为粒状铵油炸药现场混装车，图 1-2 为井下乳化炸药现场混装车，图 1-3 为乳胶基质远程配送车，图 1-4 为粒状铵油炸药。

1.4.2.2 地面站

地面站是现场混装车的地面配套设施，用于原材料贮存、半成品加工等。

当乳胶基质在车上制作时，地面站由水相（硝酸铵）制备系统、油相制备系统和敏化制备系统组成；当乳胶基质在地面站制作时，地面站在上述三个系统的基础上，再增加一套乳化装置。

水相配制：将水加入水相制备罐内，加热达到工艺要求的温度，加入硝酸铵，达到水相溶液的性能要求。

图 1-1　粒状铵油炸药现场混装车（Orica 公司）

图 1-2　井下乳化炸药现场混装车

图 1-3　乳胶基质远程配送车（Orica 公司）

图 1-4　粒状铵油炸药

油相配制、敏化剂配制：将各种原料加入油制备罐内，搅拌均匀。当乳胶基质在车上制作，以上三种原料泵到车上，驶入爆破现场进行混制装药作业。当乳胶基质在地面制作时，将乳胶基质和敏化剂泵到车上。主要有水相制备系统、油相制备系统、敏化剂制备系统、粒状硝酸铵上料系统、乳胶基质制备系统组成。

图 1-5 为某一混装炸药生产系统配套的地面站的全景，图 1-6 为乳化、重铵油炸药制备示意。

1.4.3　现场混装炸药

现场混装炸药技术可以安全、高效地满足各种生产条件下爆破施工的需求，对于铵油炸药、乳化炸药都可以通过对配方的调整，得到不同性能的炸药产品。

乳化炸药密度的调整可以适应于对装药密度、装药耦合系数有要求的爆破施工作业，例如光面爆破和预裂爆破。乳化炸药密度对于水孔内装药质量也具有重要影响，炮孔内的水在装药施工过程中是周围介质和水的混合物，不同的岩石性质、地质构造意味着炮孔内水密度的差异、浮力的不同，通过调整乳化炸药密度可以克服不同区域炮孔内水的浮力，保障炸药的装填质量，改善爆破效果。

图 1-5　地面站

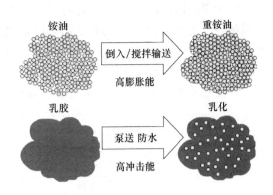

图 1-6　乳化、重铵油炸药制备示意

岩石性质的不同意味着岩石可爆性的差异，对于矿山中深孔爆破，传统的做法是坚硬的岩石采取较大的炸药单耗、较小的孔网参数和较高的孔内药柱高度，而软岩反之。因为对于普通的工业炸药产品来说，炸药的性能相对是固定的，只能通过多个设计、施工环节的调整来获取较好的爆破效果。而现场混装炸药通过配方调整炸药猛度、威力，简化了不同矿山因为对炸药能量的不同需求而增加的设计、施工环节。

另外，现场混装炸药完全消除了传统包装炸药包装规格对装药质量的影响因素。

表 1-9 列举出 Orica 公司生产的几种典型混装炸药的性能。

表 1-9　典型混装炸药的性能（Orica 公司）

炸 药	参 数	
	密度/g·m^{-3}	爆速/km·s^{-1}
铵油 ANFO	0.8	4.0
Energan Nova 2620	1.1	4.4
Energan Nova 2660	1.3	4.8
Powergel Nova 2520	1.20	5.6
Powergel Nova 2560	1.25	6.0

1.4.4　工艺流程

现场混装工艺流程如图 1-7 所示。

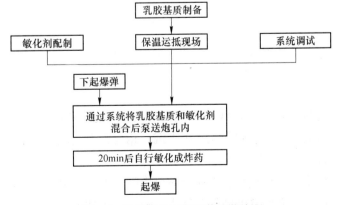

图 1-7　乳化炸药现场混装工艺流程

用于现场混装设备（炸药混装车、小型泵）的乳胶体是由炸药工厂（地面站）严格按照制备工艺预先制备好，通过保温运输运抵爆破现场，经由炸药混装车、小型泵系统与敏化剂混合后输入孔内，20min 后在孔内完成敏化作用，制成炸药，按照矿山或基础建设的爆破程序进入爆破作业准备阶段。

乳胶基质生产工艺流程如图 1-8 所示。

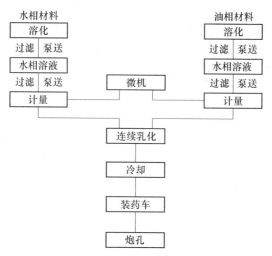

图 1-8 乳胶基质生产工艺流程

1.5 炸药的物理性质

各种炸药的物理特征根据制作方法不同而不同。例如铵油炸药，有疏松型、自由流体型和粒状成分，相反，乳化炸药稠度可以从浆糊状到腻子状。物理特征可以决定炸药在向炮孔中装填时的处理方法。

1.5.1 防水性

炸药的防水性各不同。乳化炸药有优秀的防水性，而铵油炸药不具备防水性。

对于散装炸药变质随着在水中暴露的程度和时间增加而增加。例如，在静止的水中，散装乳化炸药抗水性有一段时间。但是在流水或动态的水中，它们很快就会变质到无法引爆。

各种炸药在暴露在水孔中的时间应保证最小，尽可在装药后尽快引爆它。

1.5.2 密度

一种炸药的密度是指每个单位体积内炸药的质量（g/cm^3）。水的密度是 $1.0g/cm^3$，如果炸药的密度比水大的话，它就会在水中下沉，相反则会上浮。通常在露天矿用的炸药密度值约为 $1.2g/cm^3$。

炸药的密度和感度、临界直径、爆速及能量之间有密切的关系。密度越低，炸药中的空隙越大，感度就越高。密度越低的炸药通常是临界直径越小。

孔内炸药密度对炸药的能量有很大的影响，密度越高的炸药产生更多的能量。提供不同密度的炸药可以使爆破人员能够根据特定的条件去控制一个炮孔的能量释放，从而达到想要的效果。

1.6　炸药的选择

爆破设计、施工人员有多种炸药可供选择，选择最好的炸药是很困难的。不同种类的炸药往往适合于爆破不同类型的岩石，所以选择最好的炸药是使总工程成本最小化的先决条件。

在现场，我们通过实验测试炸药在岩石中的性能，来进一步地掌握炸药在施工现场条件下的性能。这些包括爆速、做功能力和块度测量。这些测试可以帮助我们理论计算的基础上优化爆破参数，也可以用来预测爆破效果。现场实验能够将岩体内部的情况和爆破参数对爆破效果的影响正式地体现出来，这样我们能够更加精确地预测爆堆块度分布、爆堆高度、前扑距离、做功能力。

理想爆破通常是指炸药密封在直径不限的炮孔条件下完全反应、破碎岩体的能力。

实际上，在炸药破碎岩体的过程中，一些能量损失了（作用于空气形成空气冲击波、以热能的方式散失等），一些能量留在爆炸后的化学物质当中。实验表明，炸药爆炸作用于破碎岩体的能量不足全部释放能量的30%，这部分真正作用于破碎岩体的能量称为炸药的有效能量。

有效能是指从炸药起爆到压力降到100MPa过程中气体膨胀所做有用功的总和。

有效能因具体的爆破参数不同而不相同。为了比较不同炸药的性能，这里有两种非常重要的能量值：相对重量有效能和相对体积有效能。

（1）相对重量有效能。某种炸药的相对重量有效能是指以铵油炸药为标准，某种炸药所产生的有效能和相同重量的铵油炸药所产生的有效能之比。

（2）相对体积有效能。某种炸药相对体积有效能是指以铵油炸药为标准，一定单位体积炸药所产生的有效能和相同体积的铵油炸药所产生的有效能之比。

（3）相对重量有效能和相对体积有效能之间的关系公式为：

$$E_V = E_M \cdot \frac{\rho}{\rho_A}$$

式中，E_V 为相对体积有效能；E_M 为相对重量有效能；ρ 为炸药密度；ρ_A 为铵油炸药密度。

在比较炸药能量时相对体积有效能更有用，因为炮孔装药量是以体积为单位而不是重量。使用一种更高体积有效能的炸药经常可以降低成本，因为可以采用更大的孔网方式，这样就减少了钻孔成本。

思　考　题

1-1　工业炸药如何分类？工程爆破对工业炸药有什么要求？

1-2　什么是铵油炸药，其品种与用途是什么？

1-3 什么是乳化炸药，其品种与用途是什么？

1-4 什么是现场炸药混装技术，铵油炸药和乳化炸药混装流程的区别是什么？

1-5 炸药的物理性质有哪些，了解它们有什么意义？

1-6 如何选择炸药？

2 炸药爆炸基本理论

重点：

（1）化学爆炸的三要素、炸药化学反应的形式；

（2）炸药的起爆与起爆能、热起爆机理、机械起爆机理（热点学说）；

（3）炸药的敏感度概念，常用感度的测定方法，影响感度的因素；

（4）冲击波、爆轰波的概念，爆轰波结构（Z-N-D 模型），爆轰波的 C-J 理论简介，基本方程的建立，参数的近似计算；

（5）炸药的爆速与爆炸稳定性，药包直径对爆速的影响，侧向扩散对反应区结构的影响，化学反应区反应机理，影响爆速与爆炸稳定性的因素分析，爆速测定；

（6）爆轰产物、氧平衡的概念及计算，混合炸药的配比计算，有毒气体；

（7）爆热，爆炸反应方程式，爆热的计算，爆热测定；

（8）爆炸威力，爆炸功及提高炸药能量利用率，爆力与猛度的概念及测定。

2.1 基 本 概 念

2.1.1 爆炸及其分类

爆炸是某一物理系统在发生迅速的物理和化学变化时，系统本身的能量借助于气体的急剧膨胀而转化为对周围介质做功，同时伴随有强烈放热、发光和声响等效应的过程。例如锅炉爆炸、原子弹爆炸、放鞭炮等。

爆炸可分为物理爆炸、核爆炸和化学爆炸三类。

（1）物理爆炸。仅仅是物质形态发生变化，而化学成分和性质没有改变的爆炸现象，如自行车爆胎。

（2）核爆炸。由核裂变或核聚变释放出巨大能量所引起的爆炸现象。

（3）化学爆炸。在爆炸前后，不仅发生物态的急剧变化，物质的化学成分也发生改变的反应。

工业炸药爆炸是化学爆炸。因此化学爆炸将是本书研究的重点。

2.1.2 化学爆炸的条件

反应的放热性、生成气体产物、化学反应与传播的高速性是炸药爆炸的三个基本特征，也是构成爆炸的必要条件，又称为爆炸的三要素。

（1）放出大量的热能是产生化学爆炸的首要条件。炸药爆炸就是将蕴藏的大量化学能（潜能）以热能形式迅速释放出来的过程。放出大量热能是形成爆炸的必要条件，吸热反应或放热不足都不能形成爆炸。从各种草酸盐的反应热效应与其爆炸性的比较可以证实这一点。

$$NH_4NO_3 \longrightarrow 0.5N_2 + NO + 2H_2O, \ 36.1kJ/mol \qquad 不爆炸$$

$$CuC_2O_4 \longrightarrow 2CO_2 + Cu, \ 23.9kJ/mol \qquad 爆炸性不明显$$

$$HgC_2O_4 \longrightarrow 2CO_2 + Hg, \ 72.4kJ/mol \qquad 爆炸$$

$$Ag_2C_2O_4 \longrightarrow 2CO_2 + 2Ag, \ 123.5kJ/mol \qquad 爆炸$$

对于同一种化合物，由于激起反应的条件和热效应不同，也有类似的结果。例如，硝酸铵在常温至150℃的反应为吸热反应；加热到200℃时，分解反应虽为放热反应，但放热量不大，仍然不能构成爆炸；若迅速加热到400～500℃，或用起爆药柱强力起爆，由于放热量增大，就会引起爆炸。其爆炸反应方程式为：

$$NH_4NO_3 \longrightarrow 0.75N_2 + 0.5NO_2 + 2H_2O, \ 118.0kJ/mol$$

$$NH_4NO_3 \longrightarrow N_2 + 0.5O_2 + 2H_2O, \ 126.4kJ/mol$$

（2）变化过程必须是高速的。炸药爆炸反应是由冲击波所激起的，因此其反应速度和爆炸速度都很高，爆炸速度可达每秒数千米，在反应区内炸药变成爆炸气体产物的时间只需要几微秒至几十微秒。爆炸过程的高速度决定了炸药能够在很短时间内释放大量能量，因此单位体积内的热能很高，从而具有极大的威力（炸药在单位时间内的做功能力）。这是爆炸反应区别燃烧及其他化学反应的一个显著特点。如果反应速度很慢，就不可能形成强大威力的爆炸。例如，煤在燃烧过程中，燃烧产生的热量通过热传导和热辐射不断散失，所以不会发生爆炸。

（3）变化过程应能生成大量的气体。炸药爆炸放出的能量必须借助气体介质才能转化为机械功，因此，生成气体产物是炸药做功不可缺少的条件。炸药能量转化的过程是：放出的热能先转化为气体的压缩能，后者在气体膨胀过程中转化为机械功。如果物质的反应热很大，但没有气体生成，就不会具有爆炸性。例如铝热剂反应：

$$2Al + Fe_2O_3 \longrightarrow Al_2O_3 + 2Fe, \ 828kJ/mol$$

按每公斤放热量计算比梯恩梯高，并能形成3000℃高温，使生成产物熔化，但就不能形成爆炸。若浸湿铝热剂或在松散铝热剂中含有空气，就可能产生类似爆炸现象。

炸药爆炸放出的热量不可能全部转化为机械功，但生成气体越多，热量利用率就越高。

（4）变化过程能自动进行传播。只要局部发生化学反应，其所释放的能量会致使化学反应持续进行。

以上四条件也是化学爆炸不同于与其他化学反应的重要条件。

2.1.3　炸药化学变化的基本形式

炸药化学变化按其传播性质和速度的不同，可分为四种基本形式：热分解、燃烧、爆炸、炸轰。

（1）热分解。炸药在常温条件下，若不受其他外界能量作用，常常以缓慢速度的形式进行分解反应，环境温度越高，分解越显著。缓慢分解的特点是：炸药内各点温度相同；在全部炸药内反应同时进行，没有集中的反应区；分解时，既可以吸热，也可以放热，决定于炸药类型和环境温度。但当温度较高时，所有炸药的分解反应都伴随有热量放出。例如，硝酸铵在常温或温度低于150℃时，其分解反应为吸热反应；当加热至200℃左右，分解时将放出热量

$$NH_4NO_3 \longrightarrow 0.5N_2 + NO + 2H_2O,\ 36.1kJ/mol$$

$$NH_4NO_3 \longrightarrow N_2O + 2H_2O,\ 52.5kJ/mol$$

分解反应若为放热反应，如果放热量不能及时散失，炸药温度就会不断升高，促使反应速度不断加快和放出更多的热量，最终引起炸药的燃烧和爆炸。因此，在储存、加工和使用炸药时，要采取加强通风等措施，防止由于炸药分解产生热积累而导致意外爆炸事故的发生。

炸药的缓慢分解反映炸药的化学安定性。

（2）燃烧。就化学变化的实质来说，燃烧是可燃元素（如碳、氢等）激烈的氧化反应。炸药在热源作用下，也会产生燃烧，与其他可燃物的燃烧的区别仅在于炸药燃烧时不需要外界供氧。炸药的快速燃烧又称爆燃，其燃烧速度可达每秒数百米。

燃烧与缓慢分解或一般氧化反应不同，燃烧不是在全部物质内同时展开的，而只在局部区域内进行并在物质内传播。进行燃烧的区域称为燃烧区或称为反应区。反应区沿物质向前传播，其传播的速度称为燃烧速度。

炸药在燃烧过程中，若燃烧速度保持定值就称为稳定燃烧，否则就称为不稳定燃烧。炸药燃烧主要靠热传导来传递能量。因此，稳定燃烧速度不可能很高，一般为每秒几毫米至几米，最高只能达每秒几百米，低于炸药内的声速，且燃烧速度受环境条件影响较大。管内药柱燃烧时，燃烧产物向外部空间排出，燃烧反应区则向尚未反应的炸药内部传播，二者运动方向相反。燃烧的这些特性使它不同于炸药的爆炸。

（3）爆炸。炸药爆炸的过程与燃烧过程相类似，化学反应区也只在局部区域（即反应区）内进行并在炸药内传播，反应区的传播速度称为爆炸速度。燃烧与爆炸的主要区别在：燃烧靠热传导来传递能量和激起化学反应，受环境影响较大；而爆炸则靠冲击波的作用来传递能量和激起化学反应，基本上不受环境影响；爆炸反应也比燃烧反应更为激烈，放出热量和形成温度也高；燃烧产物的运动方向与反应区传播方向相反，而爆炸产物的运动方向则与反应区传播方向相同，故燃烧产生的压力较低，而爆炸则可产生很高的压力；燃烧速度是亚声速的，爆炸速度是超声速的。

爆炸同样存在稳定爆炸和不稳定爆炸两种情况，爆炸速度保持定值的称为稳定爆炸，否则为不稳定爆炸。稳定爆炸又称为爆轰，爆轰速度可达每秒2000~9000m，产生压力可达数千至数万兆帕。

（4）爆轰。炸药以最大而稳定的爆速进行传爆的过程叫爆轰，与外界的压力、温度等无关。

爆炸和爆轰的区别在于传播速度不同，爆轰的传播速度是稳定的，爆炸的速度是可变的。爆炸是爆轰的一种形式。

上述四种形式可相互转化。

2.2 炸药爆轰产物及氧平衡

2.2.1 爆轰产物

炸药的爆轰过程也是炸药中氢碳原子的氧化过程。炸药爆轰时，化学反应终了瞬间的化学反应产物叫做炸药的爆轰产物。爆轰产物主要有 CO_2、H_2O、CO、NO_2、C、O_2、N_2 等。

炸药爆炸所需要的氧原子存在于炸药分子之中，生成不同的产物，放出的热量不同：

$$C + O_2 \longrightarrow CO_2, \quad 395kJ$$
$$2H_2 + O_2 \longrightarrow 2H_2O, \quad 242kJ$$

2.2.2 氧平衡

2.2.2.1 定义与分类

氧平衡是指 1g 炸药爆炸生成 C、H 的氧化物时以 g 为单位来表示的氧的剩余量。

氧平衡分为三类：

(1) 正常平衡，也称过氧平衡，氧完全氧化碳、氢后还有剩余；

(2) 零氧平衡，氧恰好把碳和氢完全氧化；

(3) 负氧平衡，氧含量不足以使碳氢完全氧化。

(1) 和 (3) 都不利。

2.2.2.2 氧平衡计算方法

将炸药分子式改为通式形式 $C_aH_bO_cN_d$，考虑 C 和 H 被氧化为：

$$C + O_2 \longrightarrow CO_2$$
$$H_2 + 0.5O_2 \longrightarrow H_2O$$

C 和 H 完全被氧化需要 $2a+0.5b$ 个氧原子，与炸药中所含氧原子数比较，有三种情况：

$$c-(2a+0.5b)=0 \quad 零氧$$
$$c-(2a+0.5b)>0 \quad 过氧$$
$$c-(2a+0.5b)<0 \quad 负氧$$

氧平衡值表示为：

$$O.B. = \frac{[c-(2a+0.5b)] \times 16}{M_r} \times 100\%$$

式中，M_r 为炸药的相对分子质量。

2.2.2.3 计算举例

A 单质炸药（材料）

例 2-1 硝酸铵 NH_4NO_3

改写通式 $C_aH_bO_cN_d = C_0H_4O_3N_2$，$M_r = 80$

$$O.B. = \frac{[3-(2 \times 0 + 0.5 \times 4)] \times 16}{80} \times 100\% = 20\%$$

说明氧有剩余。

例 2-2 梯恩梯 $C_6H_2(NO_2)_3CH_3$

改写通式 $C_aH_bO_cN_d = C_7H_5O_6N_3$, $M_r = 227$

$$O.B. = \frac{[6 - (2 \times 7 + 0.5 \times 5)] \times 16}{227} \times 100\% = -74\%$$

B 混合炸药

计算方法：已知每种组分的百分比和各自的氧平衡值，求加权平衡值。

$$O.B. = \sum B_i K_i$$

式中，B_i 为氧平衡值；K_i 为百分比。

例 2-3 求铵铀 92-44 的氧平衡值，百分比分别为 92%、4%、4%。

各自氧平衡值查表，则

$$O.B. = 92\% \times 2\% + 4\% \times (-327\%) + 4\% \times (-137\%) = -0.16\%$$

C 根据氧平衡设计炸药组分

当只有两种组分时，令这两种组分的配比和氧平衡率分别为 x、y、a、b，混合后炸药的氧平衡值为 B，

则
$$\begin{cases} x + y = 100\% \\ ax + by = B \end{cases}$$

解得
$$x = \frac{B - b}{a - b}, \quad y = \frac{a - B}{a - b}$$

例 2-4 要用硝酸铵和柴油两种成分组成炸药，使炸药为零氧平衡。

解： 已知硝酸铵 $O.B. = 20\%$，柴油 $O.B. = -342\%$

则 $x = \dfrac{0 - (-342\%)}{20\% - (-342\%)} = 94.5\%$, $y = \dfrac{20\% - 0}{20\% - (-342\%)} = 5.5\%$

当有三种组分的配比时，则要预先知道某种组分的比例，然后再求另两种组分的比例。

$$\begin{cases} k_1 + k_2 + k_3 = 100\% \\ B_1 k_1 + B_2 k_2 + B_3 k_3 = B \end{cases}$$

若已知 k_3，则

$$k_1 = \frac{(1 - k_3)B_2 - (B - B_3 k_3)}{B_2 - B_1}, \quad k_2 = \frac{(B - B_3 k_3) - (1 - k_3)B_1}{B_2 - B_1}$$

例 2-5 要求配制零氧平衡的岩石硝酸铵炸药，成分为硝酸铵、梯恩梯和木粉。

解： 已知梯恩梯的含量为 10%，硝酸铵，梯恩梯和木粉的氧平衡值分别为 +0.2、-0.74、-1.37，$B = 0$，则

$$k_1 = \frac{(1 - 0.1)(-1.3) - [0 - (-0.74) \times 0.1]}{-1.37 - 0.2} = 83.2\%$$

$$k_2 = \frac{[0 - (-0.74) \times 0.1] - (1 - 0.1) \times 0.2}{-1.37 - 0.2} = 6.8\%$$

2.2.3　有毒气体产生的原因

有毒气体主要有一氧化碳、氮的氧化物、硫化氢和二氧化硫。氮的氧化物毒性比一氧化碳大得多。

（1）炸药组成不是零氧平衡。负氧平衡时，氢首先被氧化，然后才是碳，容易产生CO；正氧平衡时，容易在高温条件下生产氮氧化物。

（2）爆炸反应不完全。炸药的粒度、添加成分、药包外壳、起爆能、水分等都对爆炸反应有影响。

（3）岩石性质影响。有些矿石可以因爆轰产物直接发生化学作用，或在二次反应中起催化作用。

2.3　爆　　热

2.3.1　定义

爆热是指单位质量的炸药在定容条件下爆炸所释放的热量，用 kJ/mol 表示。爆热是气体膨胀做功的能源。爆热实质是炸药在爆炸分解时释放出的热量，等于炸药的反应热与爆炸产物生成热之差。工业炸药的爆热在 3300~5900kJ/kg 之间。爆热可以根据爆炸生成气体的种类、数量计算，也可以用量热器直接测量，表2-1列出了几种炸药的爆热。

表 2-1　几种炸药的爆热

炸药名称	爆热/kJ·kg^{-1}	装药密度/g·cm^{-1}
梯恩梯	4222	1.5
黑索金	5392	1.5
太安	5685	1.65
特屈儿	4556	1.55
雷汞	1714	3.77
硝化甘油	6186	1.6
硝酸铵	1438	—
铵梯炸药（80∶20）	4138	1.3
铵梯炸药（40∶60）	4180	1.55

2.3.2　爆热的理论计算

爆热用爆热测定装置测定，只能是近似测定，而理论数值计算主要是运用盖斯定律。

（1）生成热。指由元素生成 1mol 或 1kg 化合物所放出的热量。

定容生成热：反应过程在定容条件下产生的额生成热。

定压生成热：反应在 0.1mPa 的恒压下产生的生成热。

$$2H_2 + O_2 \longrightarrow H_2O,\ 479.9kJ/mol（定容）$$

（2）盖斯定律。化学反应的热效应同反应进行的途径无关，只取决于反应的初态和终态。

$$Q_{1-3} = Q_{1-2} + Q_{2-3}$$

式中，Q_{1-3} 为爆轰产物生成热；Q_{1-2} 为炸药生成热；Q_{2-3} 为炸药的爆热。

通常认为，炸药的爆轰是在定容绝热压缩条件下进行的，故通常说的爆热是指定容爆热 Q_V。

例 2-6 H_2O、CO 的生成热分别是 240.4、113.7kJ/mol，求梯恩梯的爆热。

解： $$C_6H_2(NO_2)_3CH_3 \longrightarrow 2.5H_2O + 3.5CO + 3.5C + 1.5N_2$$

爆轰产物生成热为 H_2O：$2.5 \times 240.4 = 63.1kJ/mol$

$\qquad\qquad\qquad CO$：$32.5 \times 113.7 = 398.0kJ/mol$

总生成热为 $\qquad\qquad Q_{1-3} = 601 + 398 = 999kJ/mol$

炸药生成热为 $\qquad\qquad Q_{1-2} = 42.2kJ/mol$

爆热为 $\qquad Q_{2-3} = Q_{1-3} - Q_{1-2} = 999 - 42.2 = 956.82kJ/mol$

转换为 $\qquad \dfrac{956.8}{227} \times 1000 = 4215kJ/kg$

例 2-7 求硝酸铵（80%）与梯恩梯（20%）混个组成的铵梯炸药的爆热。在 1kg 炸药中硝酸铵占 80%，梯恩梯占 20%。

解： 硝酸铵的物质的量为 $800/80 = 10mol$，梯恩梯的物质的量为 $200/227 = 0.88mol$

$$10NH_4NO_3 + 0.88C_7H_5(NO_2)_3 \longrightarrow 6.16CO_2 + 22.2H_2O + 11.32N_2 + 0.38O_2$$

爆轰产物生成热为 $\quad Q_{1-3} = 6.16 \times 395.6 + 22.2 \times 240.7 = 7780.4kJ/mol$

炸药生成热为 $\quad Q_{1-2} = 10 \times 355 + 0.88 \times 42.3 = 3587.2kJ/mol$

$$Q_{2-3} = Q_{1-3} - Q_{1-2} = 4193.2kJ/mol$$

2.4 爆 炸 功

爆炸气体内能的减少等于气体在膨胀过程中传给介质的热量及膨胀所做的功。理想作功过程可由图 2-1 炸药爆炸的理想做功过程示意图说明。

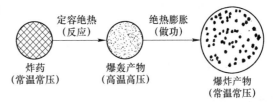

图 2-1 炸药爆炸的理想做功过程示意图

$$-du = dQ + dA$$

假定为绝热膨胀过程，则 $dQ = 0$

$$-du = dA,$$

$$du = C_V dT。$$

C_V 为安全比热，气体在等容变化过程中，1mol 气体温度升高（或降低）单位尺度时所吸收或释放的热量为 $\quad C_V = \dfrac{Q_V}{dT}$

全功为 $A = -\displaystyle\int_{T_1}^{T_2} C_V dT = C_V T_1\left(1 - \dfrac{T_2}{T_1}\right)$

2.4.1 理论爆炸功

$$A = C_V T_1\left(1 - \frac{T_2}{T_1}\right) = EQ_V\left(1 - \frac{T_2}{T_1}\right)$$

式中，E 为热功当量，$E = 102.2 \text{kg} \cdot \text{m/kJ}$。

当 $T_2 \to 0$，即绝对零度时理论爆炸功达到最大值（或叫炸药的位能）

$$A_{\max} = EQ_V \quad (\text{kg} \cdot \text{m/kg})$$

表 2-2 中列出一些炸药的理论爆炸功值。

表 2-2   一些炸药的理论爆炸功值

炸药名称	EQ_V 值/kg · m · kg^{-1}	炸药名称	EQ_V 值/kg · m · kg^{-1}
硝化甘油	6.3×10^5	雷汞	1.8×10^5
太安	5.8×10^5	氮化铅	1.6×10^5
黑索金	5.5×10^5	硝酸铵	1.5×10^5
特屈儿	4.6×10^5	2 号岩石硝铵炸药	3.8×10^5
梯恩锑	4.3×10^5	2 号煤矿硝铵炸药	3.4×10^5

在绝热过程中，气体的压力 p、体积 V 和温度 T 三个状态参数中的任意两个满足下面的关系：

$$pV^K = C, \quad V^{K-1}T = C, \quad p^{K-1}T^{-K} = C$$

则有 $V_1^{K-1}T_1 = V_2^{K-1}T_2$

$$A = EQ_V \left[1 - \left(\frac{V_1}{V_2} \right)^{K-1} \right]$$

式中，V_1 为爆炸产物膨胀前的体积，等于炸药所占有体积；V_2 为爆炸产物膨胀到常温常压时的体积，约等于炸药的爆容；K 为绝热指数（定压比热同定容比热之比），一般取为 $K = 1.4$。

上述公式的物理意义是，炸药的理论爆炸功不仅同爆热成正比，而且同炸药的爆容有关：爆容值愈大，作功能力愈大。此外，炸药理论爆炸功还同爆炸压力有关：爆炸压力值愈高，作功能力愈大。爆炸产物中双原子气体多，则热容小，K 值大，作功能力也大；爆炸产物中多原子气体或固体残渣多，则热容大，K 值小，作功能力也小。

2.4.2   爆力

（1）爆力是指炸药爆炸产生的冲击波和爆轰气体作用于介质内部，对介质产生压缩、破坏和抛移的作功能力。笼统地说，爆力反映炸药爆轰在介质内部作功的性能。

（2）爆力测定方法：铅铸扩孔法。注意要在同样条件下用单个雷管爆炸测试。和猛度检测一样，许多低感度工业炸药不能进行爆力试验。

2.5   炸药的起爆

2.5.1   炸药起爆及其原因

2.5.1.1   定义

所谓起爆能是指将外界施加给炸药某一局部而引起炸药爆炸的能量，而引起炸药发生爆炸的过程称为起爆。炸药具有爆炸的内在因素，即它具有爆炸的可能性。为了使可能变为现实，还必须给炸药以一定的外作用，如加热、摩擦、撞击等。从外部提供足够能量，引起炸药开始发生爆炸反应的过程称为起爆；足以引起炸药爆炸的外加能量，叫做起爆能。起爆能主要有热能、机械能、爆炸冲能。此外还有利用激光、电磁感应进行起爆的。

各种炸药起爆的难易程度相差很大，如氮化铅、DDNP 炸药，受轻微摩擦冲击即可爆炸；而矿用炸药的主要成分硝酸铵，却要用高威力起爆药包才能起爆。不同炸药起爆时所需要的某种形式的外能是不同的。外能作用能否引起炸药爆炸，这不仅和炸药的物理、化学性质、炸药的物理状态、装药结构等有关，而且还取决于所加能量大小以及能量集中程度等条件。所有这些因素对炸药的起爆都有重要影响。炸药是一种平衡系统。

炸药起爆原因分为两个方面：内因和外因。内因指炸药的分子结构比较脆弱，吸收外界作用能量比较强，易起爆，如碘化氮用羽毛触及即可爆炸。

2.5.1.2 起爆能形式

（1）热能起爆。炸药在热能作用下产生热分解反应并放出能量。但热能作用的结果并不完全能导致爆炸，这是由于炸药在热能作用下发生爆炸的条件是：炸药受到热能作用发生分解并放出能量，同时与周围环境进行热交换；只有化学反应释放出的热量大于热传导等所散失的热量，以及放热量随温度的变化率超过散热量随温度的变化率时，才能导致炸药中产生热量积累，使其自身的温度和环境压力升高，炸药即开始自身加热，并加速化学反应，最后导致自动点燃和爆炸。必须指出，炸药受热分解反应因不同炸药而有差异。

对于起爆炸药，热能起爆往往是有效的，但矿用炸药均不易受热而导致爆炸。虽然如此，即使是硝酸铵炸药在加工、运输、贮存和使用时，仍然应采取安全措施防止炸药由于急剧加热或燃烧而引起爆炸。

（2）机械能起爆。炸药在撞击、摩擦等机械作用下起爆是一个非常复杂的过程。一般认为凝聚炸药在受到机械作用时，机械能转变为热能，热能来不及均匀地分布在全部炸药上，而是集中在个别的小质点上，如集中在炸药结晶的两面角、多面棱角或微小气泡处。这样集中的能量可使小点上的温度达到或高于炸药爆发点的温度，于是炸药就从这些点开始被激发，而后扩展到使全部炸药爆炸。

（3）爆炸冲能起爆。矿山爆破中经常利用雷管、导爆索或炸药包爆炸产生高温、高压气体和强大冲击波使炸药爆炸。凝聚炸药被冲击波激发起爆，是一种十分重要的起爆方式。凝聚炸药一般有均质和非均质之分，它们在冲击作用下激发爆炸的机理是不同的。

2.5.2 炸药起爆理论

活化能理论：化学反应只是在具有活化能量的活化分子互相接触和碰撞时才能发生。

活化分子：具有比一般分子更高能量，也叫活泼的分子。

活化能：能够使炸药分子转换为活化分子，并能维持持续化学反应的能量。要使化学反应持续进行，必须使炸药反应放出的热量高于持续反应所需要的活化能。

图 2-2 中 ΔE 表示反应过程终了释放出的热能，说明该过程为放热反应。许多炸药的活化能约为 $125 \sim 250kJ/mol$。相应地，爆炸反应释放出来的热能约在 $840 \sim 1250kJ/mol$ 之间，远大于所需活化能量，足以生成更多新的活化分子，自动加速反应的进行。因此，外能越大越集中，炸药局部温度越高，形成的活化分子越多，则引起炸药爆炸的可能性越

大。反之，如果外能均匀地作用于炸药整体，则需要更多的能量才能引起爆炸。这一点对于热点起爆过程尤为重要。

起爆能理论分为三种理论。

2.5.2.1　热能起爆理论

在一定条件下，炸药发生化学变化时总要产生大量的热，即在一定温度下，炸药发生分解反应时常伴有热量放出，它的放热性随外界温度的升高或者是自催化作用的加剧而不断地增加。如果外界的通风和散热条件较好，且炸药的药量又较少，那么在一般情况

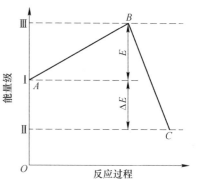

图 2-2　炸药爆炸时能量变化

下，炸药自身和环境的温度及压力不会升得过高，在这种条件下，炸药难以发生爆炸；反之，如果炸药反应时所放出的热量大于向环境散失的热量，这时在炸药的内部便有热积聚，它自身的温度和环境压力就会升高，这样炸药的热分解反应将会加速，放热的速度也会加速，从而使得环境的温度和压力上升，这种持续的相互促进和循环，最终必然导致炸药的爆炸。

因此，炸药发生热爆炸的条件：一是放热量大于散热量，即炸药中能产生热积累；二是炸药受热分解反应的放热速度大于环境介质的散热速度。只有这样，才能使炸药内的温度不断上升，引起炸药的自动加速反应，导致爆炸。

炸药在热积聚作用下发生爆炸的过程是一个从缓慢变化到突然升温爆炸的过程。即炸药的温度随时间的变化开始是缓慢上升的，其分解的反应速度也是逐渐增加的，只有经过一定的时间后温度才会突然上升，从而出现爆炸。因此，在炸药爆炸前，还存在一段反应加速期，称为爆炸延时期或延迟时间。炸药爆炸反应时间主要决定于延迟时间，其本身反应时间很短。使炸药发生爆炸的温度称为爆发点。显然，爆发点并不是指爆发瞬间的炸药温度，而是指炸药分解自行加速时的环境温度。爆发点越高，延迟时间越短。其间存在以下关系：

$$t = \mu \cdot e^{\frac{E}{R \cdot T_1}}$$

式中，t 为延迟时间；μ 为与炸药成分有关的常数；E 为炸药的活化能；R 为通用气体常数；T_1 为爆发点。

$$(T - T_0)\left(\frac{E}{RT_0^2}\right) \geq 1$$

式中，T 为爆炸温度；R 为气体常数；E 为炸药分子活化能；T_0 为环境温度。

2.5.2.2　机械能起爆理论——灼热核理论（热点学说）

在机械作用下，炸药发生爆炸的机理是非常复杂的。长期以来，人们对炸药的起爆机理进行了大量的研究，同时提出多种假设理论，其中比较公认的理论是布登提出的热点学说。该学说认为：炸药在受到机械作用时，绝大部分的机械能量首先转化为热能，由于机械作用不可能是均匀的，因此，热能不是作用在整个炸药上，而只是集中在炸药的局部范围内，并形成热点，在热点处的炸药首先发生热分解，同时放出热量，放出的热量又促使炸药的分解速度迅速增加。如果炸药中形成热点数目足够多，且尺寸又足够大，热点的温

度升高到爆发点后，炸药便在这些点被激发并发生爆炸，最后引起部分炸药乃至整个炸药的爆炸。

热点形成和发展大致经过以下几个阶段：（1）热点的形成阶段；（2）热点的成长阶段，即以热点为中心向周围扩展，扩展的形式是速燃；（3）低爆轰阶段，即由燃烧转变为低爆轰的过渡阶段；（4）稳定爆轰阶段。

在机械作用下热点形成的原因：

（1）炸药内部的间隙或者微小气泡等在机械作用下受到的绝热压缩，温度升高形成热点。

在水胶炸药和乳化炸药中，常利用敏化气泡来提高炸药的爆轰感度。在炸药中引入敏化气泡叫做发泡。发泡的方法有以下几种：机械搅拌、加入化学发泡剂、加入含封闭气泡的粒状物质。

（2）受摩擦作用后，在炸药的颗粒之间、炸药与容器内壁之间出现局部的加热，生成的热量将集中在一些突出点上，使温度升高而形成热点。

（3）炸药由于黏滞性流动而产生的热，主要发生于液体炸药的高速冲击。

灼热核引起爆炸的条件：（1）热点温度不低于 $300 \sim 600 ℃$；（2）热点半径 $d = 10^{-3} \sim 10^{-5}$ cm 过大过小都不行；（3）热点作用时间在 10^{-7} s 以上；（4）热点具有够大的热量。

2.5.2.3 爆炸冲击能起爆理论

爆炸冲击能起爆理论同机械起爆相似，是由于瞬间爆轰波（强冲击波）的作用，首先在炸药某些局部造成热点，然后由热点周围炸药分子的爆炸再进一步扩展。即利用一种炸药爆炸后产生的冲击波通过某介质去起爆另一种炸药。

（1）均相炸药的爆炸冲击能起爆过程：炸药产生的强冲击波进入均相炸药，并在其表面形成冲击波。

（2）非均相炸药的爆炸冲击能起爆过程：从局部"热点"开始扩展，所需要临界压力小，可以用灼热核理论解释。

2.5.3 感度

感度是用来表示炸药在热、摩擦及冲击的作用下被引爆的难易程度。如今炸药的发展趋势是感度低但不影响它起爆的有效性。感度用激发炸药爆炸反应所需要起爆能的多少来衡量。

感度高的炸药能在撞击或摩擦时被引爆，特别是砂粒。实际中，炸药是用起爆弹、雷管和导爆索的冲击力引爆的。铵油和乳化炸药相对于含 TNT 炸药（如 2 号岩石炸药）对冲击和摩擦的感度有明显的降低。感度的降低也就减少了在生产、运输及使用过程中事故的发生率。

起爆弹感度炸药（如铵油、Energan Gold 和 Powergel Gold）：它们不是一些雷管感度炸药的混合物，所以它需要用起爆弹来起爆。

雷管感度炸药（如部分包装乳化炸药）：它可以被 8 号强度的雷管起爆，也可以被 10g/m 的导爆索引爆，有时也能用低能量的导爆索引爆。

2.5.3.1 炸药的敏感度及其测定方法

炸药的敏感度分为：热感度、机械感度、摩擦感度、爆轰感度。

A 热感度

炸药在热能作用下发生爆炸的难易程度，通常用爆发点和火焰敏感度表示。炸药的热感度是指在热能作用下引起炸药爆炸的难易程度。热感度包括加热感度和火焰感度两种。

（1）加热感度。加热感度用来表示炸药在均匀加热条件下发生爆炸的难易程度，通常采用炸药在一定条件下确定出的爆发点来表示。爆发点低的炸药容易因受热而发生爆炸，其加热感度高表 2-3 列出了部分炸药的爆发点。

表 2-3　部分炸药的爆发点

炸 药 名 称	爆发点/℃	炸 药 名 称	爆发点/℃
二硝基重氮酚	170~175	太安	205~215
胶质炸药	180~200	黑索金	215~235
雷汞	170~180	梯恩梯	290~295
特屈儿	195~200	硝铵类炸药	280~320
硝化甘油	200~205	氮化铅	330~340

爆发点一般采用测定炸药在规定时间（5min）内起爆所需加热的最低温度来表示。爆发点测定仪如图 2-3 所示。测定时，用电热丝加热使温度上升（到预计爆发点），然后将装有 0.05g 炸药试样的铜管迅速插入合金浴（低熔点的伍德合金，熔点 65℃）中，插入深度要超过管体的 2/3。如在 5min 内不爆炸，则需将温度升高 5℃再试；如不到 5min 就爆炸，则需将温度降低 5℃再试；如此反复试验，直到求出被试炸药的爆发点。

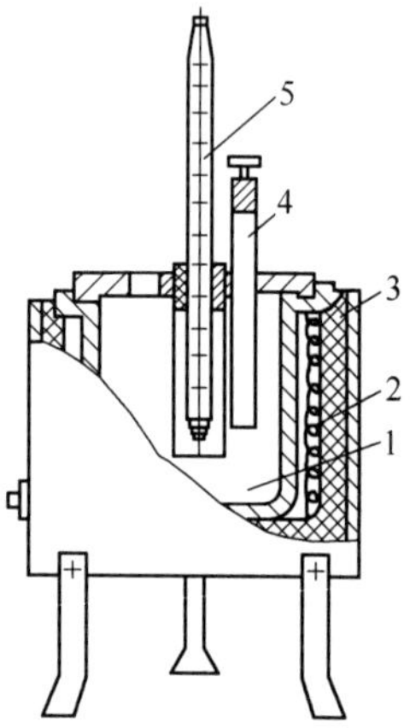

（2）火焰感度。炸药在明火（火焰、火星）作用下发生爆炸的难易程度叫火焰感度。常用炸药对导火索喷出的火焰的最大引爆距离（mm）来表示。

将 0.05g 炸药试样装入火帽中，调节导火索与火帽中炸药的距离，点燃导火索，导火索燃到最后的末端喷出火焰可以引爆炸药的最大距离即为所求。一般采用 6 次平行测试的平均值。6 次 100%爆炸的最大距离叫上限距离，它表征炸药的火焰感度；6 次 100%不爆炸的最小距离叫下限距离，它表征炸药的安全性。

B　机械感度

炸药冲击感度的试验方法和表示方法有多种，其基本原理是相同的。猛炸药冲击感度常用立式落锤仪（图 2-4）来测定。测定时将 0.05g 炸药试样置于撞击器内上下两击柱之间，让 10kg 重锤自 25cm 的高度自由下落而撞击在上击柱上。采用 25 次平行试验中炸药样品发生爆炸的百分率来表示该炸药的冲击感度。部分炸药的冲击感度见表 2-4。

起爆药的撞击感度很高，用立式落锤仪来测定不合适，可用弧形落锤仪（图 2-5）进行测量。起爆药的撞击感度常用在试验时重锤使受试炸药 100%爆炸的最小落高作为上限距离（mm）

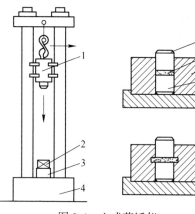

图 2-3　爆发点测定仪
1—合金浴锅；2—电热丝；
3—隔热层；4—铜试管；
5—温度计

图 2-4　立式落锤仪
1—落锤；2—撞击器；3—钢砧；4—基础；
5—上击柱；6—炸药；7—导向套；
8—下击柱；9—底座

和100%不爆炸的最大落高作为下限距离（mm）。试验药量0.02g，平行试验10次以上。上限距离表示起爆药的撞击感度，下限距离表示安全条件。表2-5列出了部分起爆药的撞击感度。

C 摩擦感度

炸药摩擦感度通常利用摆式摩擦仪来测定（图2-6）。施加静荷载的击柱之间夹有炸药试样，在摆锤打击下，上下两击柱间发生水平移动以摩擦炸药试样，观察爆炸的百分率。炸药试样重0.02g，摆锤重1500g，摆角90°，平行试验25次。试验方法和感度表示方法与冲击感度相类似。部分炸药的摩擦感度见表2-4。

D 起爆冲能感度（爆轰感度）

炸药对起爆冲能的感度又称为爆轰感度或起爆感度。引爆炸药并保证其稳定爆轰所应采取的起爆装置（雷管、起爆药柱等）决定于炸药的起爆感

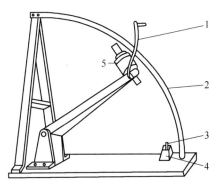

图2-5 弧形落锤仪
1—手柄；2—有刻度的弧架；3—击柱；
4—击柱和火帽定位器；5—落锤

度。引爆炸药时，炸药受到起爆装置爆炸产生的冲击波（即激发冲击波）和高温爆炸产物的作用。因此，炸药的起爆感度与热感度、冲击感度有关。

表2-4 部分猛炸药的撞击、摩擦感度

炸药名称	粉状梯恩梯	特屈儿	黑索金	2号岩石炸药	2号煤矿炸药
冲击感度/%	28	44~52	75~80	32~40	32~40
摩擦感度/%	0	24	90	16~20	24~36

表2-5 部分起爆药的撞击感度

起爆药名称	锤重/g	上限距离/mm	下限距离/mm
雷汞	480	80	55
氮化铅	975	235	65~70
二硝基重氮酚	500	—	225

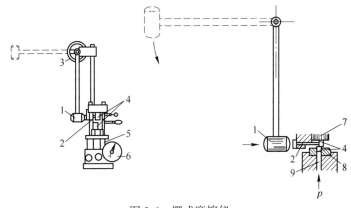

图2-6 摆式摩擦仪
1—摆锤；2—击柱；3—角度标盘；4—测定装置（上下击柱）；5—油压机；6—压力表；7—顶板；8—导向套；9—柱塞

引爆炸药并使之达到稳定爆轰所需的最低起爆冲能即临界冲能，并可用它来表示炸药的起爆感度。凡是用雷管能够直接引爆的炸药（称为具有雷管感度的炸药），临界冲能可以采用引爆炸药所需的最小起爆药量（又称为极限起爆药量）来表示，并用它来比较各种炸药的相对起爆感度。

猛炸药的极限起爆药量的实验方法为：将1g受试炸药以50MPa的压力压入8号铜质雷管壳中，然后装入定量的起爆药，扣上加强帽，以30MPa的压力压药，并插入导火索，将装好的雷管垂直放在 ϕ40mm×4mm 的铅板上并引爆雷管。观察爆炸后的铅板，如果铅板被击穿且孔径大于雷管外径，则表示猛炸药完全爆轰，否则说明猛炸药没有完全爆轰。通过增减起爆药量反复试验即可测出该炸药爆炸所需最小起爆药量。表2-6列出了部分猛炸药的最小起爆药量。

表 2-6　部分猛炸药的最小起爆药量

起爆药名称	被起爆炸药		
	梯恩梯	特屈儿	黑索金
雷汞	0.24	0.19	0.19
氮化铅	0.16	0.10	0.05
二硝基重氮酚	0.163	0.17	0.13

对起爆感度较低的工业炸药，用少量的起爆药是难以使其爆轰的，这类炸药的起爆感度不能用最小起爆药量来表示，而只能用引爆炸药使之达到稳定爆轰所需起爆药柱的最小药量来表示。起爆药柱用猛炸药制作，以雷管引爆。

E　冲击波感度和殉爆

a　冲击波感度

炸药在冲击波作用下发生爆炸的难易程度称为冲击波感度。

炸药对冲击波感度的试验方法常用为隔板试验（图2-7）。即利用不同的惰性材料，例如空气、蜡、有机玻璃、软钢、铝等做冲击波衰减器（称作隔板），改变其厚度来调节冲击波的强度。试验时，采用直径41mm、高50.18mm、重100g的特屈儿作为主发药柱，当它爆炸时，在隔板中产生的冲击波经隔板传入受试药柱（被发炸药），使它发生爆炸。通过一系列试验，找出爆炸频数50%的隔板厚度（称作隔板值），作为炸药对冲击波感度的指标。

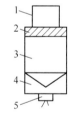

图 2-7　隔板试验
1—试验炸药；2—隔板；
3—主爆炸药；4—平面波
发生器；5—起爆药包

传入受试药柱并能引爆它的冲击波称为激发性冲击波。引爆炸药所需激发冲击波的最小压力称为临界压力。

b　殉爆

某处炸药爆炸时，通过在某种惰性介质（例如空气）中产生的冲击波，引起另一处炸药爆炸的现象称为殉爆。在炸药生产、储存和运输过程中，必须防止炸药发生殉爆，以确保安全。但在工程爆破中，则必须保证炮孔内相邻药卷完全殉爆，以防止产生半爆，降低爆破效率。炸药殉爆的难易性决定于炸药对冲击波作用的感度。

首先爆炸的一定量炸药称为主动装药，被诱导爆炸的一定量炸药称为被动装药。主动装药能诱导被动装药爆炸的最大距离称为殉爆距离（图2-8）。殉爆距离决定于主动装药的炸药性质和药量、被动装药对冲击波的感度及装药间的介质性质。

要使被动装药发生爆炸，在炸药内产生冲击波的压力和冲能必须大于其临界值。殉爆距离也可根据其临界压力和起爆冲能来计算。

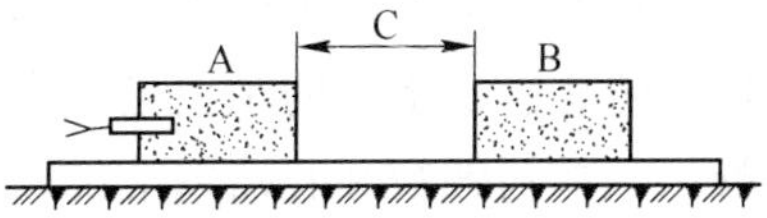

图 2-8　炸药殉爆试验
A—主动装药；B—被动装药；
C—殉爆距离（cm）

根据透入到被动装药内的冲击波压力应等于临界压力的原则，确定的殉爆距离计算公式为：

$$L_X = k \cdot Q^{\frac{1}{3}}$$

式中，L_X 为殉爆距离；Q 为药量；k 为决定于主、被装药性质，介质性质和被动装药对冲击波感度的系数，可通过模拟试验来确定。

根据透入到被动装药内的起爆冲能应等于临界起爆能的原则，确定的殉爆距离计算公式为：

$$L_X = k \cdot Q^{\frac{2}{3}}$$

实际上，很难判断是压力还是冲能起决定性作用，故需根据要解决的具体任务来选择以上两公式中的指数。为安全起见，应取较大指数，同时还要考虑必要的安全系数；为可靠殉爆起见，应取较小指数。

保证绝对不发生殉爆的距离称为殉爆安全距离。计算空气中的殉爆安全距离时，k 值可按表 2-7 选取。

表 2-7　计算殉爆安全距离的系数 k

| 主动装药炸药类型 | 被动装药 | | | | | |
| | 装药类型 | 铵梯炸药 | | 梯恩梯 | | 黑索金、太安、特屈儿 | |
		A	B	A	B	A	B
铵梯炸药	A	0.25	0.15	0.40	0.30	0.70	0.55
	B	0.15	0.10	0.30	0.20	0.55	0.40
梯恩梯	A	0.80	0.60	1.20	0.90	2.10	1.60
	B	0.60	0.40	0.90	0.50	1.60	1.20
黑索金、太安或特屈儿	A	2.00	1.20	3.20	2.40	5.50	4.40
	B	1.20	0.80	2.40	1.60	4.40	3.20

注：A 为敞露式装药；B 为半掩埋或有土堤的装药。

F　静电感度

炸药的静电感度指炸药在静电火花作用下发生爆炸的难易程度。炸药属于绝缘物质，绝缘物质相互摩擦时，会发生电子转移，使失电子物质带正电，获电子物质带负电。在炸药生产以及在爆破地点利用装药器经管道输送进行装药时，炸药颗粒之间或炸药与其他绝缘物体之间经常发生摩擦，同样也能产生静电，并形成很高的静电电压，当静电电量或能量聚集到足够大时，就会放电产生电火花而引燃或引爆炸药。

高电压静电放电产生电火花时，形成高温、高压的离子流，并集中大量能量，这种现象类似于爆炸，同样能在炸药中产生激发冲击波。因此，炸药在静电火花作用下发生的爆炸，既与热作用有关，也与冲击波的作用有关。

炸药对静电火花作用的感度，可用使炸药发生爆炸所需最小放电电能来表示，或用在一定放电电能条件下所发生的爆炸频数来表示。

防止静电事故，主要是防止静电产生，一旦产生后要及时消除，使静电不致产生过多积累。防止静电事故的主要措施有：设备接地；增加工房潮度；在工作台或地面铺设导电橡胶；在炸药颗粒和容器壁上加入导电物质；使用压气装药时，应采用敷有良好导电层的抗静电聚乙烯软管做输药管等。

2.5.3.2　临界直径

临界直径是指炸药在低于多大的直径情况下，一个稳定的起爆不能起爆它。临界直径是针对在不密封情况下的药卷而言的。通常，炸药的感度高，其临界直径小。然而，其他因素如耦合度高，临界直径就小。

为了在正常使用情况下确保可靠的起爆，炸药生产厂家的产品应提供推荐最小直径。为了确保在大多数情况下能够取得可靠的结果，推荐的直径大于临界直径。推荐的最小药卷直径如表 2-8 所示。

表 2-8　推荐的最小药卷直径

炸　药		密度/g·cm^{-3}	推荐最小直径/mm
铵油炸药		0.8	64
乳化炸药	Energan Gold 2620	1.1	76
	Energan Gold 2640	1.20	76
	Energan Gold 2660	1.30	76
	Energan Gold 2680	1.25	89
	Powergel Magnum 2(<90mm)	1.18~1.25	25
	Impact 系列	0.17~0.6	32

2.5.3.3　失敏

大多数炸药密度变高时感度变低，这对那些用气泡和玻璃微珠敏化的炸药更明显。物理密度变化通常是由于空气/气泡或微珠的变化引起的，而这些空气/气泡或微珠提供热点使爆炸得以继续进行。由压缩来降低感度称为压死。与用玻璃微珠敏化的产品比，用气泡敏化的产品更不易被压死，因为这些气泡在被压后容易恢复。

动压降低感度（动压失敏）主要有三种途径：液压压力、动力压力以及两种相结合。

（1）液压失敏。这种情况只发生在孔内有液体压力作用在炸药上，而且只发生有那些通过用未被保护的气泡来敏化的用泵抽或包装的炸药身上。如果爆破要在深孔中进行（如大于 5m），或是有湍急的水头，那么必须选择恰当的炸药。

（2）炮压失敏。在露天矿中，炸药能被加压，因此，用动压减低感度有两种途径：压力来自于相邻的药卷，炮孔是个很小的空间，先爆的药卷能产生压力，所以就减低了其他药卷的感度。这种情况也能发生在微差起爆中，由于时间分散而在不同时间引爆。这种压来源于：

1）高能量的气体通过岩石缝渗入到晚些起爆的炮孔内；

2）压缩的冲击波穿过晚些起爆的药卷；

3）由于岩石或地下水移动，使炮孔侧面挤压药卷导致药卷变形。

这些现象在爆破中不是经常发生的，除非这里有软湿缝隙和开放式的裂缝。

（3）由于导爆索产生压力。导爆索用来炮孔间的连接，或是起爆系统靠导爆索来起爆，导爆索的每一面都可能被引爆或被降低感度。炸药/导爆索的组合方式有多种，在选择时应注意。

2.5.3.4 共振引爆（管道效应）

共振引爆（管道效应）可以这样解释，一个或多个药卷的爆炸引起周围临近孔内的药卷爆炸。在很多时候，共振引爆（管道效应）可能导致爆破比设计的时间提前或是跳段，但它是不可预料的。这种情况是由于下列情况引起的：炸药的感度、孔间的距离和地质条件（裂隙）。

因为乳化炸药的感度低，所以它在孔距大于200mm的通常情况下不会出现共振引爆（管道效应）现象，除非两孔之间有直接的开放通道相连（例如裂隙）。例如，乳化炸药某种地质情况下，孔距是100mm，可以出现共振引爆（管道效应）的现象。然而，孔距为200mm~1m，这种情况不太可能发生，但这种炸药可能有一定程度的动压度。

2.6 炸药的爆轰理论

2.6.1 冲击波

（1）冲击波是一种特殊的压缩波，可以使介质的压力、密度等参数发生急剧变化。冲击波是可以产生陡立的波阵面，形成非周期性的脉冲，并以超声速传播的机械波。

（2）压缩波。扰动波传播过后，压力 p、密度 ρ、温度 T 等状态参数增加的波称为压缩波。其特点是压力 p、密度 ρ、温度 T 增加，介质质点运动方向与波的传播方向一致。如图2-9（b）所示。

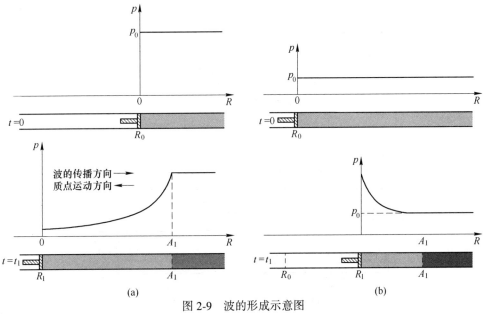

图2-9 波的形成示意图

（a）稀疏波的形成；（b）压缩波的形成

（3）稀疏波。稀疏波是扰动波传播过后，压力 p、密度 ρ、温度 T 等介质状态参数均为下降的波。稀疏波的特点是质点的移动方向与波的传播方向相反，弱扰动，如图 2-9（a）所示。

（4）冲击波的形成。如图 2-10 所示，推动活塞，在气体中相继形成一系列的微压缩波，压缩波速大于相邻的前波波速，最后在某一瞬间，后面各种都赶上第一个波，并叠加成一个强压缩波，这个波就是冲击波。

（5）爆炸冲击波的形成。波阵面的传播速度超过爆炸气体的扩散速度时形成爆炸冲击波。冲击波失去后劲，而逐渐衰减为声波直至消失。

（6）冲击波的性质。

1）冲击波是一种强压缩波，不具有振动的周期性。

2）介质受到冲击波压缩时，波阵面上的介质质点要发生位移。

3）冲击波的波速远大于未扰动介质中的声速。

4）冲击波的速度同波的密度有关。

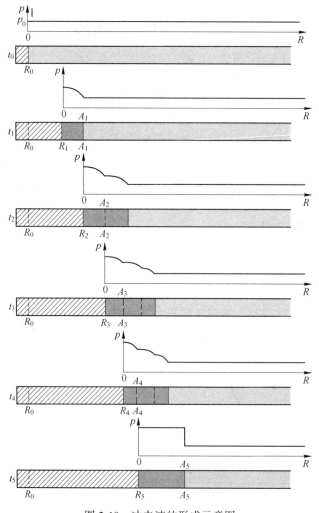

图 2-10   冲击波的形成示意图

2.6.2 爆轰波

2.6.2.1 爆轰波的定义

爆轰波是一种伴随发生化学反应，在炸药中传播的冲击波，或者说爆轰波是后面带有一个高速化学反应区的强冲击波，如图 2-11 所示。

爆轰过程是爆轰波在炸药中的传播过程。

2.6.2.2 爆轰过程的形成

爆轰过程是局部炸药爆炸所释放的能量不断补充到冲击波中维持冲击波以稳定的速度向前传播。爆轰波是某种炸药的不变值，小于临界爆速冲击波变成音波。

2.6.2.3 爆轰波结构

爆轰波结构分为冲击波压缩区、化学反应区、气体产物膨胀区、气体产物静压区四个区域。冲击波阵面和紧附其后的化学反应区合起来叫做爆轰波阵面。

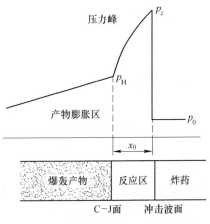

图 2-11 爆轰波的 Z-N-D 模型

爆轰波的特点如下：

（1）只存在于炸药的爆轰过程中，随爆轰结束而终止。

（2）高速化学反应，这是爆轰波得以稳定传播的基本特征。

（3）爆轰波具有稳定性。

2.6.2.4 爆轰波基本方程

质量守恒定律：

$$\rho_0 D = \rho_H (D - \mu_H)$$

式中，ρ_0 为初始炸药密度；ρ_H 为反应区物质密度；D 为爆速；μ_H 为生成气体气流速度。

动量守恒定律：

$$p_H - p_0 = \rho_0 D \mu_H - \rho_0 D$$

式中，p_H 为 C-J 面压力；p_0 为初始压力。

能量守恒定律：

$$E_H - E_0 = \frac{1}{2}(p_H + p_0)(V_0 - V_H)$$

比容：单位质量的炸药在温度不变条件下的膨胀体积。

当考虑炸药放热时有：

$$E_H - E_0 - Q = \frac{1}{2}(p_H + p_0)(V_0 - V_H)$$

2.6.2.5 爆轰波参数

利用上面的方程可得出如下爆轰波参数。

（1）由质量守恒定律推出 C-J 处质点速度：

$$v_H = \frac{1}{1 + K}D$$

（2）爆轰压力：

$$p_H = \frac{1}{1+K}\rho_0 D^2$$

（3）爆轰产物体积：

$$V_H = \frac{K}{1+K}V_0$$

（4）产物密度：

$$\rho_H = \frac{1+K}{K}\rho_0$$

（5）爆速：

$$D = \sqrt{2(K^2-1)Q_V}$$

（6）产物温度：

$$T_H = \frac{2K}{K+1}T_C$$

式中，K 为常数，取为3；T_C 为定容条件下的炸温。

2.6.2.6　稳定爆轰条件

A　稳定传爆的条件

炸药起爆以后，能以恒定不变的爆轰速度进行传播，并能始终如一地完成整个爆炸过程，这种传爆过程被称为稳定传爆。

$$v \geqslant v_{临}$$
$$\tau \leqslant t$$

式中，τ 为炸药被爆轰波驱散所需时间；t 为炸药颗粒反应时间；v 为炸药炸初速度；$v_{临}$ 为炸药炸初速度的临界值。

B　化学反应区反应机理

冲击波是如何引起反应区的化学反应的？分析反应机理如下：

（1）整体均匀灼热引起化学反应。炸药薄层均匀受热，反应区宽度小，炸速高，速度快，适用于液体炸药。

（2）灼热核局部灼热引起化学反应，适用于不均匀炸药。从局部到整体反应时间长，反应区宽度大，炸速低，适用于混合炸药。

C　影响稳定传爆的因素

通过对爆速的分析可以研究影响传爆的因素，因为炸速反映出能量释放的多少，另一方面炸速容易测。

（1）装药直径。图 2-12 表示炸药爆速随药包直径变化的一般规律。它说明随着药包直径增大，爆速相应提高，一直达到药包直径 $d_{极}$ 时，药包继续增大，而爆速趋于恒定。所以药包直径 $d_{极}$ 称之为药包极限直径。如果药包直径减小，爆速随之下降，一直到达 $d_{临}$。当药包直径 $d<d_{临}$ 时，爆速急剧下降，直至爆轰中断。$d_{临}$ 称为药包临界直径。

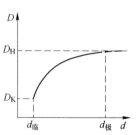

图 2-12　爆速与药包
直径的关系

若任意加大药包的直径和长度，而爆轰波传播速度并不变化，依然保持其固有的稳定的最大值，这种情况称为理想爆轰，这时，炸药能量在化学反应区中得到充分释放。如爆轰波以低于最大爆速的速度稳定传播，则为非理想爆轰。这种情况的出现，是由于在炸药性能或外界条件变化影响下，反应区中炸药能量不能充分释放，只能维持爆轰波以较低的速度稳定传播。在爆破工程中，必须采取措施，力求达到理想爆轰，并且应避免爆轰波不稳定传播造成爆轰中断。

爆炸反应区扩散的物质不仅包括反应生成的气体，而且还有未及时反应完成的炸药颗粒，从而引起能量散失。若散失的能量过多就可能无法维持稳定爆轰所需要的能量，中断爆轰。

不同直径的药包是怎么样受到扩散的影响而影响到爆速的呢？

当直径小于 $d_{临}$ 时，侧向扩散严重，有效反应区大大缩小，成为不稳定爆轰。

在 $d_{临}$ 与 $d_{极}$ 之间时，有效反应区较炸药固有反应区宽度略小，能维持小于正常爆速的稳定爆轰。

$d > d_{极}$ 时，药包不受扩散的影响，成为稳定的理想爆轰。

实际爆破工程中大量应用的是圆柱形装药，炸药爆轰时，冲击波沿装药轴向前传播，在冲击波波阵面的高压下，必然产生侧向膨胀，这种侧向膨胀以稀疏波的形式由装药边缘向轴心传播，稀疏波在介质中的传播速度为介质中的波速。装药直径影响爆速的机理，可用图 2-13 所示的无外壳约束的药柱在空气中爆轰的情况来说明。

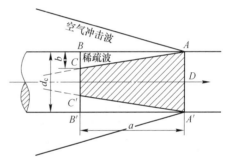

图 2-13　爆轰产物的径向膨胀

当药柱爆轰时，由于爆轰产物的径向膨胀，除在空气中产生空气冲击波外，同时在爆轰产物中产生径向稀疏波向药柱轴心方向传播。此时，厚度为 a 的反应区 $ABB'A'$ 分为两部分：稀疏波干扰区 ABC 和未干扰的稳恒区 $ACC'A'$，稳恒区内炸药反应释放出的能量对爆轰波传播有效，稳恒区的大小表明支持冲击波传播的有效能量的多少，决定爆速的大小。当稳恒区的长度小于定值时，便不能稳定爆轰。

（2）药包外壳的影响。外壳强度等可以使径向扩散减小，从而使极限直径减少。

（3）装药密度的影响。在一定范围内密度增加，爆速增大，但当密度增大到一定值后，密度再增大，爆速反而下降。

（4）径向间隙的影响。由于空气冲击波速度高于爆轰波速度，使炸药提前受到压缩，加大了炸药密度，可使爆轰恶化。

（5）炸药粒度的影响。炸药粒度较小时，分解反应快，反应区宽度小，能量损失小。

2.6.3　爆速

2.6.3.1　装药直径对爆速的影响

前文已提到，不同直径的药包受到扩散的影响而影响到爆速。

2.6.3.2 药包外壳对爆速的影响

前文已提到，外壳强度等可以使径向扩散减小，从而使极限直径减少。

2.6.3.3 装药密度的影响

前文已提到，在一定范围内装药密度增加，爆速增大，但当密度增大到一定值后，再增大，爆速反而下降。对单质炸药，因增大密度既提高了理想爆速，又减小了临界直径，在达到结晶密度之前，爆速随密度增大而增大，如图2-14（a）所示。对混合炸药，增大密度虽然提高理想爆速，但相应地也增大了临界直径。当药柱直径一定时，存在有使爆速达最大的密度值，这个密度称为最佳密度。超过最佳密度后，再继续增大装药密度，就会导致爆速下降，如图2-14（b）所示。当爆速下降到临界爆速，或临界直径增大到药柱直径时，爆轰波就不能稳定传播，最终导致熄爆。

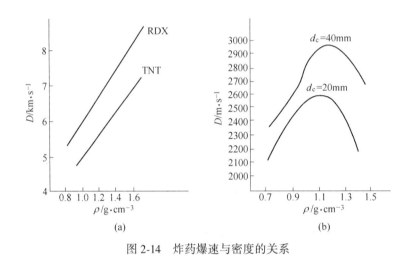

图2-14　炸药爆速与密度的关系

2.6.3.4 径向间隙对爆速的影响

前文已提到，由于空气冲击波速度高于爆轰波速度，使炸药提前受到压缩，加大了炸药密度，可使爆轰恶化。混合炸药（特别是硝铵类混合炸药）细长连续装药，通常在开放环境中都能正常传爆，但在炮孔内，如果药柱与炮孔壁存在间隙，常常会发生爆轰中断或爆轰转变为爆燃的现象，称为间隙效应或管道效应。

炸药在传爆过程中的这种间隙效应的机理，主要是由于炸药在一端起爆时，爆轰波在药卷与孔壁间隙中产生超前于爆轰波传播的空气冲击波。在该冲击波压力的作用下，压缩炸药，减小了药卷直径，增加炸药密度，达到临界条件时，爆轰将中断。

间隙效应的产生与炸药性能、装药不耦合值（炮孔直径与装药直径相比）和岩石性质有关。

2.6.3.5 炸药粒度对爆速的影响

前文已提到，炸药粒度较小时，分解反应快，反应区宽度小，能量损失小。

2.6.3.6 爆速测定方法

常用的测爆速方法有三种：导爆索法、电测法、高速摄影法。

思 考 题

2-1 什么是爆炸？叙述爆炸的分类、产生化学爆炸的条件、炸药变化的四种形式。

2-2 什么是氧平衡、零氧平衡、正氧平衡、负氧平衡？计算 NH_4NO_3、$NaNO_3$ 和 NH_4ClO_4 的氧平衡值。

2-3 炸药爆炸的基本特征是什么？

2-4 什么叫爆热、爆温、爆压，如何计算？

2-5 什么叫炸药的起爆、传爆？起爆能的形式有哪些？

2-6 什么是热点理论？请简要叙述形成灼热核的原因与条件。

2-7 炸药敏感度有几种，如何表示？什么是失敏？

2-8 什么是冲击波、爆轰波？它们的特征是什么？

2-9 什么是爆速、殉爆距离、猛度、爆力？请分别叙述常用的测定方法及其影响因素。

2-10 什么是聚能效应现象？举例说明聚能效应的应用。

3 起爆器材和起爆方法

重点：

（1）电雷管起爆法，电雷管分类及构造，电雷管的灼热理论及主要参数，串联成组电雷管的准爆条件，导线、电源与测量仪表，电爆网路的联结与计算；

（2）导爆索起爆法，导爆索、继爆管、网路联结、爆破网路设计；

（3）导爆管起爆，导爆管的结构、组成，起爆系统设计、网路联结。

3.1 概　　念

3.1.1 起爆方法的类型

在工程爆破中，为了使工业炸药起爆，必须由外界给炸药局部施加一定的能量。根据施加能量的方法不同，起爆方法大致可分为下列三类：非电起爆法、电起爆法和其他起爆法。

（1）非电起爆法。非电起爆法即采用非电以外的能量来引起工业炸药爆炸。属于这类起爆方法的有火雷管起爆法、导爆索起爆法和导爆管起爆法。目前，火雷管起爆法已禁止使用。

（2）电起爆法。电起爆法即采用电能来起爆工业炸药，如工程爆破中广泛使用的各种电雷管起爆方法。

（3）其他起爆法。其他起爆法有水下超声波起爆法、电磁波起爆法和电磁感应起爆法等等。

目前，非电起爆法和电起爆法在工程爆破中使用得最为广泛。

在工程爆破中合理地选择和正确地使用起爆方法，应根据环境条件、爆破规模、经济技术效果、是否安全可靠以及工人掌握起爆操作技术的熟练程度来确定。例如，在有沼气爆炸危险的环境中进行爆破，应采用电起爆而禁止采用非电起爆；对大规模爆破，如硐室爆破、深孔爆破和一次起爆数量较多的炮孔爆破，应采用电雷管、导爆管和导爆索起爆。

3.1.2 药包的起爆过程

大多数猛炸药在起爆后，爆轰波传播经过相当于 1 倍药包直径的距离之后便达到稳定状态。

矿用炸药多为硝铵类的多成分非均质混合炸药，其起爆过程具有明显的非稳定过渡阶段。此过渡阶段的性质、范围大小等受到一系列因素的综合影响，它不仅与炸药本身的化学物理性质有关，而且与外部的起爆条件，如起爆能的大小、起爆压力高低、起爆药包形状等有关。

3.1.3　矿用炸药的起爆

矿用炸药多为低敏感度的硝铵类混合炸药，在矿山爆破作业中，大都装在不同孔径、孔深的炮孔中进行爆破。因此，常用雷管或装雷管的起爆药包或起爆弹的爆炸作用直接引起药包爆轰。这种起爆方法和炸药爆轰过程，与由于前一薄层炸药爆炸而引爆后一薄层炸药爆炸，在本质上是一样的。图 3-1 表示长柱药包在雷管或起爆药包爆炸冲能作用下，爆速 D 随传爆距离 x 变化的情况。图中 D_0、D_c、D_p 分别表示药包的声速、临界爆速、稳定爆速。

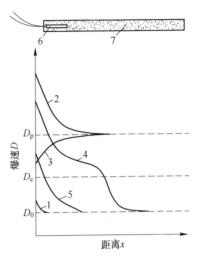

图 3-1　长柱药包起爆爆速 D 与
传爆距离 x 变化关系曲线
1~5—不同起爆能作用下炸药
爆速变化曲线；6—雷管；7—药包

为了充分利用炸药的能量，提高爆破效果，应力求药包在起爆后迅速达到稳定爆轰状态。为此在起爆时要保证有足够的起爆能和作用时间，使爆速能达到图 3-1 中曲线 2 或曲线 3，即 $D>D_p$，或至少使起爆时爆轰波速度略小于 D_p。

当起爆能强度足够大时，才能激起药柱以高于 D_c 的速度开始爆炸反应；如起爆能强度小，则会使炸药初始阶段的不稳定爆炸区加长，甚至根本不能起爆。在爆破工程中，对于低感度的混合炸药，为保证其可靠起爆和稳定传爆，必须加大起爆能。例如，露天深孔爆破时，即使所用炸药具有较高敏感度，雷管可以直接起爆，也很少用单个雷管起爆，而是用不同重量的起爆药包或起爆弹起爆，以增加起爆能。

3.1.4　影响起爆过程的因素

矿山常用的低感度硝铵类炸药，特别是铵油炸药，其起爆发展过程与起爆能的大小以及起爆药包的爆轰压力有关。具有高起爆压力的炸药，其起爆能力大。若选用高爆轰压力的起爆药，那么保证良好起爆所需的最小药量就越小。因此，爆轰压力是衡量起爆药包能力的重要因素。

关于起爆药包爆轰压力对被起爆药产生稳定爆速的影响，根据在 75mm 石棉管中对粒状铵油炸药的试验表明，若起爆压力低于 5.0GPa 时，起爆后在药包中出现较长的非稳定过渡区，如图 3-2 中曲线 4 和 5，对应于最小起爆压力的过渡区的长度大约相当于 6 倍药柱直径。只有当起爆压力达到 5.0GPa 之后，才出现超爆速过渡区，见图 3-2 中曲线 1、2、3。起爆压力愈大，影响范围愈大，超爆速过渡区愈长，如图 3-3 中曲线 1 的过渡区范围较曲线 3 大。

起爆药量大小对药包起爆过程的影响可从图 3-3 看出。试验用 26mm 钢管装粒状铵油炸药，用彭托立特炸药做起爆药包。图中各曲线表示不同起爆药量所形成的过渡区变化情况。试验结果表明，当起爆药量低于 105g 时，在药包中出现爆轰中断现象，说明在该试验条件下最小起爆药量为 105g。当起爆药量达到 454g 时，低爆速过渡区几乎不存在，起爆药包激起的爆速立即过渡到稳定爆速。

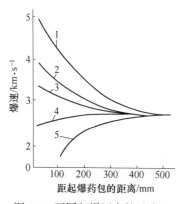

图 3-2 不同起爆压力的过渡区
1—5.0GPa；2—13.5GPa；3—5.0GPa；4—4.0GPa；5—0.7GPa

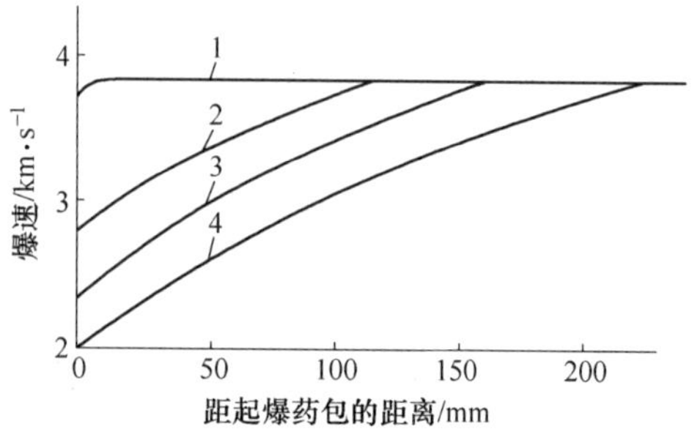

图 3-3 起爆药量对过渡区的影响
1—454g；2—340g；3—160g；4—105g

起爆药包的直径大小对药包的起爆过程也有影响。如果直径太小，侧向膨胀波造成能量损失过大，不能形成稳定爆轰。因此，起爆药包直径应超过药包的临直径，才能保证起爆以后稳定传爆。

3.2 起爆器材及其性能

爆破工程中的任何药包，都必须借助于起爆器材，并按照一定的起爆过程来提供足够的起爆能量，才能根据工程需要的先后顺序，准确而可靠地爆破。

3.2.1 雷管及其性能

雷管是起爆器材中最重要的一种，根据其内部装药结构的不同，分为有起爆药雷管和无起爆药雷管两大系列。其中，根据点火方式的不同，有电雷管和非电雷管等品种；并且在电雷管和非电雷管中，都有秒延期、毫秒延期系列产品；毫秒雷管已向高精度短间隔系列产品发展。

3.2.1.1 电雷管

电雷管是一种用电流起爆的雷管。

电雷管的品种较多，性能也较复杂，常用的有瞬发电雷管、延期电雷管以及特殊电雷管等。延期电雷管根据所延期的单位不同，又分为以秒为单位的秒延期电雷管和以毫秒为单位的毫秒电雷管（又称微差电雷管）。

A 瞬发电雷管

瞬发电雷管由火雷管与电点火装置组合而成，如图 3-4 所示。结构上分药头式和直插式两种。药头式（图 3-4 (b)）的电点火装置包括脚线（国产电雷管采用多股铜线或镀锌铁线，用聚氯乙烯绝缘）、桥丝（有康铜丝和镍铬丝）和引火药头；直插式（图 3-4 (a)）的电点火装置没有引火药头，桥丝直接插入起爆药内，并取消加强帽。电点火装置用灌硫磺或用塑料塞卡口的方式密闭在火雷管内。

电雷管作用原理是，电流经脚线输送通过桥丝，由电阻产生热能点燃引火药头（药头式）或起爆药（直插式）。一旦引燃后，即使电流中断，也能使起爆药和加强药爆炸。

电雷管从通电到爆炸的过程是在瞬间完成的（13ms 以内），所以把它称为瞬发电雷管。

B 秒延期电雷管

秒延期电雷管又称迟发雷管，即通电后不立即发生爆炸，而是要经过以秒量计算的延时后才发生爆炸。其结构（如图3-5所示）特点是，在瞬发电雷管的点火药头与起爆药之间，加了一段精制的导火索，作为延期药，依靠导火索的长度控制秒量的延迟时间。国产秒延期电雷管分七个延迟时间组成系列。这种延迟时间的系列，称为雷管的段别，即秒延期电雷管分为七段，其规格列于表3-1中。

秒延期电雷管分整体壳式和两段壳式。整体壳式是由金属管壳将点火装置、延期药和普通火雷管装成一体，如图3-5（a）所示；两段壳式的电点火装置和火雷管用金属壳包裹，中间的精制导火索露在外面，三者连成一体，如图3-5（b）所示。

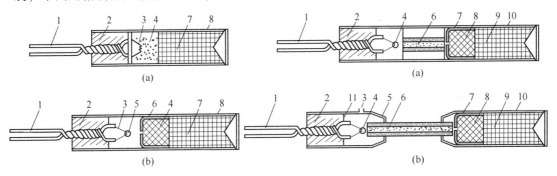

图 3-4 瞬发电雷管

（a）直插式；（b）药头式

1—脚线；2—密封塞；3—桥丝；4—起爆药；

5—引火药头；6—加强帽；7—加强药；8—管壳

图 3-5 秒延期电雷管

（a）整体管壳式；（b）两段管壳式

1—脚线；2—密封塞；3—排气孔；4—引火药头；5—点火管壳；

6—精制导火索；7—加强帽；8—起爆药；9—加强药；

10—普通雷管管壳；11—纸垫

包在点火装置外面的金属壳在药头旁开有对称的排气孔，其作用是及时排泄药头燃烧所产生的气体。为了防潮，排气孔用蜡纸密封。

表 3-1 国产秒延期电雷管的延迟时间

雷管段别	1	2	3	4	5	6	7
延迟时间/s	≤0.1	1.0+0.5	2.0+0.6	3.1+0.7	4.3+0.8	5.6+0.9	7+1.0
标志（脚线颜色）	灰蓝	灰白	灰红	灰绿	灰黄	黑蓝	黑白

C 毫秒延期电雷管

毫秒延期电雷管，又称微差电雷管或毫秒电雷管。通电后，以毫秒量级的间隔时间延迟爆炸，延期时间短，精度也较高。毫秒电雷管与整体壳式秒延期电雷管相似，不同之处在于延期药的组分。毫秒电雷管的结构如图3-6所示。

国产毫秒电雷管的结构有装配式（图 3-6（a））和直填式（图 3-6（b））。装配式是先将延期药装压在长内管中，再装入普通雷管。长内管的作用是固定和保护延期药，并作为容纳延期药燃烧时所产生气体的气室，以保证延期药在压力基本不变的情况下稳定燃烧。直填式则将延期药直接装入普通雷管，反扣长内管。

国产毫秒雷管的延期药多用硅铁 FeSi（还原剂）和铅丹 Pb_3O_4（氧化剂）的机械混合物（两者比例为 3∶1），并掺入适量（0.5% ~ 4%）的硫化锑 Sb_2S_3（缓燃剂）用以调整药剂的燃速。为便于装药，常用酒精、虫胶等作黏合剂造粒。延期时间可通过改变延期药的成分、配比、药量及压药密度

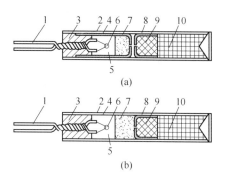

图 3-6　毫秒延期电雷管
（a）装配式；（b）直填式
1—脚线；2—管壳；3—塑料塞；4—长内管；
5—气室；6—引火药头；7—压装延期药；
8—加强帽；9—起爆药；10—加强药

来控制。部分国产毫秒电雷管各段别延期时间见表 3-2。其中第一系列为精度较高的毫秒电雷管；第二系列是目前生产中应用最广泛的一种；第三、四系列段间延迟时间为 100ms、300ms，实际上相当于小秒量秒延期电雷管；第五系列是发展中的一种高精度短间隔毫秒电雷管。

表 3-2　部分国产毫秒电雷管的延期时间　　　　　　　　　　　　　　　（ms）

段别	第一系列	第二系列	第三系列	第四系列	第五系列
3	50±5	50±10	200±20	600±40	20±3
4	75±5	75±15 75±20	300±20	900±50	30±4
5	100±5	100±20	400±30	1200±60	45±6
6	125±5	20	500±30	1500±70	60±7
7	150±5	310±30	600±40	1800±80	80±10
8	175±5	380±35	700±40	2100±90	110±15
9	200±5	460±40	800±40	2400±100	150±20
10	225±5	380±35	900±40	2700±100	200±20
11		460±40	1000±40	3000±100	
12		550±45	1100±40	3300±100	
13		655±50			
14		760±55			
15		880±60			
16		1020±70			
17		1200±90			
18		1400±100			
19		1700±130			
20		2000±150			

D 电雷管的特性参数

表示电雷管灼热特性参数有电雷管全电阻、最低准爆电流、最大安全电流、发火冲能、点燃时间和传导时间等。这些特性参数是检验电雷管的质量、计算电爆网路、选择起爆电源和仪表测量的依据。

(1) 电雷管的全电阻。全电阻是指每发电雷管的桥丝电阻与脚线电阻之和，它是进行电爆网路计算的基本参数。在设计网路的准备工作中，必须对整批电雷管逐个进行电阻测定，在同一网路中选择电阻值相等或近似相等的电雷管（在同一网路中，电雷管电阻差值不宜超过 0.25Ω），以保证起爆的可靠性和良好的爆破效果。目前，我国不同厂家生产的电雷管，即使电阻值相等或近似，其电引火特性各有差异；就是同厂不同批的产品，也会出现电引火特性的差异。因此，在同一电爆网路中，最好选用同厂同批生产的电雷管。国产电雷管电阻值可参考表 3-3。

表 3-3 国产电雷管电阻值

桥丝材料	桥丝电阻/Ω	脚线长度/m	脚线材料	全电阻/Ω
康铜	0.7~1.0	2	铁线	2.5~4.0
			铜线	1.0~1.5
镍铬	2.5~3.0	2	铁线	5.6~6.3
			铜线	2.8~3.8

(2) 最大安全电流。给电雷管通以恒定直流电，5min 内不致引爆雷管的电流最大值，叫做最大安全电流，又称工作电流。此电流值的实际意义在于选择测量电雷管的仪表，仪表的工作电流不能超过此值。国产电雷管的最大安全电流，康铜桥丝为 0.3~0.55A，镍铬合金桥丝为 0.125A。按安全规程规定取 0.03A 作为设计采用的最大安全电流值，故一切测量电雷管的仪表，其工作电流不得大于此值。还需指出，杂散电流的允许值也不应超过此值。

(3) 最小准爆电流。给电雷管通以恒定的直流电，能准确地引爆雷管的最小电流值，称为电雷管的最小准爆电流，一般为 0.7A。若通入的电流小于最小准爆电流，即使通电时间较长，也难以保证可靠地引爆电雷管。

(4) 电雷管的反应时间。电雷管从通入最小准爆电流开始到引火头点燃的这一时间，称为电雷管的点燃时间 t_B；从引火头点燃开始到雷管爆炸的这一时间，称为传导时间 θ_B。t_B 与 θ_B 之和，称为电雷管的反应时间。t_B 决定于电雷管的发火冲能的大小；θ_B 可为敏感度有差异的电雷管成组齐爆提供条件。

(5) 发火冲能。电雷管在点燃 t_B 时间内，每欧姆桥丝所提供的热能，称为发火冲能。在 t_B 内，若通过电雷管的直流电流为 I，则发火冲能为：

$$K_B = I^2 \cdot t_B \tag{3-1}$$

发火冲能与通入电流值的大小有关，电流愈小，散热损失愈大。当电流值趋于最大安全电流时，发火冲能趋于无穷大；反之，增大电流值时，热能损失小。电流增至无穷大时的发火冲能，称为最小发火冲能。发火冲能是电流起始能的最低值，又称点燃起始能。

发火冲能是表示电雷管敏感度的重特性参数。一般用发火冲能的倒数作为电雷管的敏感度。设电雷管的敏感度为 B ，则：

$$B = \frac{1}{K_B}$$ （3-2）

式（3-2）表明，发火冲能大的电雷管敏感度低，发火冲能小的电雷管敏感度高。

（6）串联成组电雷管群的准爆条件。当电雷管串联成组起爆时，由于串群中每个电雷管的发火冲能有差异，因此，各个电雷管的电热敏感度就不相同，发火冲能低的电雷管首先被点燃爆炸，立即爆断网路，致使发火冲能高的电雷管发火头在还未点燃的情况下因断路而拒爆。故为了确保串联成组的雷管群准爆，必须满足下列条件：

$$t_{Bzd} + Q_{Bzd} \geq t_{Bzg}$$ （3-3）

式中，t_{Bzd} 为串组群中发火冲能最低的电雷管的点燃时间；Q_{Bzd} 为串组群中发火冲能最低的电雷管的传导时间；t_{Bzg} 为串组群中发火冲能最高的电雷管的点燃时间。

式（3-3）表明，在串组群中当发火冲能最低（最敏感）的电雷管爆炸的同时，发火冲能最高（敏感度差）的电雷管的发火药头必须也点燃。只有满足此条件，串组群中的所有电雷管才能确保全部爆炸。

E　电雷管检查

进行工程爆破准备工作，必须对电雷管进行全面的质量检验，才能确保作业安全和达到预期的爆破效果。

（1）外观管壳。表面无裂缝、变形、砂眼等，脚线无折断，塑料包皮完好，线尾处的芯线表面不生锈。

（2）尺寸。雷管长度 45~50mm，外径 8.5mm，脚线长度 1.5~3.0m。

（3）铅板穿孔和串联试验。对厚 5mm 铅板的穿孔直径不小于 8.5mm，20 发串联可齐爆。

（4）封口牢固、包装完整，保证密封防潮。

（5）振动试验。振动时不爆炸，振动后结构完整，电阻正常。

F　电雷管参数测定

（1）电阻值的检测。不允许电雷管有断路、短路、电阻值不稳定或超出产品说明书所规定的标准范围。电阻值常用爆破电桥检测。

（2）安全电流检验。随机抽样 20 发电雷管，分别通入 50mA 恒定直流电，持续 5min，不发生爆炸；同样随机抽样 20 发电雷管，串联起爆试验，通入 2.5A 恒定直流电，或通入 4A 交流电，要求通电瞬间 100% 爆炸。若其中有一发拒爆，则需加倍复试。

（3）毫秒延期电雷管还必须用电子测时仪器进行毫秒延时测试。从所用的各段别中，随机抽出样品，测出电雷管实际延时的时间，将结果分别对照表 3-2，或对照产品说明书中规定的时间规定范围。若有不符，在爆破网路中可能发生跳段，破坏设计的起爆顺序，造成爆破事故。

3.2.1.2　非电雷管

与导爆管装配使用、起爆不用电力的雷管称为非电雷管，也分为瞬发管和延期管管壳多为金属材料。非电延期雷管结构如图 3-7 所示。这种雷管与电雷管的结构基本相同，所不同的是多有一气室。因为它是由导爆管击发所产生的冲击波引爆，气室的作用是减缓冲击波的速度和压力。非电延期雷管的技术标准见表3-4~表3-7。

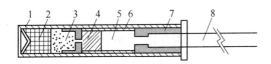

图 3-7 非电延期雷管结构

1—雷管壳；2—加强药；3—起爆药；
4—延期药；5—气室；6—延期管；
7—卡塞；8—导爆管（5~7m）

表 3-4 国产非电半秒延期雷管技术标准

段别	延期时间/s	段别	延期时间/s
1	≤0.3	6	2.5±0.20
2	0.5±0.15	7	3.5±0.30
3	1.0±0.15	8	4.5±0.30
4	1.5±0.20	9	5.5±0.30
5	2.0±0.20	10	6.5±0.40

表 3-5 国产非电毫秒延期雷管技术标准

段别	延期时间/ms	段别	延期时间/ms	段别	延期时间/ms
1	≤13	7	200−25	15	880±60
2	25±10	8	250±25	16	1020±70
3	50±10	9	310±30	17	1200±90
4	75+15	10	380±35	18	1400±100
	75−10	11	460±40	19	1700±130
5	110±15	12	550±45	20	2000±150
6	150±20	13	650±50		
7	200+20	14	760±55		

表 3-6 西安庆华长延时导爆管雷管（MP1010A）技术标准

段别	延期时间/ms	段别	延期时间/ms	段别	延期时间/ms
0	25±5	11	1100±50	22	3500±250
1	100±50	12	1200±50	23	4000±250
2	200±50	13	1300±50	24	4500±250
3	300±50	14	1400±50	25	5000±250
4	400±50	15	1600±100	26	5500±250
5	500±50	16	1800±100	27	6000±250
6	600±50	17	2000±100	28	7000±500
7	700±50	18	2250±125	29	8000±500
8	800±50	19	2500±125	30	9000±500
9	900±50	20	2750±125		
10	1000±50	21	3000±125		

表 3-7 辽宁圣诺高精度导爆管技术标准

产品类别	地表延期					孔内延期
标准延时/ms	17	25	42	65	100	400
实测平均延时/ms	17.6	25.4	42	66	101.8	403.9
实测极差	1~3	1~3	2~4	2~5	2~7	2~11
导爆管颜色	蓝	绿	红	粉红	黄	白

3.2.2　导爆索及其性能

3.2.2.1　导爆索的品种和结构

导爆索按包缠物的不同可分为线缠导爆索、塑料皮导爆索和铅皮导爆索；按用途分有普通导爆索、震源导爆索、煤矿导爆索和油田导爆索等；按能量分有高能导爆索和低能导爆索。这几种导爆索的每米装药量列于表3-8中，导爆索的品种、性能和用途见表3-9。

普通导爆索的结构基本上与导火索相似，不同之处在于导爆索的芯药是猛性炸药黑索金或太安，且导爆索外表涂有红色。一般要求导爆索的芯药密度和粗细均匀，外包两层纤维线、一层防潮层和一层纱包线。

表 3-8　几种导爆索的每米装药量

导爆索品种	装药量（不少于）/g·m^{-1}
普通导爆索	11~12
震源导爆索	37~38
煤矿导爆索	12~14
油田导爆索	30~32 或 18~20
低能导爆索	1.5~2.5

表 3-9　导爆索的品种、性能和用途

名　称	外　表	外径/mm	装药量/g·m^{-1}	爆速/m·s^{-1}	用　　途
普通导爆索	红色	≤6.2	12~14	≥6500	露天或无瓦斯和矿尘爆炸危险的井下爆破作业
安全导爆索	红色		12~14	≥6000	有瓦斯和矿尘爆炸危险的井下爆破作业
有枪身油井导爆索	蓝或绿	≤6.2	18~20	≥6500	油井、深水中爆炸作业
无枪身油井导爆索	蓝或绿	≤7.5	32~34	≥6500	油井、深水、高温中的爆破作业

铅皮导爆索主要用于超深油田中起爆射孔弹，它具有耐高温（不低于170℃）和耐高压（不低于66.6MPa）的性能，也适用于其他高温、高压特殊条件的爆破工程。高能导爆索主要用于露天台阶深孔、硐室、地下深孔的爆破，起引爆炸药的作用。低能导爆索主要用来起爆雷管。塑料皮导爆索用于有水的工作面或水下爆破。普通导爆索是目前产量最大、应用范围广的一个品种，冶金矿山的用量也最多。

3.2.2.2　导爆索的性能与检验

导爆索的作用主要是传递爆轰，引爆炸药，其爆速为6500~7000m/s。导爆索本身不易燃烧，相对地讲是不敏感的，需用一发工业雷管才能引爆。导爆索引爆其他炸药的能力，在一定程度上决定于芯药和每米导爆索的药量。

冶金矿山多用普通导爆索，其质量标准是：外表无严重折伤、油污和断线；索头不散，并罩有金属或塑料防潮帽；外径不大于6.2mm，能被工业雷管起爆，一旦被引爆能完全爆轰；用2m长的导爆索能完全引爆200g的TNT药块；在0.5m深的静水中浸2h，仍然传爆可靠；在50℃条件下保温6h，外观及传爆性能不变；在-40℃条件下冷冻2h，而后打水手结仍能被工业雷管引爆，爆轰完全；承受500N拉力时，仍能保持爆轰性能。

因此，导爆索在使用之前，应根据爆破工程的具体要求，对上述性能作全部或部分检验。通常，导爆索的传爆性能检验是必须进行的，具体作法是将五段1m长和一根3m长的导爆索按图3-8连接，起爆后以其完全爆炸为合格。

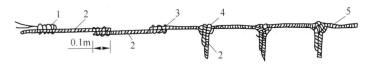

图3-8 导爆索传爆试验（接头长度不小于15cm）
1—起爆雷管；2—1m长导爆索；3—细绳搭接；4—束结；5—3m长导爆索

当导爆索与铵油炸药配合使用时，应对导爆索做耐油试验，浸油时间和方法，可视具体的应用条件确定。一般是将导爆索卷解散，铺放在铵油炸药上面，然后又铺置铵油炸药在导爆索上，压置24h后，导爆索仍保持良好的传爆性能为合格。

3.2.2.3 继爆管

导爆索爆速在6500m/s以上，因此，单纯的导爆索起爆网路中各药包几乎是齐发起爆。继爆管配合导爆索使用可以达到毫秒延期起爆。

A 继爆管的结构和作用原理

继爆管的结构如图3-9、图3-10所示。它实质上是由不带电点火装置的毫秒延期雷管和消爆管、导爆索等组成。

继爆管的工作原理是：爆源方向的导爆索爆炸气体产物通过消爆管和长内管的气室后，压力和温度都有所降低。这股热气流能可靠地点燃缓燃剂，而又不至于击穿缓燃剂发生早爆。经过若干毫秒的时间间隔以后，缓燃剂引起正副起爆药爆炸，从而引起层端联结的导爆索爆炸。这样，两根导爆索中间经过一只继爆管就可以延迟一段轰传递时间。

继爆管分为单向（不可逆的）和双向（可逆的）两种。双向继爆管具有对称的结构，无首尾之分，使用时两端均可作起爆端（起爆端的雷管只起传爆作用），因而使用方便，但消耗的器材和原料比单向的多一倍。单向继爆管是不对称结构，只能从固定的一端起爆（成品有首尾标记），因而使用时不能接错，否则将拒爆。

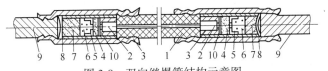

图3-9 双向继爆管结构示意图
1—消爆管；2—长内管；3—外套管；4—延期药；5—加强帽；
6—二硝基重氮酚；7—黑索金；8—雷管壳；9—导爆索；10—纸垫

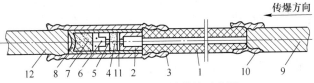

图3-10 单向继爆管结构示意图
1—消爆管；2—长内管；3—外套管；4—延期药；5—加强帽；6—二硝基重氮酚；7—黑索金；
8—雷管壳；9—起爆导爆索；10—连接管；11—纸垫；12—传爆导爆索

B　继爆管的主要性能

（1）延期时间。目前我国已能生产7个段别的毫秒延期继爆管，其延期时间如表3-10所示。

表3-10　单向继爆管的延期时间

段　别	1	2	3	4	5	6	7
名义延期时间/ms	15	30	50	75	100	125	150
允许误差/ms	±7	±10	±10	±10	±10	±10	±10

（2）起爆力。铅板穿孔试验结果表明，继爆管与未装压延期药的火雷管无明显差异，其起爆力不低于8号工业雷管。

（3）高低温性能。在高温（40±2）℃和低温（-40±2）℃的条件下试验，产品性能无明显变化。

（4）传爆性能。使用时，当爆破网路中的主导爆索与继爆管尾部的导爆索的搭接度不小于150~200mm时，其传爆性完全可靠。

此外，经过浸蜡处理的继爆管，可在有水条件下使用。

3.2.3　导爆管及其性能

导爆管具有安全可靠、轻便、经济、不受杂散电流干扰和便于操作等优点。它与击发元件、起爆元件和联结元件等部件组合成起爆系统，因为起爆不用电能，故称为非电起爆系统，目前在我国冶金矿山得到广泛的应用。

3.2.3.1　导爆管的结构及传爆原理

导爆管是用高压聚乙烯溶后挤拉出的空心管子，外径为（2.95±0.15）mm，内径为（1.4±0.1）mm，管的内壁涂有一层很薄而均匀的高能炸药（91%的奥克托金、9%的铝粉与0.25%~0.5%的附加物的混合物，或者是黑索金与铝粉的混合物），药量为14~18mg/m。

如果按经典爆轰原理，导爆管管壁上所含炸药量极少，远远小于炸药稳定爆轰的临界直径，导爆管的传爆是不可能的，也是解释不通的。但根据管道效应原理，当导爆管被击发后，管子内产生冲击波，并进行传播，管壁内表面上的薄层炸药随冲击波的传播而产生爆炸，所释放出的能量补偿冲击波在波动过程中能量的消耗，维持冲击波的强度不衰减。也就是说，导爆管传爆过程是冲击波伴随着少量炸药产生爆炸的传播，并不是炸药的爆轰过程。导爆管中激发的冲击波（导爆管传爆速度）以（1950±50）m/s的速度稳定传播，发出一道闪电似的白光，声响不大。冲击波传过后，管壁完整无损，对管线通过的地段毫无影响，即使管路铺设中有打结、相互交叉或叠堆，也互不影响。

3.2.3.2　导爆管的技术性能

（1）抗静电性能。导爆管中两极相距10cm，外加30kV静电，电容为330pF，1min内不被击穿。

（2）抗冲击性能。导爆管受一般的机械冲击、落锤、枪击均不被击发。

（3）起爆传爆性能。导爆管可能用火帽、雷管、导爆索、电火花等凡能产生冲击波的起爆器材所击发，一发 8 号工业雷管可击发紧贴在其外围四周的两层导爆管。导爆管能在下列情况下正常传爆：

1）数米至数百米长一根导爆管，只要一端被击发，能正常传爆，中间不需雷管接力。

2）导爆管打各种扭结（但管内小孔不完全挤死）、将导爆管拉细或管内有不超过 15cm 长的断药，导爆管能正常传爆。

3）导爆管两端封闭和在水下，仍能正常传爆。

4）两根导爆管用套管对接，能正常传爆。

（4）抗自爆性能。导爆管不能直接起爆炸药。将导爆管一端紧对太安，另一端被击发传爆后，太安不起爆。

（5）强度指标。近年来我国研制生产了高强度和耐高低温（+80～-40℃）导爆管，满足不同装药方式、不同环境温度和特殊爆破的需要，因而将非电起爆系统网路的强度和可靠性向前推进了一大步。

高强度导爆管的性能标准：

1）爆速大于（1900±50）m/s。

2）爆轰感度。一发 8 号工业雷管可完全可靠地击发紧贴雷管周围的 20 根导爆管。

3）抗拉强度。①常温下，长 1m 导爆管承重 8kg，1min 不拉断；②在 80℃的环境条件下，8h 后，长 1m 导爆管承重 3kg，1min 不拉断；③在-40℃的低温环境条件下，8h 后，导爆管弯曲 90°不折断，爆速、爆轰感度、抗拉强度和常温下相同。

（6）传爆速度。影响导爆管传爆速度的主要因素是，炸药的性能、粒度和分布的均匀程度，其次是管材强度和药量。若管内炸药堆积，分布不均匀，传爆过程中管壁易被击穿。

3.3　电力起爆方法

电力起爆与火花起爆比较，电力起爆优点是：改善了工作条件，减少了爆破工作的危险性，能同时引爆许多药包，增大爆破的范围与效果。爆破前可用仪表测量，检查电雷管和电爆网路起爆的可能性，并可控制药包起爆的先后时间，也没有导火索点燃时所产生的有害气体。

但电力起爆准备工作比较费事，需进行电爆网路的计算和敷设，用仪表进行测量检查，还必须有起爆的电源。

电力起爆的主要工作有导线和电雷管的检查、制作起爆药包、计算和敷设电爆网路、接通起爆电源等。

3.3.1　电雷管的检查

3.3.1.1　全电阻的测定

测定雷管电阻可用 205 型线路电桥、爆破欧姆表等专用仪表。检查时将电雷管两脚线分别连以导线再接到欧姆表上，读出电阻值。必须注意：欧姆表输出电流不得超过 50mA，仪表与电雷管的接通时间不得超过 4s，被检查的电雷管应该放在 10m 以外，或放在 5cm 厚的木板后面，以保证安全。

通常检查电雷管多用爆破电桥进行。它可以精确地测定电雷管和电爆网路的电阻，测量范围为 0.2~5000Ω。

3.3.1.2 最大安全电流的测定

最大安全电流的测定线路如图 3-11 所示。首先接通开关 K_2 和 K_2'，用爆破欧姆表测出电雷管全电阻。然后断开开关 K_2'，接通开关 K_1'，调节滑线电阻器 R_1，使其等于电雷管的全电阻。接通 K_1、K_1'，调整滑线电阻器 R_2，可改变通入电雷管的电流值。断开开关 K_1'，接通开关 K_2' 和 K_3'，雷管通电，视其是否爆炸，不断调整通入电雷管的电流，可测出雷管的最大安全电流。

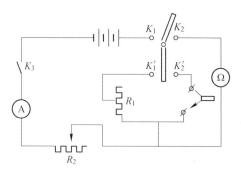

图 3-11　最大安全电流测定线路图

3.3.1.3 最小准爆电流的检查

测定线路与最高安全电流测定线路相同。但是，在开始测量时应先采用比预计最低准爆电流值要小许多的电流强度通入电雷管，以免错过最低的准爆电流值。然后提高电流强度，重新接通新的雷管，一直到通入的电流值使每个试验雷管都能起爆。

但应注意，同一爆破网路中必须使用同厂同批同牌号的电雷管，且最大和最小电阻差不得超过 0.25Ω。因为电阻值不同的电雷管不能同时爆炸，先爆炸的会将电路切断，产生盲炮。

3.3.2 电爆网路的计算和敷设

3.3.2.1 电爆网路的计算

电爆网路由电雷管与导电线组成。电爆网路有串联、并联、混合联三种形式。

A 串联

如图 3-12 所示，串联时，在全网路中电流强度相同，网路的总电阻 $R_{串}(\Omega)$，为主线、联结线、端线和雷管电阻之和：

$$R_{串} = R_{主} + R_{联} + n(R_{端} + R_{管}) + R'$$

（3-4）

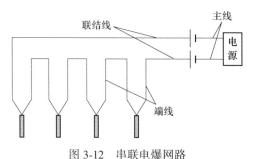

图 3-12　串联电爆网路

式中，$R_{主}$、$R_{联}$、$R_{端}$、$R_{管}$ 分别为主线、联结线、端线及电雷管的电阻；n 为电雷管数；R' 为电源内电阻。

当电源的电压 $E(V)$ 为已知时，串联电爆网路通过每个电雷管的电流强度 $I_{串}(A)$ 为：

$$I_{串} = \frac{E}{R_{串}}$$

（3-5）

为可靠起见，电流强度 $I_{串}$ 应不小于每个电雷管的起爆电流强度 i（直流电源不得小于 2.4A，交流电源不得小于 4.0A）。使用照明或动力电源时，内电阻 R' 可不计。

串联的优点是网路计算、敷设和检查比较简单（导线消耗量较少），并且由于起爆所需的电流强度小，故可使用功率较小的电源。其缺点为起爆不十分可靠，因为当网路中有任一处断路就会使整个网路拒爆，所以只适于炮孔数目较少的爆破。

B 并联

如图 3-13 所示，并联时通过主线的电流强度等于通过各支线电雷管的电流强度之和，此时网路的总电阻为：

$$R_{并} = R_{主} + R_{联} + \frac{R_{端} + R_{套}}{n} + R' \tag{3-6}$$

式中，符号意义同式（3-4）；n 为并联组数。

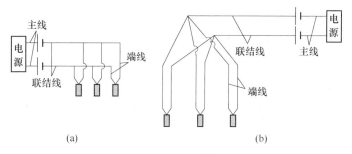

图 3-13 并联电爆网路
（a）并联；（b）并簇联

并联电爆网路通过主线的电流强度 $I_{并}$（A）为：

$$I_{并} = \frac{E}{R_{并}} \tag{3-7}$$

同样，通过每个电雷管（或每个支路）的电流强度 i'（A）为：$i' = \dfrac{I_{并}}{n}$，它也不应小于每个电雷管的起爆电流强度 i（与串联起爆的规定相同）。

并联的优点是当网路中某一支路或雷管发生故障时，不会影响其他电雷管起爆。缺点是所需的电流强度大，因而需要功率较大的电源及断面大的导线，线路较复杂，导线消耗量比较大，检查较繁，并且当各支路的电阻不同时，必须进行电阻平衡，否则容易拒爆。因此并联电爆网路在实际工作中应用较少。

C 混合联

混合联是串联和并联的混用，常用的为复式并串联，如图 3-14 所示。

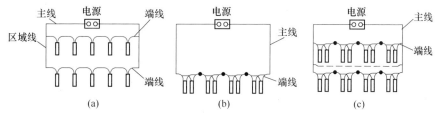

图 3-14 混合联电爆网路（复式并串联）
（a）串并联电路；（b）并串联电路；（c）并串并电路

复式并串联是将两个串联的网路进行并联，并且在每对端线上并联两个电雷管，以确保起爆，这种网路的总电阻为：

$$R_混 = R_主 + \frac{R_联 + m\left(R_端 + \dfrac{R_管}{2}\right)}{2} + R' \qquad (3\text{-}8)$$

式中，符号意义同式（3-4）；m 为药室数。

通过主线的电流强度为：$I_混 = \dfrac{E}{R_混}$；通过每一串联网路的电流强度为：$i' = \dfrac{I_混}{2}$；同样，通过每个电雷管的电流强度为：$\dfrac{i'}{2} = \dfrac{I_混}{4}$，它也不应小于每个电雷管的起爆电流强度 i（与串联、并联同）。

混合联虽然比较复杂，但是起爆较可靠，因而在爆破中常采用这种方式。

3.3.2.2　电爆网路的敷设

在敷设电爆网路时，导线必须绞接。为了减少接头的电阻，先将导线端头绝缘包皮切下约 10cm 长，刮去金属线上的氧化层，再把两端头绞接牢固，外面用胶布包裹，以免发生短路或漏电。

电爆网路的总电阻应当先进行计算，再用欧姆表来测量，其差数不应超过 10%，否则应找出毛病所在并消除。

在任何条件下，端线的彼此连接，以及联结线与主线的连接，必须在所有炮孔都装填完毕，人员都撤至安全距离以外后方可进行。在爆破以前的所有时间内，主线两端应相接成短路，以保安全。

3.3.3　导线及其检查

3.3.3.1　导线

电爆网路中的电线多采用绝缘良好的铜线或铝线。铜线导电能力强，柔软而易于连接，应用较广。为了节约铜材，应推广使用铝导线。电爆网路常用导线的电阻系数见表3-11。

表 3-11　常用导线的电阻系数

导线材料	20℃时电阻系数/$\Omega \cdot mm^2 \cdot m^{-1}$
铜	0.0175
铝	0.0286
铁	0.132

在大量爆破时，由于使用的导线数量大，各段线路的规格又不一致，为了便于计算和敷设，通常将爆破网路的电线按其在网路中的位置分为端线、连接线、区域线和主线。

（1）端线。在深孔或露天硐室爆破中，由于脚线短，不能引出孔口或药室外时，需要加接的一段电线称为端线。端线多采用截面为 1.0~1.5mm^2 的铜芯或铝芯塑料线。

（2）连接线。在露天爆破中连接线则指连接各孔口或药室之间的电线，通常采用截面为 1.0~4.0mm² 的铜芯或铝芯的塑料线或橡皮线。

（3）区域线。连接线和主线之间的联结电线叫区域线，一般为断面 6.0~35.0mm² 的铜芯或铝芯的塑料线或橡皮线。

（4）主线。连接区域线和爆破电源之间的电线在爆破中可以重复使用，称为主线，通常采用截面为 16.0~150.0mm² 的铜芯（铝芯）塑料或橡皮线。

3.3.3.2 导线的检查

导线的检查包括检查有无断线，外表绝缘是否良好等。

（1）断线的检查。将导线的两端接到欧姆表上，如果指针摆动说明导线状况良好；如不摆动，应查明断线位置，将它接好。

（2）外表绝缘的检查。准备一桶水，放入少量食盐，将导线放入盐水桶中，两端置于桶外，一端用绝缘布包好，另一端与欧姆表接线柱相接，另取 0.4m× 0.4m 的金属板一块，连以导线，将金属板也放入桶中，而将其导线与欧姆表的另一接线柱相接，经 30min 后，指针所示电阻不小于 3000Ω 则绝缘良好，否则应找出绝缘损坏处，并用胶布包好，如图 3-15 所示。

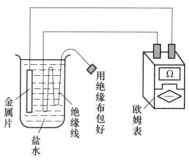

图 3-15 导线外表绝缘检查

3.3.4 电源

电力起爆的电源有电池组、起爆器、移动电站以及照明或动力电路，可根据电爆网路的需要选用。一般简单的串联电路，由于所需电流强度较小，可采用电池组或起爆器起爆；同时起爆数量很多的电雷管大爆破，多采用移动电站、照明或动力线进行。

3.3.4.1 起爆器

（1）手摇式起爆器。手摇式起爆器是一种小型的携带方便的直流发电机，由于产生的电流强度较小，故仅用于起爆串联网路，我国目前生产的有 10 发、30 发、50 发和 100 发等几种。手摇式起爆器由活动把手（转柄）、端钮（接线柱）和机体组成。它的工作原理与手摇电话机发电装置相同，内部结构为一个固定磁铁和一个活动线圈。当手握转柄用力顺时针方向旋转时，由于活动圈切割磁力线，就可以发出瞬时的脉冲电流，从而由端钮输出直流电起爆电雷管。

（2）电容式起爆器。与手摇起爆器不同，电容式起爆器是将起爆器的电容器充电，当电容量达到一定的数值时，停止充电，仪器处于备用状态。起爆时，将导线接到输出端钮上，电容器瞬间以脉冲高电压释放电流给起爆网路，即起爆器放电，使网路上电雷管起爆。它不仅可起爆电雷管，而且还有测量网路电阻的装置，所以，能完成导通网路与起爆两个任务。

3.3.4.2 干电池和蓄电池

爆破规模较小时，可以采用蓄电池和干电池作为起爆电源。干电池较为轻便。通常采用的干电池为 45V 的方形乙种电池，它由 30 节普通手电筒用的电池串联而成，在外端有三个端钮，一个负极，两个正极，其中一个为 45V，一个为 22.5V。干电池像起爆器一样可以简单地起爆少量电雷管。

干电池应妥善保管，每次用毕后要将各端钮仔细地用绝缘胶布裹紧，并置于干燥通风阴凉的地方，否则容易漏电。每次使用前应测量电流和电压，以便准确起爆。

蓄电池原理同干电池一样，其优点是随时可以充电，有较充足的电流，缺点是比干电池重。汽车上以及一些机械上的电瓶均可临时作为放炮的电源。

3.3.4.3 移动式发电站、照明电力线路或电力动力线路

在任何情况下，移动式的发电站、照明电力线路或动力线路都是电力起爆中最可靠的电源。尤其是在同时起爆群药包或大量爆破中，药包多、网路复杂、准爆电流需要大的条件下，必须使用这三种电源之一。

采用三相交流电时，电爆网路与电源之间有三种接法，如图 3-16 所示。

（1）电爆网路接到任一相线之间，电压为相电压，如图 3-16 的支路 1 所示；

（2）电爆网路接到两条相线之间，电压为线电压，如图 3-16 的支路 2 所示；

（3）在起爆的雷管很多时，为了充分利用电源的输送能力，将电爆网路接到三条相线上，利用三相电流起爆，电爆网路上的所

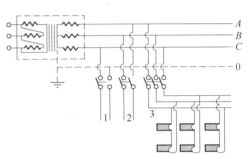

图 3-16 电爆网路与三相交流电源连接图

有雷管分成三组，按三角形连接，如图 3-16 的支路 3 所示。这种联结法电压不因负载的对称与否而受影响，但由于在同一瞬间三个相线的瞬时电流值不同，三相刀闸合闸时，各相很难达到同时动作，因而各相电雷管可能不在同一时刻点燃，存在着部分电雷管拒爆的可能。鉴于这个特点，为了确保三角形网路的可靠起爆，在电爆网路中最好不用瞬发及一段毫秒电雷管而使用二段或其他高段毫秒电雷管，以延长网路供电时间。二段毫秒电雷管的延期时间为（25±10）ms，可以保证网路通电时间至少持续 15ms 以上。实验证明，通电时间达 10ms 时即可保证三角形网路各相所连接的全部电雷管起爆。

3.4 导爆索起爆方法

3.4.1 导爆索的起爆

导爆索通常采用雷管起爆，但在硐室和深孔爆破时，为了保证起爆的可靠性，常在导爆索与雷管的连接处加 1~2 个炸药卷，增加起爆能量。

在进行起爆雷管和导爆索连接时，雷管的聚能穴应朝向导爆索的传爆方向，雷管（或药卷）连接位置需离开导爆索末端 150mm（如图 3-17 所示）。

为了安全，只准在临起爆前将起爆雷管连接于导爆索上。

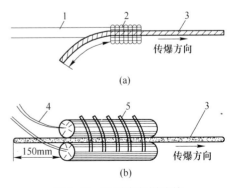

图 3-17 导爆索起爆连接
1，4—雷管脚线；2—雷管；3—导爆索；5—炸药卷

3.4.2 导爆索及其网路的连接

3.4.2.1 导爆索的连接

连接传爆线时应注意：接头搭接长度不应小于 15cm，一般用 20~30cm，并用胶布、麻绳或其他细绳扎紧，如图 3-18 所示；支线与主线连接时，支线的端头必须朝着主线起爆方向，其间的夹角不得小于 90°，如图 3-19 所示；在药包内（或起爆体内），传爆线的一端应卷绕成起爆束，以增加起爆能力。

导爆索之间的连接方式有搭接、扭接和水手结连接，如图 3-20 所示。

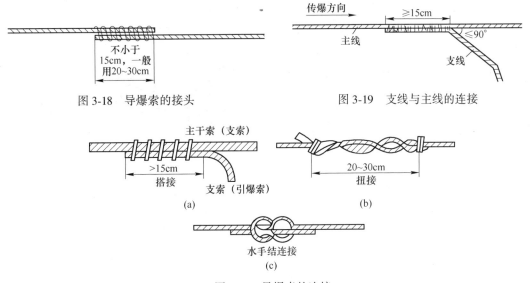

图 3-18 导爆索的接头

图 3-19 支线与主线的连接

图 3-20 导爆索的连接

3.4.2.2 导爆索网路的连接

导爆索网路连接可分为串联、分段并联、并簇联以及继爆管同导爆索组成的联合起爆网路。

（1）串联。串联是在每个药包之间直接用导爆索连接起来，如图 3-21 所示。此法当一个药包拒爆时，影响到后面的药包也拒爆，因此爆破作业中很少采用。

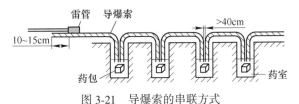

图 3-21 导爆索的串联方式

（2）分段并联。分段并联是将连接每个药包的每段导爆索与另外一根导爆索（主线）连接起来，如图 3-22、图 3-23 所示。这种连接起爆较可靠，因而在爆破中应用较多。

（3）并簇联。并簇联是将连接每个药包的传爆线一端连成一捆，再与另外一根导爆索（主线）连接起来，如图 3-24 所示。这种连接方式，导爆索消耗量很大，因此，只有在药包集中在一起时（如隧道爆破）应用。

（4）联合起爆网路。继爆管同导爆索联合起爆网路，适用于露天、地下（无瓦斯爆炸危险）多排深孔微差爆破。有关爆破网路的连接方式如图 3-25~图 3-27 所示。

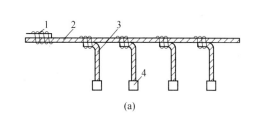
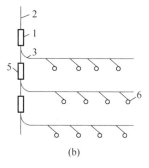

图 3-22　导爆索的分段并联

（a）普通分段并联；（b）微差分段并联

1—雷管；2—主导爆索；3—支导爆索；4—装药炮孔；5—继爆管；6—炮孔

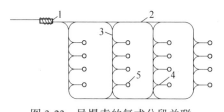

图 3-23　导爆索的复式分段并联

1—雷管；2—主导爆索；3—支导爆索；4—孔内导爆索；5—炮孔

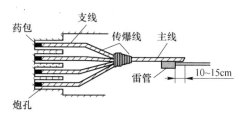

图 3-24　传爆线的并簇联

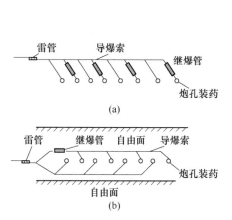

图 3-25　单排孔孔间微差爆破网路

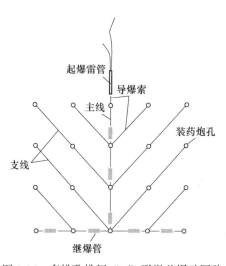

图 3-26　多排孔排间"V"形微差爆破网路

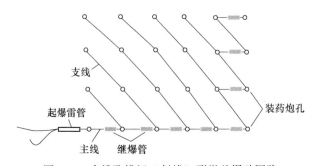

图 3-27　多排孔排间"斜线"形微差爆破网路

3.5　导爆管雷管起爆方法

3.5.1　导爆管起爆系统的组成元件

导爆管起爆系统由三部分元件组成，即起爆元件、连接元件和末端工作元件，如图 3-28 所示。

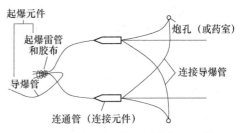

图 3-28　导爆管起爆系统的组成元件

（1）起爆元件。最普遍的起爆元件就是击发枪（附火帽）、击发笔（附火帽）、电雷管等。从经济和安全方面着眼，城市拆除爆破，用击发枪（击发笔）好；深孔或硐室松动控制爆破，以用电雷管作为起爆元件好。

（2）连接元件。利用导爆管本身所具有的性能，即导爆管中间断药小于 15cm 仍能正常传爆，而制成的塑料连通管，简称连通管，叫做连接元件。连通管种类分 3~5 通，其外观和连接形式如图 3-29 所示。还有一种连通管仅一端开口，另一端封闭，其外观和连接形式如图 3-30 所示。

图 3-29　连接管外观和连接式样

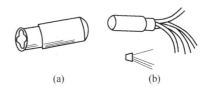

图 3-30　一端封闭的连通管
（a）连通管外形；（b）连接式样

对于多根导爆管的连接，为了节省材料和连接方便，有时用传爆雷管（常用即发非电雷管）代替连通管作为连接元件，即把多根导爆管用电工胶布绑扎在传爆雷管的周围，如图 3-31 所示。正常条件下，一个传爆雷管可以起爆周围 50 根导爆管，实际作业中经常

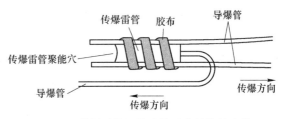

图 3-31　传爆雷管用作连接元件的绑扎式样

绑扎十几根。这里要注意的是连接的时候，传（起）爆雷管的聚能穴对准的方向禁止和导爆管的传爆方向一致，这和导爆索的连接正好相反。

对于两根导爆管的连接，例如硐室松动控制爆破药包中的起爆雷管引出的导爆管与导硐中导爆管的连接，常用二通套管。套管就是普通的塑料管，内径大于 3mm，生产导爆管的厂家均有生产。

（3）末端工作元件。从连通管中引出的直至炮孔（药包）中的导爆管，以及导爆管末端的非电雷管组成末端工作元件。末端的非电雷管分三种，即毫秒非电雷管、半秒延期和秒延期非电雷管。

3.5.2 导爆管起爆系统工作过程和起爆网路

3.5.2.1 导爆管起爆系统工作过程

当起爆元件中的起爆雷管爆炸时，捆扎或通过连接装置固定在起爆雷管周围的导爆管被起爆并开始传爆，当爆轰信号传爆到连接元件的连通管时，经过连通管的过渡（无延误时间）使爆轰信号继续顺着预先制定好的方向传播，引发后面的导爆管起爆和传爆。连通管所连接的导爆管有两种：一是属于末端工作元件的导爆管，由于它的传爆引起末端工作元件的非电雷管起爆，结果使炮孔（药室）内药包中的起爆雷管被引爆；二是属于网路连接导爆管，它的作用是传爆到下一个连通管。

爆轰信号通过这样的方式被起爆网路传递到爆区的每一个炮孔（药室）药包中的起爆雷管内，并通过传爆雷管和起爆雷管预先的延期设计，使所有的炮孔（药室）按一定的延期时间间隔被起爆。

3.5.2.2 基本起爆网路

导爆管非电起爆网路有以下几种式样。

（1）簇联网路。簇联网路如同电爆的并联网路一样，把炮孔或药包中非电毫秒雷管用一根导爆管延伸出来，然后把数根延伸出来的导爆管用连通管或传爆雷管并在一起，如图 3-32 所示。

簇联法在深孔爆破和硐室爆破中，作为微差起爆网路中的一个主要环节较多地被采用，例如把从几个炮孔或几个药包中引出的导爆管绑扎在炮孔外雷管的四周，然后再把炮孔外雷管串联在一起，这种网路样式在以下各章节中常见到。

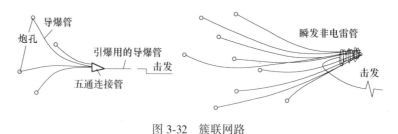

图 3-32　簇联网路

（2）串联网路。深孔爆破进行排间微差起爆时，同一排的炮孔安放同一段别的毫秒雷管，不同排安放不同段别雷管，每排炮孔的连接方式常采取串联，如图 3-33 所示。

深孔爆破或硐室爆破，采取炮孔外微差起爆时，把几个炮孔或几个药包分成一组，在炮孔外把每一组从炮孔（药包）中引出导爆管绑扎在一定段别毫秒雷管上，然后把炮孔外已绑扎好的毫秒雷管串联在一起，亦如图 3-33 所示。

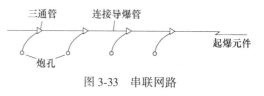

图 3-33　串联网路

（3）并串联网路。并联网路与串联网路的结合组成并串联网路，如图 3-34 所示。并串联网路是深孔爆破和硐室爆破起爆网路中最基本的，以此为基础可以构成如图 3-35 所示的并串串联网路、图 3-36 所示的并串并联网路和图 3-37 所示的对称式并串串联网路。

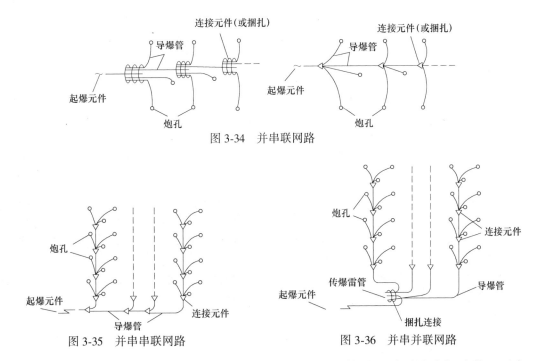

图 3-34　并串联网路

图 3-35　并串串联网路　　　　　图 3-36　并串并联网路

（4）复式网路。为了确保起爆网路的准爆可靠，除了铺设网路时认真细致外，还应防止个别雷管或导爆管拒爆。在深孔爆破和硐室爆破实际采取导爆管非电起爆时，在每个炮中，尤其每个药包中安放两发非电雷管，相应地从炮孔或药包中引出两根导爆管，炮孔外连接的连通管或传爆雷管也需要两个，如图 3-38 所示，最后的"串""并"和"对称连接"均改成双连通管或双传爆雷管，相应的导爆管也为双根。

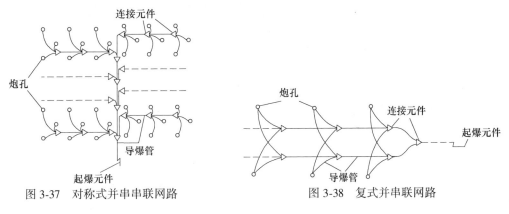

图 3-37　对称式并串串联网路　　　　图 3-38　复式并串联网路

3.5.3　导爆管非电起爆注意事项

塑料导爆管起爆系统与电爆相比具有安全可靠、使用方便和易于推广等优点。为确保安全，防止意外事故出现，避免出现瞎炮、断路等问题，具体应着重注意以下几点：

（1）端头密封。导爆管按使用所需的长度截断后，为使下一次使用正常起爆和传爆，截断后的端头一定要密封，以防止受潮、进水或其他小颗粒物体进入管中。再使用时，把端头部位切去 10cm 左右的长度舍弃，其余长度可继续使用。对于自带封头的导爆管产品，要在使用前检查封头是否完好无破损，禁止使用没有密封的导爆管产品。

（2）防止过度拉伸。导爆管虽然打结、弯曲或轻微拉伸均不影响起爆传爆，但是过度拉长导爆管使其变细到 0.3mm 时，传爆变得不可靠，所以，在使用时尽量不要拉伸。

（3）导爆管接头要对齐。导爆管在使用中应尽量不出或少出接头。非要接头时，先把导爆管密封头部位剪去 10cm 左右，然后两根导爆管插入塑料套管中。注意接头要对齐，套管外用胶布绑紧固定。绝对禁止导爆管搭接，因为导爆管传爆能量小，远不能将搭接的导爆管起爆，这与导爆索性能极不相同。

（4）传爆雷管簇联导爆管的根数。当以传爆雷管作为连接元件，或炮孔外等间隔微差及同段位高段别微差中的炮孔外串联的毫秒雷管，由于复式网路采用双雷管，雷管周围簇联导爆管的根数可以达到二三十根，能确保起爆每根导爆管。导爆管绑扎在雷管的周围要均匀，尤其应使导爆管紧紧地贴在雷管的正副药部位，并用胶布扎结实。

自带连接块的导爆管传爆雷管，应按照产品使用规范进行连接，禁止超过产品规定的连接导爆管管数上限。

（5）外观检查和测试。导爆管、非电雷管在使用时必须细致地检查外观。凡导爆管破损、折断和压扁的，均应剪去不要，然后用套管对接牢。非电雷管与导爆管连接处（卡口塞）如松动，应作为废品处理，不应使用，否则起爆不可靠。

（6）瓦斯地段禁用。导爆管在传爆过程中，由于导爆管质量和连通管的不密封性，火焰有可能喷射出来，所以在有瓦斯的条件下，绝对禁止使用导爆管起爆系统。

（7）引线应足够长。当采用延长导爆管作为起爆元件时，为保障点火人员点起爆撤到安全地点，延长导爆管的长度要保障规定的安全距离。

（8）连接雷管安置方向。采用传爆雷管作为连接元件，或炮孔外绑扎的毫秒雷管，簇联导爆管时雷管的聚能穴应背向导爆管的传爆方向，如图 3-39 所示。这样安置，雷管的聚能射流不会把从炮孔或药包中引出的导爆管过早炸断，保证导爆管正常传爆。此外，从炮孔或药包中引出的导爆管簇联在雷管周围时，应留有约 10cm 的余长。

（9）网路不能采取环形传爆。由于导爆管传爆的延时作用，或炮孔外串联的毫秒雷管，不像电爆那样，一合上闸电流立即流到各个炮孔或药包中，所以在设计导爆管非电起爆网路时，不能采取环形传爆形式，即传爆的初始位置与终了位置不能相隔过近，否则，初始位置的爆破会把终了位置的导爆管打断，以致造成部分炮孔或药包拒爆。图 3-40 所示的对称传爆形式，可以避免环形传爆所出现的不良现象。

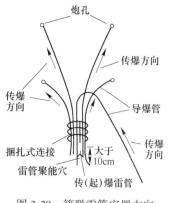

图 3-39   簇联雷管安置方向

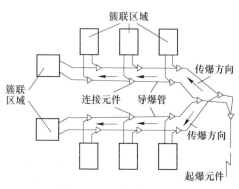

图 3-40   对称传爆网路

（10）复式网路确保准爆。对于导爆管非电起爆，当采取单式网路时，一旦炮孔外串联的雷管或连接的导爆管在网路中某部位出现拒爆，那么往下所有的炮孔或药包中断起爆。为了杜绝这种现象的出现，保障网路中所有的炮孔或药包准爆，应铺设复式网路：在炮孔或药包中安放双雷管，并引出双根导爆管；炮孔外串联双个毫秒雷管，或双个连通管；连接双根导爆管。对于几百、上千吨的爆破，常采取复复式网路。

（11）当心炮孔外连接的雷管。对于炮孔外等间隔微差和同段位高段别微差起爆网路，由于孔（洞）外串联了多个毫秒雷管，其中任一雷管因某种原因触响都可意外引爆整个网路，后果不堪设想。

防范措施是：

1）连接网路要从后往前，即从传爆方向的最终点开始连线到起爆网路的起爆点。

2）炮孔炸药填装完毕后，要首先根据爆破设计分发传爆雷管，即将传爆雷管分开摆置在连接位置附近。在地传爆雷管未分发完之前，不能开始网路的连接。

3）炮孔外连接好的雷管要有明显的标志。

4）最后检查网路是否连接完好时，要注意禁止踩踏、钩绊网路。

5）网路连接人员要任务、责任明确，交叉检查。

3.6 电子雷管及其起爆系统

高精度电子雷管，是一种可精确设定并准确实现延期发火时间的新型电雷管。具有雷管发火时刻控制精度高、延期时间可灵活设定两大技术特点。电子雷管的延期发火时间，由其内部的一只微型电子芯片控制，延时控制误差达到微秒量级。对岩石爆破工程来说，高精度电子雷管实际上已达到了起爆延时控制的零误差，更为重要的是，雷管的延期时间是在爆破现场组成起爆网路后才予以设定。

目前已有多家公司在开发应用新型电子雷管及其起爆系统。虽然这些公司研发工作的起步先后有别，但其产品的基本技术方案和技术性能，是大同小异的。

采用微型电子模块实施延期具有极高的延期精度和自检功能，且柔性化程度高，便于控制，能达到更好的爆破效果。这些有利因素都促进了电子雷管起爆技术的发展和使用。电子起爆系统也有不足的方面，如与传统雷管相比价格较高，系统的复杂性增加，要求对使用者加强训练等。价格昂贵主要与目前小批量生产有关，随着市场需求的增大，总费用是可以降低的。

3.6.1 电子雷管

电子雷管的起爆能力与人们所熟悉的 8 号雷管相同，其外形和管壳结构也与其他瞬发雷管一样。传统延期雷管的段别越高，雷管尺寸越长，与此不同，电子雷管的长度是统一的，雷管的段别（延期时间）在其装入炮孔并组成起爆网路后，用编码器自由编程设定。

电子雷管与传统延期雷管的根本区别，是管壳内部的延期结构和延期方式。电子雷管和传统电雷管的"电"部分基本上是不同的：对电雷管来说，这部分不外乎就是一根电阻丝和一个引火头，点火电流通过时，电阻丝加热引燃引火头和邻近的延期药，由延期药长度来决定雷管的延期时间；在电子雷管内，也有一个这种形式的引火头，但前面的电子延期芯片取代了电和非电雷管引火头后面的延期药。

电子雷管结构如图 3-41 所示。

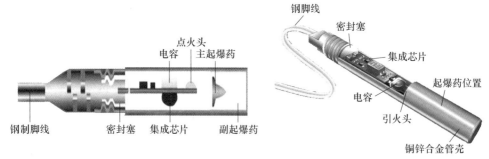

图 3-41   电子雷管结构示意图

电子雷管具有下列技术特点：

（1）雷管中电子延时芯片取代传统延期药，提高雷管延时精准度。单精度编程雷管 0~15000ms（增量为 1ms），精确度比设定延期时间高±0.01%。

（2）充分绝缘，抗超高电压、杂散电流、静电能力较强。

（3）爆破作业区地表无爆炸物质，只有将录入其与起爆器结合使用才能将雷管起爆。

（4）可视化的系统全面检测，漏连会通过现场的程序和测试发现。

（5）可以模拟起爆网路的微差组合，完全控制制动。例如：1）通过对延期时间的调整，可以实现同一爆区矿、岩一次爆破分离；2）可以通过对延期时间的调整，改变爆破地震的频率，降低爆破地震效应。

（6）提高了雷管生产、储存和使用过程的安全可靠性。

3.6.2   电子雷管起爆系统的组成

电子起爆系统由起爆器（发爆机）、编码器、布线系统和电子雷管组成。

电子起爆系统通常分为三类：（1）带有导电引线的程序化电子雷管；（2）带有导电引线的非程序化电子雷管；（3）带有非电信号导管的非程序化电子雷管。

不同的制造商采用不同的技术方案和安全措施，制造不同的电子起爆系统，雷管可具有程序化时间延期，或具有固定的延期时间，采用单线或双线与起爆器（发爆机）/程序单元相连通，建立起信号传输。为了减少传输干扰，电子雷管也可由非电信号导管（激波管、低能导爆索）来引发。

（1）编码器。编码器的功能，是在爆破现场对每发雷管设定所需的延期时间。具体操作方法是，首先将雷管脚线接到编码器上，然后爆破技术员按设计要求，用编码器向该发雷管发送并设定所需的延期时间。

编码器首先记录雷管在起爆回路中的位置，然后是其 ID 码。在检测雷管 ID 码时，编码器还会对相邻雷管之间的连接、支路与起爆回路的连接、雷管的电子性能、雷管脚线短路或漏电与否等技术情况予以检测。如果雷管本身及其在网路中的连接情况正常时，编码器就会提示操作员为该发雷管设定起爆延期时间。

编码器可提供下列三种雷管延期时间设定模式：

1）输入绝对延时发火时间。在此模式下，操作员只需简单地按键设定每发雷管所想要的发火时刻。为帮助输入，编码器会显示相邻前一发已设定雷管的发火时刻。

2）输入相邻雷管发火延时间隔。按这种输入模式，雷管的发火时刻设定方法与非电雷管地表延期回路相似，所选定的延期间隔加上其前一发雷管的发火时刻，即为该发雷管的发火时刻。编码器操作员可以随意设定 3 个间隔时间，因此很容易实现在一个炮孔内采用几发不同延期时间的雷管。

3）输入延期段数。延期段数输入模式，模拟欧洲国家主要采用的电起爆系统，编码器操作员只需为每发雷管设定一个号码，在起爆回路中雷管按其号码顺序发火，相邻号码雷管之间的延期间隔，如 15ms、25ms 或任何其他间隔时间，可以随意选择。

（2）起爆器。电子雷管起爆系统中的起爆器，可控制整个爆破网路编程与触发起爆。

起爆器的控制逻辑比编码器高一个级别，即起爆器能够触发编码器，但编码器却不能触发起爆器，起爆网路编程与触发起爆所必需的程序命令设置在起爆器内。

例如挪威 Dynamit Nobel 公司和澳大利亚 Orica 公司联合开发的 PBS 电子雷管起爆系统，一只起爆器可以管理 8 只编码器，因此，目前的 PBS 电子起爆系统最多组成 1600 发雷管的起爆网路。每个编码器回路的最大长度为 2000m，起爆器与编码器之间的起爆线长 1000m。

澳大利亚 Orica 公司的 i-kon™ System 一只起爆器最大可以管理 8 只录入器（编码器），最大可控制 3200 发雷管的起爆网路，如图 3-42、图 3-43 所示。

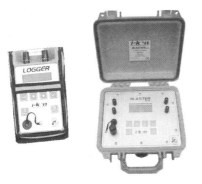
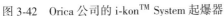
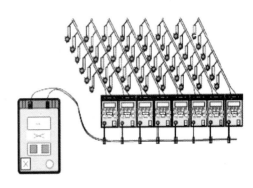

图 3-42　Orica 公司的 i-kon™ System 起爆器　　　图 3-43　电子雷管起爆网路示意图

起爆器通过双绞线与编码器连接，编码器放在距爆区较近的位置，爆破员在距爆区安全距离处对起爆器进行编程，然后触发整个爆破网路。起爆器会自动识别所连接的编码器，首先将它们从休眠状态唤醒，然后分别对各个编码器及编码器回路的雷管进行检查。起爆器从编码器上读取整个网路中的雷管数据，再次检查整个起爆网路，起爆器可以检查出每只雷管可能出现的任何错误，如雷管脚线短路，雷管与编码器正确连接与否。起爆器将检测出的网路错误存入文件并打印出来，帮助爆破员找出错误原因和发生错误的位置。

只有当编码器与起爆器组成的系统没有任何错误，且由爆破员按下相应按钮对其确认后，起爆器才能触发整个起爆网路。

当出现编码器本身的电量不足时，起爆器会向编码器提供能量。

表 3-12 列出了一些电子起爆系统制造商家、产品名称和性能参数。

表 3-12 一些电子雷管起爆系统

公 司	产品名称	延期方式	适用延期时间	延期精度	雷管最大数	工作电压	备 注
日本旭化成	EDD-电子延期雷管	非程序化（固定）	10~8190ms；1ms 分段	±200μs	600 发	1600V（500 发）15V（单）	1991 年入市
法国达维·比克福	达维·比克福	程序化	0~3000ms；1ms 分段	±0.5ms	200 发	编程 4V 充电 20V	1993 年研制
法国 DCI	DSL$_2$	程序控制	0~30s（60s 可选）	0.005%	200、2000 发可选	48V	
南非阿尔太克	Electrodet	固定延期菊花链程序编排	0, 32, 63 和 128ms	±2ms	6 面板×250 发/面板	6V 32 启动	
德国代那买特诺贝尔	狄那托尼克	程序化（固定延时数 0~60）	0~6s 段隔；1~100ms	0.1%（最长延时）	200	15V	
美国恩塞菌-比克福	DIGIDET™	非程序化固定延时	0~10000ms	1ms	无限制		1996 年报告
南非专用爆炸物公司	ExEx 100	程序化	0~15000ms；1ms 差段	±0.2%	255 发/线束×4 线束	18V	1992 年
瑞典硝化诺贝尔	硝化诺贝尔	程序化	0~6.25s	0.1%	250 发	<250V	1990 年
美国聚硫橡胶	ACCUBLAST™	程序化	1~500ms；1ms 分段		150 发/路×10 路		

3.6.3 电子雷管起爆系统的安全性

在电子雷管起爆网路中，雷管需要复合数字信号才能组网和发火，而产生这些信号所需要的编程在起爆器内。

雷管中引入电子装置可能会使起爆系统的安全性得以提高或者降低，不能一概而论。一方面认为电子系统可以实现比采用烟火延期的传统雷管具有更高的安全水平，而在另一方面由于电子硬件和软件的引入，可能引入了新的故障源。不过即使雷管中的电子线路没有失效裕度，通过采用电子线路也可以提高安全水平，这是因为电子装置不仅有控制功能，通过设计措施和适当的操作程序，使系统尽可能地增加安全功能；而且系统具有自检功能，在故障产生之前就可能检测并报出故障，或中止作用；此外，电子装置在雷管的结构上可以作为引线和桥丝的屏障，这种屏障既可以是物理屏障（阻挡高的电压和电流），又可以是逻辑屏障（阻挡来自被解释为起爆指令的干扰）。

电子起爆系统有许多失效原因和传统雷管的失效原因是相同的，可划分为如下几类：

（1）在运输、储存和销毁过程中产生的意外起爆。电子雷管的检查或编程是通过专门的测试设备或编程设备进行的。雷管的电子部件不能够进行故障自动保险，可通过电子线路提高安全水平。

（2）在爆破施工过程中的意外起爆或不起爆。雷管中储存的高能量应保持一定时间，雷管的逻辑性错误，或包括能量储存与点火头之间的隔断在内的硬设组件故障都可能引起早爆。从系统的连接状况，看是并联还是串联造成了序列上连接的所有雷管得到的能量不足。如对并联总线连接系统，由于导线分布电阻的存在，沿总线向前的电压可能在不断降低，直到总线末端施加在雷管上的电压就可能太低。可通过不同的处理方法来解决这些问题，如从总线终端以反馈连接检查电压，或在起爆器（发爆机）与雷管之间采用双路传输。

（3）操作者正确地使用起爆器同样也是极为重要的，程序化系统要求以正确的方式编程。如果起爆器（发爆机）没有供给给出，或给出供给不正确，雷管未接受供给，或接受供给不正确，就可能导致不点火。

3.6.4　起爆环线的连接及操作

在爆破工程领域特别是大型爆破工程领域，采用电子雷管起爆系统时必须要设计对应的起爆环线连接。不同的电子起爆系统制造厂商实施不同的技术方案和安全方法，雷管可具有程序化时间延期，或具有固定的延期时间，并在一个方向上或两个方向上与起爆器（发爆机）/程序单元连通。

为了在起爆器（发爆机）和程序化电子雷管之间建立起信号传输，起爆器（发爆机）必须明显地标识每一个雷管。为此，程序化电子雷管在生产时对每一个雷管都要标识号。雷管按如下方式标识：

（1）在现场连接之前，对每一单发雷管，采用特殊的编程单元编程标识。

（2）沿总线与每一发雷管连通。在这种情况下标识依赖于完整环上的连接次序。

起爆器（发爆机）是用来控制发出能量、安全编码、定时信息及完成相关功能的装置。起爆器（发爆机）贮存并释放所必需的能量，用以发出起爆脉冲或起爆指令；同时又能够控制在不能释放起爆脉冲时，即使早已离开爆破现场也不能够释放起爆脉冲；在对软件和硬件实施测试时，要确保在处理程序过程中不能释放起爆脉冲，不产生能量，或过早地进入点火阶段，除非安全防护失效，起爆器（发爆机）的不适当设计就可能引起意外起爆。

在制成的起爆器（发爆机）中嵌入了微控制器，由软设控制该功能。电子硬设和软设可能存在的缺陷会影响起爆器（发爆机）的操作。起爆器（发爆机）的硬件和软件都必须得以正确的设计、正确的使用和正确的操作，也能够为所有连接的雷管有效地提供足够的能量，也才能够给出正确的延期时间。

起爆器（发爆机）的设计通常以传统的电容起爆器（发爆机）为原理，起爆器（发爆机）的输出电压以环线上雷管数的选择进行调节，当将选择雷管的正确数目输给起爆器（发爆机）后，起爆器（发爆机）就自动计算环线电路的电阻和输出电压，然后再测量电路电阻，如果测量的电路电阻与计算电阻相对应，就会将充电指令转向操作，所以充电和点火程序由起爆器（发爆机）控制。一旦启动起爆器（发爆机），起爆器（发爆机）首先检查自身电池，也试验线路是否泄漏或短路，如果试验结果不能令人满意，起爆器（发爆机）就会拒绝继续工作。

一般来说测度仪和起爆器（发爆机）是分离的，这是为了避免在测试过程中偶有能量意外传输给雷管。测试仪与总线连接进行操作，利用回路总电阻变化相关原则进行测试分析。

　　起爆器（发爆机）一经启动就将实施自检，并检查时间数据的统一性，从安全的角度考虑，当需要时就可指示探出的故障，如果没有检出故障，起爆器（发爆机）就会指示操作者按充电按钮。随后当所有雷管都充了电，起爆器（发爆机）就会连续检查总线上的电压。

思　考　题

3-1　简述工程爆破对工业雷管的要求，列表叙述工业雷管的分类。

3-2　根据起爆原理和使用器材的不同，起爆方法分几种？

3-3　简述电雷管最低准爆电流、最高安全电流、点燃时间和传导时间的物理含义。

3-4　电爆网路有哪几种连接形式（绘图予以说明）？

3-5　绘出导爆索——继爆管起爆方法中安全准爆的环形网路（"V"和斜线），并加以简要说明（复式网路）。

3-6　简述导爆管起爆系统的工作过程，指出导爆管起爆方法与电起爆法的主要优缺点。

3-7　什么是中继起爆药包？使用中继起爆药包的作用是什么？

3-8　请简要叙述电子雷管起爆系统的组成。

3-9　请简要叙述起爆器材的检验方法。

3-10　试述各种起爆方法的特点和适用条件。

4 岩石的爆破破碎机理

重点：

（1）爆破破坏的几种假说；

（2）单个药包作用下的破坏特征；

（3）霍布金逊效应；

（4）爆破漏斗；

（5）装药量计算。

难点：

（1）应力波在岩体中传播引起的应力状态；

（2）能量利用对岩石破坏的影响。

前面学习了爆破器材和爆破方法，那么炸药包是如何把炸药能量传递给岩石的呢？由于爆炸的特殊性，尚不能彻底解决此问题。

4.1 岩石爆破破坏原因的基本理论

岩石爆破破坏原因的三大类基本理论为：爆炸气体产物膨胀压力破坏理论、应力波反射拉伸破坏理论和膨胀气体与冲击波所引起的应力波共同作用理论。

4.1.1 爆炸气体产物膨胀压力破坏理论

该理论认为炸药爆炸引起岩石破坏，主要是高温、高压气体产物对岩石膨胀做功的结果。爆炸产生高压气体作用于孔眼壁岩层，产生应力场，引起应变，产生径向位移，产生径向压应力，径向压应力衍生切向拉应力，当切向应力大于岩石的抗拉强度时，则产生径向裂隙。爆生气体膨胀推力造成岩石质点的径向位移，由于药包距自由面的距离在各个方向上不一样，质点位移所受的阻力就不同，最小抵抗线方向阻力最小、岩石质点位移速度最高、位移最大。正是由于相邻岩石质点移动速度不同，位移不同，造成了岩石中出现剪切应力，一旦剪切应力大于岩石的抗剪强度，岩石即发生剪切破坏。破碎的岩石又在爆生气体膨胀推动下沿径向抛出，形成一倒锥形的爆破漏斗坑（见图 4-1）。该理论的实验基础是早期用黑火药对岩石进行爆破漏斗试验中所发现的均匀分布的、朝向自由面方向发展的辐射裂隙。这种理论称为静作用理论。

气体膨胀的结果如下：

（1）产生径向压应力，径向位移。

（2）衍生切向拉应力。

（3）不同质点位移产生剪应力。

（4）径向抛掷。

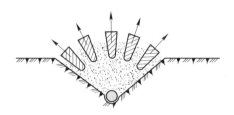

图 4-1　爆炸生成气体的膨胀作用

4.1.2 应力波反射拉伸破坏理论

　　这种理论认为岩石的破坏主要是由于岩体中爆炸应力波在自由面反射后形成反射拉伸波的作用，岩石的破坏形式是拉应力大于岩石的抗拉强度而产生的，岩石是被拉断的。其实验基础是岩石杆件的爆破试验（亦称为霍普金生杆件试验）和板件爆破试验。杆件爆破试验是用长条岩石杆件，在一端安置炸药爆炸，则靠炸药一端的岩石被炸碎，而另一端岩石也被拉断成许多块，杆件中间部分没有明显的破坏，如图 4-2 所示。板件爆破试验是在松香平板模型的中心钻一小孔，插入雷管引爆，除在平板中心部位形成和装药的内部作用相同的破坏，在平板的边缘部分形成了由自由面向中心发展的拉断区，如图 4-3 所示。这些试验说明了拉伸波对岩石的破坏作用，这种理论称为动作用理论。

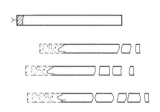

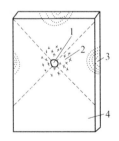

图 4-2　不同药量的岩石杆件爆破试验　　　　图 4-3　板件爆破试验
1—小孔；2—破碎区；3—拉断区；4—震动区

炸药爆炸产生的爆轰波传播到孔壁后的结果如下：

（1）产生压力波；

（2）在自由面反射成拉应力波；

（3）拉伸破坏。

这种理论依据是破碎是从自由面处开始的。

4.1.3 膨胀气体与冲击波所引起的应力波共同作用理论

　　上面的两种作用分别处于不同的阶段，炸药爆炸产生的应力波，使岩石在近区形成压碎，并在压碎区之外造成径向裂隙，同时气体的气楔作用使裂隙进一步扩张，直到停止。

这一理论较为客观，符合实际情况，因而被学术界公认。

根据这一原理，可以针对不同特性的岩石和破碎要求，选用不同特性的炸药，使炸药的能量利用率最高，且破碎效果最好。

岩石的波阻抗值较高时，要求有较高的应力波波峰值。波阻抗 $= p \times c$。

4.2 单个药包爆破作用分析

4.2.1 内部作用

为分析问题方便，在炸药类型一定的前提下，以单个药包爆破作用为例进行分析。岩石内装药中心距自由面的垂直距离称为装药的最小抵抗线，常用 W 表示。对于一定量的装药来说，若最小抵抗线 W 超过某一临界值（称为临界抵抗线 W_e）时，可认为药包处在无限岩石介质中。此时药包爆炸后，在自由面上不会看到爆破的迹象，也就是说，爆破作用只发生在岩石内部，未能达到自由面。装药的这种爆破作用叫作爆破的内部作用。发生内部作用时，根据岩石的破坏情况，除了在装药处形成扩大的空腔外，还将自爆源向外产生压碎区、破裂区和震动区，如图 4-4 所示。

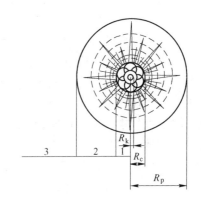

图 4-4 球形装药在岩体内的爆破作用
R_k—空腔半径；R_c—压碎区半径；R_p—裂隙区半径；
1—压碎区；2—破裂区；3—震动区

4.2.1.1 压碎区

炸药爆炸瞬间，产生几千度的高温和几万兆帕的高压，形成每秒数千米的爆炸冲击波，最靠近装药的岩石在此冲击波和高温高压爆生气体的作用下，产生很高的径向和切向压应力，这样大的压应力远远大于岩石的动态抗压强度。装药空间岩壁受到强烈压缩而形成一个空腔（即扩大的爆腔），周围岩石产生粉碎性破坏，形成压碎区（或粉碎区）。可见，压碎区岩石主要受冲击波压缩作用破坏，压碎区的范围即为岩石中爆炸冲击波的冲击压缩作用范围。

压碎区的半径可按式（4-1）估算：

$$R_c = \left(\frac{\rho_m c_m^2 p}{5\sigma_c}\right)^{\frac{1}{2}} R_k \tag{4-1}$$

式中，R_c 为压碎区半径；R_k 为空腔半径的极限值；σ_c 为岩石单轴抗压强度；ρ_m 为岩石密度；c_m 为岩石纵波波速。

空腔半径可按式（4-2）计算：

$$R_k = \left(\frac{p_\omega}{\sigma_0}\right)^{\frac{1}{4}} r_b \tag{4-2}$$

式中，r_b 为炮孔半径；p_ω 为炸药的平均爆炸压力，$p_\omega = \frac{1}{8}\rho_e D_e^2$；$\sigma_0$ 为多向应力条件下岩石的强度，$\sigma_0 = \sigma_c \left(\dfrac{\rho_m c_p}{\sigma_c} \right)^{\frac{1}{4}}$。

压碎区内冲击波衰减很快，因而压碎区的半径较小，通常只有 2~3 倍的装药半径，破坏范围虽然不大，但破碎程度大，能量消耗多。因此，爆破破岩时应尽量减小压碎区的形成范围。

4.2.1.2 破裂区

由于冲击波能量的大量消耗，压碎区外，冲击波衰变为压缩应力波，并继续沿径向在岩石中传播。当应力波的径向压应力值低于岩石的抗压强度时，岩石不会被压坏，但仍能引起岩石质点的径向位移。由于岩石受到径向压应力的同时在切线方向上受到拉应力，而岩石是脆性介质，其抗拉强度很低，因此，当切向拉应力值大于岩石的抗拉强度时，岩石即被拉断，由此产生与压碎区相通的径向裂隙。继应力波之后，爆生气体充满爆腔，以准静压力的形式作用在空腔壁上和冲入由应力波形成的径向裂隙中，在此高温高压爆生气体的膨胀、挤压及气楔作用下径向裂隙继续扩展和延伸。裂隙尖端处气体压力造成的应力集中也起到了加速裂隙扩展的作用。

受冲击波、应力波的强烈压缩作用，岩石内积蓄了一部分弹性变形能。当压碎区形成、径向裂隙展开、爆腔内爆生气体压力下降到一定程度时，原先积蓄的这部分能量就会释放出来，并转变为卸载波向爆源中心传播，产生了与压应力波方向相反的向心拉应力波，使岩石质点产生向心运动，当此拉伸应力波的拉应力值大于岩石的抗拉强度时，岩石就会被拉断，形成了爆腔周围岩石中的环状裂隙。

径向裂隙和环状裂隙的交错生成，形成了压碎区外的破裂区，破裂区内径向裂隙起主导作用。岩石的爆破破坏主要靠的就是破裂区。

破裂区半径可按爆炸应力波作用求算，岩石中切向拉应力峰值随距离的衰减规律为：

$$\sigma_{\theta max} = \frac{bp_r}{r^a} \tag{4-3}$$

因径向裂隙是由拉应力引起的，因此以岩石抗拉强度取代上式中的切向拉应力峰值即可求得炮孔周围径向裂隙区的半径为：

$$R_p = \left(\frac{bp_r}{\sigma_t} \right)^{\frac{1}{a}} r_b \tag{4-4}$$

式中，R_p 为破坏区半径；p_r 为孔壁初始冲击压力峰值；σ_t 为岩石抗拉强度。

4.2.1.3 震动区

在破裂区外，应力波已大大衰减，并渐趋于具有周期性的正弦波，此时应力值已不能造成岩石的破坏，只能引起岩石质点做弹性振动，形成地震波。地震波可以传播到很远的距离，直至爆炸能量完全被岩石吸收为止。

震动区半径可按下式估算：

$$R_s = (1.5 \sim 2.8) \sqrt[3]{Q} \tag{4-5}$$

式中，R_s 为震动区半径；Q 为装药量。

4.2.2 外部作用

当最小抵抗线小于临界抵抗线时，即不是在无限岩石中，而是在半无限岩石中装药爆破时，炸药爆炸后除发生内部的破坏作用外，自由面附近也将发生破坏。也就是说，爆破作用不仅发生在岩石内部，还将引起自由面附近岩石的破碎、移动和抛掷，形成爆破漏斗。通常把这种装药接近自由面时的爆破作用称为爆破的外部作用。

下面仍以单个药包为例分析爆破的外部作用。

（1）反射拉伸应力波造成自由面岩石片落。药包爆炸后，岩石中产生的径向压缩应力波由爆源向外传播，遇到自由面时，由于自由面处两种介质（岩石和空气）的波阻抗不同，应力波将发生反射，形成与入射压缩应力波性质相反的拉伸应力波，并由自由面向爆源传播。自由面附近岩石承受拉应力。由于岩石的抗拉强度很低，一旦此拉伸应力波的峰值拉应力大于岩石的抗拉强度，岩石将被拉断，与母岩体分离。随着反射拉伸应力波的传播，岩石将从自由面向药包方向形成片落破坏。

（2）反射拉伸应力波引起径向裂隙延伸。由于爆炸能量的不断消耗，入射压缩应力波的强度逐渐降低，反射拉伸应力波的波强也随之降低，其峰值拉应力低于岩石的抗拉强度后就不足以引起岩石的破坏片落。但它仍能同原径向裂隙尖端处的应力场进行叠加，拉应力得到加强，使径向裂隙进一步扩展延伸，如图4-5所示。

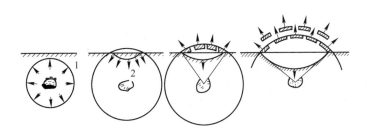

图4-5 反射拉应力在半无限岩体介质中的爆炸作用

1—入射压力波波前；2—反射拉应力波波前

（3）自由面改变了岩石中的准静态应力场。

自由面的存在改变了岩石由爆生气体膨胀压力形成的准静态应力场中的应力分布和应力值的大小，使岩石更容易在自由面方向受到剪切破坏。爆破的外部作用和内部作用结合起来，造成了自由面附近岩石的漏斗状破坏。

由此可见，自由面在爆破破坏过程中起着重要作用，它是形成爆破漏斗的重要因素之一。自由面既可以形成片落漏斗，又可以促进径向裂隙的延伸，并且还可以大大地减少岩石的夹制性。有了自由面，爆破后的岩石才能从自由面方向破碎、移动和抛出。自由面越大、越多，越有利于爆破的破坏作用。因此，爆破工程中要充分利用岩体的自由面，或者人为地创造新的自由面（如井巷掘进中的掏槽爆破、露天深孔爆破时的V形起爆顺序或波浪形掏槽等），以此提高炸药能量的利用率，改善爆破效果。由于自由面的增多，岩石的夹制作用减弱，有利于岩石爆破破碎，从而可减小单位耗药量。

此外，自由面与药包的相对位置对爆破效果的影响也很大。当其他条件相同时，炮孔与自由面夹角越小，爆破效果越好。炮孔平行于自由面时，爆破效果最好；反之，炮孔垂直于自由面时，爆破效果最差。

通过以上对岩石爆破破碎机理的分析可知，岩石的爆破破碎、破裂是爆炸应力波的压缩、拉伸、剪切和爆生气体的膨胀、挤压、致裂和抛掷等共同作用的结果。

4.2.3　爆破漏斗

实际爆破工程中，往往是将药包埋置在自由面附近一定深度内实施的，爆破的外部作用乃是爆破破岩的主要形式，爆破漏斗成为岩石爆破理论中的基本研究对象。

4.2.3.1　爆破漏斗的形成过程

设一球形药包，埋置在平整地表面下一定深度的坚固均质岩石中爆破。如果埋深相同、药量不同，或者药量相同、埋深不同，爆炸后则可能产生压碎区、破裂区，或者还产生片落区以及爆破漏斗。图 4-6 是药量和埋深一定情况下爆破漏斗形成的过程。

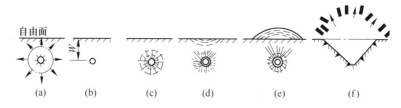

图 4-6　爆破漏斗形成示意图

（a）炸药爆炸形成的应力场；（b）粉碎压缩区；（c）破裂区（径向裂隙和环向裂隙）；
（d）破裂区和片落区（自由面处）；（e）地表隆起、位移；（f）形成漏斗

爆破漏斗是受应力波和爆生气体共同作用的结果，其一般过程如下：

在均质坚固的岩体内，当有足够的炸药能量，且炸药与岩体可爆性相匹配时，在相应的最小抵抗线等爆破条件下，炸药爆炸产生两三千度以上的高温和几万兆帕的高压，形成每秒几千米速度的冲击波和应力场，瞬间作用在药包周围的岩壁上，使药包附近的岩石或被挤压，或被击碎成粉粒，形成了压碎区（近区）。此后冲击波衰减为压应力波，继续在岩体内自爆源向四周传播，使岩石质点产生径向位移，构成径向压应力和切向拉应力的应力场。由于岩石抗拉强度仅是抗压强度的 3%~30%，当切向应力大于岩石的抗拉强度时，该处岩石被拉断，形成与粉碎区贯通的径向裂隙。高压爆生气体膨胀的气楔作用助长了径向裂隙的扩展。由于能量的消耗，爆生气体继续膨胀，但压力迅速下降。当爆源的压力下降到一定程度时，原先在药包周围岩石被压缩过程中积蓄的弹性变形能释放出来，并转变为卸载波，形成朝向爆源的径向拉应力。当此拉应力大于岩石的抗拉强度时，岩石被拉断，形成环向裂隙。在径向裂隙与环向裂隙出现的同时，由于径向应力和切向应力共同作用的结果，又形成剪切裂隙。纵横交错的裂隙，将岩石切割、破碎，构成了破裂区（中区）。当应力波向外传播到达自由面时产生反射拉伸应力波。该拉应力大于岩石的抗拉强度时，地表面的岩石被拉断形成片落。在径向裂隙的控制下，破裂区可能一直扩展到地表面，或者破裂区和片落区相连接形成连续性破坏。与此同时，大量的爆生气体继续膨胀，将最小抵抗线方向的岩石表面鼓起、破碎、抛掷，最终形成倒锥形的凹坑，此凹坑即称为爆破漏斗。

4.2.3.2 爆破漏斗的几何参数

设一球状药包在单自由面条件下爆破形成的爆破漏斗如图4-6所示,其中最主要的几何参数(或几何要素)有三个,它们是:

(1)最小抵抗线 W。装药中心到自由面的垂直距离,即药包的埋置深度,也就是倒圆锥的高度。

(2)爆破漏斗半径 r。爆破漏斗底圆中心到该圆边上任意点的距离,即漏斗倒圆锥底圆半径。

(3)爆破作用半径 R。药包中心到爆破漏斗底圆边缘上任意一点距离,即倒圆锥顶至底圆的长度。

从图4-6可见,三个尺寸中只有两个是独立的,常用最小抵抗线 W 和爆破漏斗半径 r 表示爆破漏斗的形状和大小。

在爆破工程中,经常应用爆破作用指数 n,它是爆破漏斗半径 r 与最小抵抗线 W 的比值,即 $n = \dfrac{r}{W}$,而爆破作用半径也可表示成 $R = \sqrt{1 + n^2} \cdot W$。

最小抵抗线方向是岩石爆破阻力最小的方向,也是爆破作用和破碎后岩块运动、抛掷的主导方向。当装药量一定时,从临界抵抗线开始,随着最小抵抗线的减少(或最小抵抗线一定,增加装药量),爆破漏斗半径增大,被破碎的岩石碎块一部分被抛出爆破漏斗外形成爆堆,另一部分被抛出后又回落到爆破漏斗坑内。回落后爆破漏斗坑的最大可见深度 H 称为爆破漏斗可见深度,其值可用式(4-6)估算。

$$H = CW(2n - 1) \tag{4-6}$$

式中,C 为爆破介质影响系数。对于岩石,取 $C = 0.33$。

4.2.3.3 爆破漏斗的基本形式

根据爆破作用指数 n 值的大小,爆破漏斗有如下四种基本形式:

(1)标准抛掷爆破漏斗(见图4-7(c))。$r = W$,即爆破作用指数 $n = 1$,此时漏斗展开角 $\theta = 90°$,形成标准抛掷漏斗。在确定不同种类岩石的单位炸药消耗量时,或者确定和比较不同炸药的爆炸性能时,往往用标准爆破漏斗的容积作为检查的依据。

(2)加强抛掷爆破漏斗(见图4-7(d))。$r > W$,即爆破作用指数 $n > 1$,漏斗展开角 $\theta > 90°$。当 $n > 3$ 时,爆破漏斗的有效破坏范围并不随炸药量的增加而明显增大。实际上,这时炸药的能量主要消耗在岩块的抛掷上,所以,爆破工程中加强抛掷爆破漏斗的作用指数为 $1 < n < 3$。这是露天抛掷大爆破或定向抛掷爆破常用的形式。根据爆破具体要求,一般情况下,$n = 1.2 \sim 2.5$。

(3)减弱抛掷爆破(加强松动)漏斗(见图4-7(b))。$r < W$,即爆破作用指数 $n < 1$,但大于0.75,即 $0.75 < n < 1$,成为减弱抛掷漏斗(又称加强松动漏斗),它是井巷掘进常用的爆破漏斗形式。

(4)松动爆破漏斗(见图4-7(a))。爆破漏斗内的岩石被破坏、松动,但并不抛出坑外,不形成可见的爆破漏斗坑,此时 $n \approx 0.75$,它是控制爆破常用的形式。当 $n < 0.75$ 时,不形成从药包中心到地表面的连续破坏,即不形成爆破漏斗。例如,工程爆破中采用的扩孔(扩药壶)爆破。

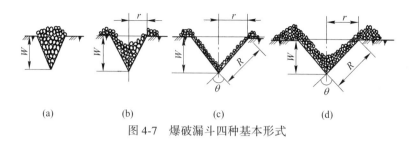

图 4-7 爆破漏斗四种基本形式

4.2.3.4 柱状装药的爆破漏斗

球状装药属集中装药。当装药长度大于装药直径的 6 倍时，称为条形装药或延长装药，柱状装药就是延长装药。一般炮孔装药都属于柱状装药。

（1）柱状装药垂直于自由面。柱状装药垂直于自由面时，由于炸药爆炸对岩石的施压方向和冲击波的传播方向与球状装药不同，爆破时受到岩石的夹制作用较强，形成爆破漏斗要困难些，但一般仍能形成倒圆锥形的漏斗。为分析此种装药条件下爆破漏斗的形成，可把柱状装药看作是若干个小的球状集中药包。如图 4-8 所示，最接近眼口的几段，由于抵抗线小，具有加强抛掷的作用；接近眼底的几段，由于抵抗线大，可能只有松动作用；炮孔最底部的几段甚至不能形成爆破漏斗。总的漏斗坑形状就是这些漏斗的外部轮廓线，大致是喇叭形。眼底破坏少，爆后留有残孔。

（2）柱状装药平行于自由面。装药平行于自由面时，通常存在两个自由面，应力波在两个自由面上都能产生反射，也都能产生从自由面向药包中心的拉断破坏，因此爆破效果要比垂直自由面时好得多，如图 4-8、图 4-9 所示，图中的 L_0 为炮孔深度。

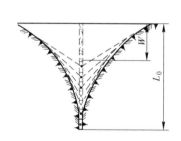

图 4-8 装药垂直自由面的爆破漏斗

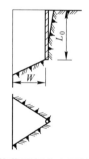

图 4-9 装药平行自由面的爆破漏斗

井巷掘进爆破多属于装药垂直于自由面的爆破，只需要将岩石从原岩体上破碎下来，不要求产生大量的抛掷，只要求松动爆破。此种装药条件形成的松动爆破漏斗体积为 $V_{\mathrm{L}} = r_{\mathrm{L}} W L_{\mathrm{b}} = n_{\mathrm{L}} W^2 L_{\mathrm{b}}$。

最小抵抗线 W 与临界抵抗线 W_{c}（此时临界抵抗线等于松动爆破作用半径）的关系为：

$$W = \frac{W_{\mathrm{c}}}{\sqrt{1 + n_{\mathrm{L}}^2}} \qquad (4\text{-}7)$$

$$V_{\mathrm{L}} = W_{\mathrm{c}}^2 L_{\mathrm{b}} \frac{n_{\mathrm{L}}}{1 + n_{\mathrm{L}}^2} \qquad (4\text{-}8)$$

上式表明，当装药一定时（即 W_c、L_b 一定），柱状装药形成松动漏斗的体积 V_L 是松动爆破作用指数 n_L 的函数，运用数学函数求极值的方法求得松动漏斗体积最大时的松动爆破作用指数为 $n_L = 1$。将其代入式（4-7）可求得松动漏斗体积最大时的装药最优抵抗线为：

$$W_0 = \frac{\sqrt{2}}{2} W_c \approx 0.7 W_c \tag{4-9}$$

4.2.3.5 多个装药同时爆破时的爆破漏斗

A 两个相邻装药同时爆破时中心连线上的受力特点

当两个相邻装药同时爆炸时，在中心连线上受到的应力将叠加而增大，岩石容易沿中心连线被切断。

（1）准静应力场的叠加。当爆生气体较长时间保持在炮孔中时，膨胀压力使两炮孔连线上各点产生切向拉应力，如图 4-10 所示。由于炮孔的应力集中，产生的拉应力最大处在炮孔壁与连线相交点，因此裂缝首先产生在炮孔壁，然后向炮孔连线上发展，使岩石沿两炮孔中心连线断裂。

中心连线中点的外部则由于应力波叠加产生抵消作用，形成应力降低区，从而增大了爆破块度，如图 4-11 所示。

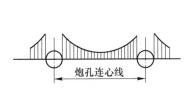

图 4-10 相相邻炮孔同时爆破时中心
连线上拉应力集中区分布示意图

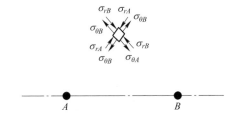

图 4-11 相邻炮孔同时爆破时
应力降低区示意图

（2）应力波的叠加情形。如果按应力波叠加来考虑，那么当两孔的爆炸压缩应力波在炮孔连线中点相遇时，在连线方向的压应力叠加，而其切向的拉应力也将叠加，沿连线产生裂隙，如图 4-12 所示。

当压缩应力波遇自由面反射后，反射拉伸波的叠加，也将使两装药连线上的拉应力增大，使得两装药连线处容易被拉断。如图 4-13 所示的条件，若横波波速与纵波波速之比

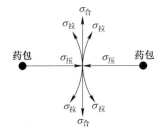

图 4-12 相邻炮孔同时爆破时压
应力叠加示意图

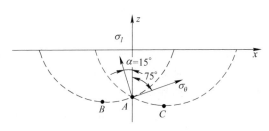

图 4-13 相邻炮孔同时爆破时反
射拉伸波叠加示意图

为0.6，则 A 点叠加后的拉应力值将是单一装药爆炸时反射拉伸波拉应力值的1.88倍，图中 B 和 C 分别为两相邻装药。该图为两装药同时爆炸时反射波波阵面上应力场计算示意图。

从模拟爆破实验的高速摄影观测可以清楚地看到相邻炮孔沿中心连线断裂的情况，通常都是裂损从两炮孔处开始，向连线中间发展。

B　相邻装药的装药密集系数对爆破漏斗的影响

相邻两装药的间距 A 与最小抵抗线 W 的比值称为装药密集系数 m，$m=\dfrac{A}{W}$。

从实践经验中得出 m 对爆破漏斗形成的影响如下（见图4-14）：

（1）当 $m>2$ 时（即 $A>2W$），炮孔间距 a 过大，两装药孔各自形成单独的爆破漏斗。

（2）当 $m=2$ 时，两装药孔各自形成的爆破漏斗刚好相连（假设为标准漏斗）。

（3）当 $2>m>1$ 时，两装药孔合成一个爆破漏斗，但往往两装药孔之间底部破碎不够充分。

（4）当 $m=0.8\sim1$ 时，两装药孔爆破后合成一个爆破漏斗，底部平坦，此时漏斗体积最大。

（5）当 $m<0.8$ 时，两装药孔距离过近，爆炸能量多用于抛掷岩石，漏斗体积反而减小。

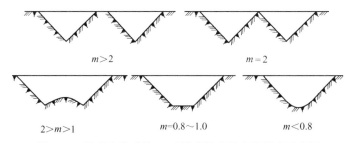

图4-14　装药密集系数 m 对爆破漏斗形成的影响示意图

4.2.4　利文斯顿爆破漏斗理论

4.2.4.1　利文斯顿爆破漏斗理论的实质

利文斯顿在各种岩石、不同炸药量、不同埋深的爆破漏斗试验的基础上，论证了炸药爆炸能量分配给药包周围岩石以及地表外空气的几种方式，提出以能量平衡为准则的岩石爆破破碎的爆破漏斗理论。所以，爆破漏斗理论又称能量平衡理论。

利文斯顿认为，炸药在岩体内爆破时，传递给岩石爆破能量的多少和速度的快慢，取决于岩石性质、炸药性能、药包重量、炸药埋置深度、位置和起爆方式等因素。当岩石条件一定时，爆破能量的多少取决于炸药量的多少，爆炸能量的释放速度与炸药起爆的速度密切相关。炸药能量释放后，主要消耗在以下四个方面：（1）岩石的弹性变形；（2）冲击破裂带；（3）破碎带；（4）空爆带。而炸药能量在以上四个方面的分配比例，又取决于炸药的埋置深度。

当埋置深度 W 比较大时，炸药的能量被岩石完全吸收，消耗于岩石的弹性变形和破碎两项；若减小埋置深度 W，岩石此两项所吸收的能量将达到饱和状态，这时岩体地面开始隆起，甚至破裂的岩石被抛掷出去。岩石中弹性变形能和破碎能达到饱和状态时的埋置深度称为临界深度 W_c，此时炸药量与埋置深度有如下关系：

$$W_c = E_b Q^{\frac{1}{3}} \qquad (4\text{-}10)$$

式中，Q 为装药量，kg；E_b 为变形能系数，$\text{m/kg}^{1/3}$；W_c 为临界埋置深度，m。

利文斯顿从能量的观点出发，阐明了岩石变形能系数 E_b 的物理意义。他认为，在一定炸药量的条件下，地表岩石开始破裂时，岩石可能吸收的最大能量即为 E_b。超过其能量限度，岩石将由弹性变形变为破裂，因此 E_b 的大小是衡量岩石可爆性难易的一个指标。

若继续减小埋置深度 W，这时炸药爆炸释放的能量传给岩石的比例相对减少，而传给空气的比例相对增加，即将有一部分能量用于抛掷岩石和形成空气冲击波或对空气做功，在自由面处形成爆破漏斗。当埋置深度减小到某一深度时，形成的爆破漏斗体积最大，此时的埋置深度称为最佳埋置深度 W_0。此时，炸药爆炸能量消耗于岩石的比例最大，破碎率最高，而消耗于岩石抛掷及形成空气冲击波的比例较小，因此，爆破能量的有效利用率最高。

如果药包埋置深度不变，而改变炸药量，则爆破效果与上述能量释放和吸收的平衡关系是一致的。为便于比较和计算，把埋置深度 W 与临界深度 W_c 之比称为深度比 $\Delta\left(\Delta = \dfrac{W}{W_c}\right)$，最佳深度比为 $\Delta_0\left(\Delta_0 = \dfrac{W_0}{W_c}\right)$，因此有 $W_c = \Delta_0 E_b Q^{\frac{1}{3}}$。

在实际的岩石爆破中，可以通过改变埋置深度，也就是改变最小抵抗线，来调整或平衡炸药爆炸能量的分配比例，实现最佳的爆破效果。实际应用中，只要通过实验求出岩石的变形能系数 E_0 和最佳深度比 Δ_0，就可做出合理装药量和埋置深度的计算。

为便于分析，常采用比例爆破漏斗体积 $\dfrac{V}{Q}$（单位药量的爆破漏斗体积）、比例埋置深度 $\dfrac{W}{Q^{\frac{1}{3}}}$、比例爆破漏斗半径 $\dfrac{r}{Q^{\frac{1}{3}}}$ 和深度比 Δ 为研究对象。

利文斯顿爆破漏斗理论不仅表明了装药量和爆破漏斗的关系，还能确定不同岩石的可爆性，比较不同炸药品种的爆破性能。

4.2.4.2　爆破漏斗特性

利文斯顿提出了以能量平衡为准则的爆破漏斗理论之后，国外一些学者做了大量的工作。他们从实验室到生产现场的试验和应用，对不同性能炸药、药量、药包形式、埋深和难爆易爆岩石等不同条件进行了对比试验，用爆破漏斗特性曲线进一步确定了爆破漏斗的理论性和科学性，并证明了不同条件下爆破漏斗特性比较一致的爆破规律。

图 4-15 为花岗岩中用含铝铵油炸药时得到的爆破漏斗试验曲线，纵坐标中 V 为爆破漏斗体积（m^3），横坐标为炸药埋置深度 W（m）。图 4-16 为铁燧石的爆破漏斗试验曲线，纵坐标为比例爆破漏斗体积 $\dfrac{V}{Q}$（m^3/kg），横坐标为深度比 $\dfrac{W}{\sqrt[3]{Q}}$（$\text{m/kg}^{\frac{1}{3}}$），所采用炸药为浆状炸药，从曲线中可以看出最佳深度比为 0.58。

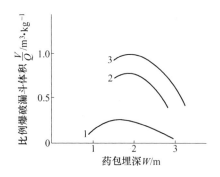

图 4-15　不同炸药的花岗岩爆破

漏斗特性曲线示意图

1—铵油炸药；2—浆状炸药；3—含铝浆状炸药

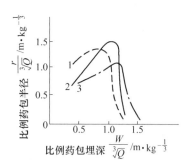

图 4-16　不同岩石的爆破漏斗

特性曲线示意图

1—花岗岩；2—砂岩；3—泥土岩

4.2.4.3　利文斯顿爆破漏斗理论的实际应用

爆破漏斗试验是利文斯顿爆破理论的基础。首先，根据爆破漏斗试验的有关数据可以合理选择爆破参数，提高爆破效率；其次，对不同成分的炸药进行爆破漏斗试验和对比分析，可为选用炸药提供依据，如图 4-15 所示。另外，利文斯顿的变形能系数还可以作为岩石可爆性分级的参考判据，如图 4-16 所示。

（1）对比炸药的性能。用爆破漏斗试验可代替习惯沿用的铅铸测定爆力方法。根据利文斯顿爆破漏斗理论的基本公式，在同一种岩石中，炸药量一定，但炸药品种不同，进行爆破漏斗试验时，炸药威力大者，传给岩石的能量高，则其临界埋深 W_c 值比较大；反之，炸药威力小者，其临界埋深也小。由于 W_c 值的不同，E_b 值也就不一样，因此可以对比各种不同品种炸药的爆炸性能。

（2）评价岩石的可爆性。根据公式（4-10），在选定炸药品种、炸药量为常数时，据炸药的临界埋深 W_0 可求出不同岩石种类中该种岩石变形能系数 E_b，即当 $Q=1$ 时，可认为单位质量的炸药（如 1kg）的弹性变形能系数 E 在数值上就等于临界埋深 W_c。爆破坚韧性岩石，1kg 炸药爆破的 W_c 值必然小，弹性变形能系数 E_b 也较小，说明消耗能量大，岩石难爆；爆破非坚韧性岩石，单位药量的临界埋深 W 必然较大，弹性变形能系数 E_b 值也较大，表明吸收的能量小，故岩石易爆。所以，可以用岩石弹性变形能系数 E_b 作为对比岩石可爆性的判据。

（3）爆破漏斗理论在工程爆破中的应用。爆破漏斗理论被广泛应用在露天台阶深孔爆破、露天开沟药室爆破、地下 VCR 法采矿爆破及深孔爆破掘进天井等。对于给定的岩石和炸药类型，E_b 为常数，最佳深度比也是常数，因此可以进行小规模的实验，求出 E_b 和最佳深度比，根据 $W_c = \Delta_0 E_b Q^{\frac{1}{3}}$，求算出大规模爆破的最佳埋深和装药量之间的关系。

4.3　装药量计算原理

装药量是爆破中的重要参数。

4.3.1 集中药包的计算（体积公式）

集中药包的计算没有精确的计算公式，只有经验公式，最常用的是体积公式。体积公式原理为装药量的大小与岩石对爆破作用力的抵抗程度成正比。这种抵抗力就是重力，实际上就是被爆破岩石体积。

形成爆破漏斗时：

$$V = \frac{1}{3}\pi r^2 W \tag{4-11}$$

式中，V 为爆破漏斗体积，m^3；W 为最小抵抗线；r 为漏斗底圆半径。

如果为标准抛掷漏斗，$r = W$，则

$$V = \frac{1}{3}\pi r^2 W \approx W^3$$

$$Q = kW^3 \tag{4-12}$$

式中，Q 为装药量，kg；k 为单位体积用药量，kg/m^3。

要获得爆破作用指数不同的爆破漏斗，装药量可视为爆破作用指数的几何函数：

$$Q = kW^3 \cdot f(n) \tag{4-13}$$

当 $f(n) > 1$ 时，为加强抛掷爆破；

当 $f(n) = 1$ 时，为标准抛掷爆破；

当 $f(n) < 1$ 时，为减弱抛掷爆破。

苏联鲍列斯阔夫的公式：

$$f(n) = 0.4 + 0.6n^3 \tag{4-14}$$

即 $Q = kW^3 \cdot (0.4 + 0.6n^3)$，此式即为加强抛掷爆破装药量计算公式。

对于松动爆破装药量，更适用的公式为：

$$Q = (0.33 \sim 0.55)kW^3 \tag{4-15}$$

4.3.2 单位用药量的确定

（1）查表，参考定额或有关资料。

（2）参照相似矿山或本矿山的实际单耗的统计数据。

（3）通过爆破漏斗试验确定半径。

4.4 影响爆破作用的因素

影响爆破作用的因素很多，如炸药性能、岩石的性质、爆破设计参数、爆破方法工艺等。

4.4.1 炸药的性能对爆破作用的影响

描述炸药性能的主要参数有炸药密度、爆速、波阻抗、爆压以及能量利用率等。

（1）炸药能量利用率。增强对岩石损伤破坏程度，包括未破碎但内部有损伤，生成的微裂隙。

（2）爆轰压力。用于激起岩石中的冲击波，爆轰压力越高，用于生成冲击波的能量也越高，对岩石破碎效果也越好。爆轰压力太高也不好，会加大粉碎区域。

（3）爆炸压力（气体产物压力）。爆炸压力是爆轰完成后作用在岩石中的压力，作用时间越长，对岩石的特别是软岩破碎效果越好。

（4）炸药密度、爆速。增大炸药密度，可以提高单位体积炸药的能量密度，同时也提高了炸药的爆速、炮轰压力和爆炸压力。

4.4.2　能量的传递效率

（1）波阻抗相匹配。可引起共振，增加向岩石中的能量传递。

（2）不耦合装药。药柱与孔壁之间有一定间隙，可将能量贮存于空气中，减缓初始压力，延长作用时间。

不耦合的两种情况为轴向间隙和环向间隙。

不耦合介质有空气和水介质。

不耦合的优点为：1）降低大块；2）降低单耗；3）保护孔壁。

4.4.3　爆破因素

（1）堵塞的影响。要有良好的堵塞，才能获得较好的效果。不能无堵塞爆破。

（2）起爆顺序。

（3）起爆药包位置。

思　考　题

4-1　什么叫冲击载荷？它有什么特征？

4-2　爆轰波、冲击波和应力波有什么异同？

4-3　体波和面波有什么不同？纵波与横波有什么不同？

4-4　当应力波呈垂直入射到自由面上时，从计算反射应力和透射应力的公式中，分析自由面对爆破作用的影响。

4-5　什么叫做爆破的内部作用和爆破的外部作用？

4-6　当爆破内部作用时，试说明岩石的破坏过程。

4-7　当爆破外部作用时，试说明反射拉伸波对岩石破碎的作用。

4-8　试解释下列术语；1）自由面；2）最小抵抗线；3）爆破作用指数；4）标准抛掷爆破漏斗；5）减弱抛掷爆破漏斗；6）松动爆破。

4-9　试述集中药包装药量计算原理，并推算出标准抛掷爆破时装药的计算公式。

4-10　试述单个延长药包爆破作用的特征。

4-11　试述成组药包爆破作用的特征。

4-12　爆轰压力和爆炸压力在爆破岩石中各起什么作用。

4-13　试述炸药和岩石波阻抗匹配对爆破效果的影响。

4-14　试述不耦合系数对岩石爆破作用的影响。

4-15　试述堵塞对爆破效果的影响。

4-16　试述起爆药包的位置对爆破效果的影响。

5 爆破工程地质

重点：

（1）岩石的变形特征——弹、塑、脆性，岩石在冲击载荷作用下的表现；

（2）岩石体的强度特征；

（3）岩体的可爆性分级；

（4）地质条件对爆破的影响。

难点：

岩体的可爆性分级。

5.1 概　　述

5.1.1　研究爆破工程地质的意义

土石方爆破工程，是直接在岩体中进行的，所以爆破与地质有密切的关系。爆破实践表明，爆破效果的好坏，在很大程度上取决于爆区地质条件的好坏和爆破设计能否充分考虑到地质条件与爆破作用的关系。国内外爆破专业人员已越来越认识到爆破与地质结合的作用，并正逐步探索其结合的方法。近些年来，地质力学、爆炸力学、岩石力学及岩体动力学的发展，为爆破工程地质的研究提供了条件，促使这一学科的形成和发展。

5.1.2　爆破工程地质的研究内容

爆破工程地质主要研究三个方面问题：

（1）爆破效果问题，即研究地形、地质条件对爆破效果的影响，以辨明有利或不利于某一种爆破的自然地质条件，从而针对爆破区的地形、地质及环境条件采用合理的爆破方案，指导爆破设计，选定正确的爆破方法和爆破参数。

（2）爆破安全问题，即研究与自然地质条件有关的在爆破使用下产生的各种不安全因素（包括爆破作用影响区内建筑物的安全稳定问题）及有效的安全措施。

（3）爆破后果问题，即研究爆破后的岩体（围岩）稳定性及可能给以后的工程建筑带来的一系列工程地质问题。

因此，爆破工程地质既要为爆破工程本身提供爆区地质条件作为爆破设计的依据，又要为爆破以后的工程设施提供工程措施意见，以使这些工程设施能适应爆破后的工程地质环境。

5.1.3 与爆破有关的地质条件

与爆破关系较密切的地质条件是地形、岩性、地质构造、水文地质、特殊地质。

5.2 与爆破有关的岩石性质

5.2.1 岩石的波阻抗

岩石的波阻抗（也称特性阻抗）是指岩石的密度与纵波在岩石中传播速度的乘积。它表征岩石对纵波传播的阻尼作用，与炸药爆炸后传给岩石的总能量及这种能量传给岩石的效率有直接关系，是衡量岩石可爆性的一个重要指标。通常认为选用的炸药波阻抗若与岩石波阻抗相匹配（接近一致），则能取得较好的爆破效果。

5.2.2 岩石的应力-应变关系

试验表明，岩石具有较高的抗压强度而具有较小的抗拉和抗剪强度，一般抗拉强度比抗压强度小 $90\% \sim 98\%$，抗剪强度比抗压强度小 $87.5\% \sim 91.7\%$。此外，岩石的力学强度与其密度关系很大，密度增大，其力学强度迅速增高。岩石种类很多，不同岩石有不同的应力-应变曲线。

图 5-1 为岩石的全过程变形曲线，由图可见岩石的变形是相当复杂的。图上的 A 点为压密极限，它表征着裂隙压密封闭的完结和线弹性变形的开始；B 点为弹性极限，是线弹性变形的终点和弹塑性变形的开始；C 点为屈服极限，以后应变明显增快，开始迅速破裂；D 点为强度极限，应力达到峰值，其后应力下降或保持常数；E 点是试样破坏后经过较大变形，应力下降到一定值开始保持常数的转折点，称为剩余强度。

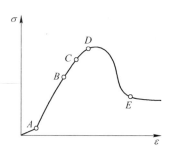

图 5-1 岩石全过程变形曲线

（1）岩石的强度特征。岩石强度是指岩石在受外力作用发生破坏前所能承受的最大应力，是衡量岩石力学性质的主要指标，它包括单轴抗压、抗拉和抗剪强度。

1）岩石的单轴抗压强度。岩石试件在单轴压力下，发生破坏时所能承受的最大压力称为单轴抗压强度。

2）岩石的单轴抗拉强度。岩石试件在单轴拉伸时，发生破坏时所承受的最大拉应力叫做单轴抗拉强度。

3）岩石的抗剪强度。抗剪强度是岩石抵抗剪切破坏的最大能力，用剪断时剪切面上的极限剪应力表示。

矿物的组成、颗粒间连接力、密度以及孔隙率是决定岩石强度的内在因素。

（2）弹性模量。岩石在弹性变形范围内，应力与应变之比称为弹性模量。对于非线性弹性体岩石，可用初始模量、切线模量及割线模量表示。

（3）泊松比。泊松比是岩石试件单向受压时，横向应变与纵向应变之比。由于岩的组织成分和结构构造的复杂性，尚具有与一般材料不同的特殊性，如各向异性、不均匀性、非线性变形等等。

（4）岩石力学性质及其强度特征的几点结论。

1）以脆性破坏为主。物质在受力后不经过一定变形阶段而突然破坏，这种破坏称为脆性破坏。试验表明，除非常软弱的岩石和处于高围压或高温条件下的岩石呈塑性破坏外，岩石在一般条件下均呈现脆性破坏，其破坏应变量不大于5%，一般多小于3%。此外，岩石的抗拉、抗弯、抗剪强度均远比其抗压强度小，这就表明岩石很容易为拉伸、弯曲或剪切所破坏。

2）三轴抗压强度大于单轴抗压强度，单轴抗压强度大于其抗剪强度，而抗剪强度又大于抗拉强度。

3）具有各向异性和非均质性。

4）在低压力区间内强度包络线呈直线。

5）矿物的组成、密度、颗粒间连接力以及空隙性是决定岩石强度的内在因素。

5.2.3　岩石的动力学性质

5.2.3.1　岩石在动载荷作用下的一般性质

引起岩石变形及破坏的载荷可分为静载荷和动载荷两种。动载荷和静载荷的区分，至今尚无统一的严格规定，一般所谓动载荷是指作用时间极短和变化迅速的冲击型载荷。在岩石动力学中常把应变率大于 $10^4 s^{-1}$ 的载荷称为动载荷。岩石在动应力作用下，其力学性质发生很大变化，它的动力学强度比静力学强度增大很多。

岩石在动载荷作用下，其抗压强度与加载的速度有如下的关系：

$$S = \Delta S + S_0 = K_M \lg v_L + S_0 \tag{5-1}$$

式中，S 为动载强度，kPa；S_0 为静载强度，kPa；ΔS 为强度增量，kPa，$\Delta S = K_M \lg v_L$；K_M 为比例系数；v_L 为加载速度，kPa/s。

上式表明岩石动力强度和加载速度 v_L 的对数成线性关系，以及加载速度对岩石动力强度的影响程度。K_M 与岩石种类和强度类型有关。若加载速度由 1.0kPa/s 提高到 10^{10} kPa/s（爆炸加载速度为 $10^9 \sim 10^{11}$ kPa/s），由上式可求得强度增量 ΔS。计算结果表明，静载强度高的岩石，提高加载速度后，强度增量虽高，但相对增量却减小。某些研究结果还指出，加载速度只影响抗压强度，对抗拉强度的影响则很小。由于岩石容易受拉伸和剪切破坏，所以尽管动载强度比静载强度高，岩石仍然容易受爆破冲击载荷作用而破坏。

由以上分析得出结论如下：

（1）动抗压、抗拉强度随加载速度提高而明显增加。

（2）动抗压与动抗拉强度之比 σ_c/σ_t 为非恒定值，随加载速度的提高略有增大。

（3）在抗压试验中，除初始阶段外，加载速率和应变速度的对数呈线性关系。

（4）变形模量随加载速度增加而提高。

（5）试验表明，岩性越差、风化越严重、强度越低，则受加载速度的影响越明显。

5.2.3.2　爆炸冲击载荷作用下岩体的应力特征

炸药爆炸时的载荷是一个突变的变速载荷，最初是对岩体产生冲击载荷，压力在极短时间内上升到峰值，其后迅速下降，后期形成似静态压力。冲击载荷在岩体中形成了应力波，并迅速向外传播。

冲击荷载对岩体的作用特点主要有：

（1）冲击荷载作用下形成的应力场（应力分布及大小）与岩石性质有关（静载则与岩性无关）。

（2）冲击荷载作用下，岩石内质点将产生运动，岩体内发生的各种现象都带有动态特点。

（3）冲击荷载在岩体内所引起的应力、应变和位移都是以波动形式传播的，空间内应力分布随时间而变化，而且分布非常不均。

图 5-2 为固体在冲击荷载作用下的典型变形曲线。图中 $O\sim A$ 为弹性区，A 为屈服点，在该区内应力-应变为线性关系，变形模量 $E = \dfrac{\mathrm{d}\sigma}{\mathrm{d}\varepsilon}$ ＝常数，弹性应力波波速等于常态固体的声速 $c = \sqrt{\dfrac{E}{\rho}}$；$A\sim B$ 为弹塑性变形区，$E = \dfrac{\mathrm{d}\sigma}{\mathrm{d}\varepsilon}$ $\neq$ 常数，随应力值增大而减小；B 点以后材料进入类似流体状态；应力值超过 C 点后，波形可成陡峭的波形，而且波头传播速度是超声速的，这就可视为真正的冲击波。

炸药在岩体内爆炸时，若作用在岩体上的冲击荷载超过 C 点应力（称为临界应力），首先形成的就是冲击波，而后随距离衰减为非稳态冲击波、弹塑性波、弹性应力波和爆炸地震波。

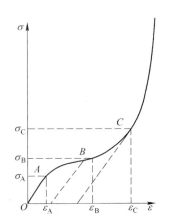

图 5-2　固体在冲击荷载作用下的变形曲线

可用下式求算岩体内的冲击波速度：

$$D = a + bu \tag{5-2}$$

式中，D 为冲击波波速，mm/μm；u 为质点运动速度，mm/μm；a，b 为常数，与岩石有关，见表 5-1。

表 5-1　不同岩石的 a、b 值

岩　石	$\rho/\mathrm{g}\cdot\mathrm{cm}^{-3}$	a	b
花岗岩	2.63	2.1	1.63
玄武岩	2.67	3.6	1.0
辉长岩	2.67	2.6	1.6
钙钠斜长岩	2.75	3.0	1.47
纯橄榄岩	3.3	6.3	0.65
橄榄岩	3.0	5.0	1.44
大理岩	2.7	4.0	1.32
石灰岩	2.6	3.4	1.27
泥质细粒砂岩	2.5	0.25	1.78
页岩	2.0	3.6	1.34
岩盐	2.16	3.5	1.33

注：ρ 为岩石的密度。

由于许多岩石的弹性极限高于大多数工业炸药的爆炸压力，所以可以把岩石在炸药爆炸冲击荷载作用下看作弹性体。岩石的破裂是在爆炸应力波的拉伸作用下而不是在压缩作用下产生的。

5.3 岩石的工程分级

土石方工程或采矿工程开挖岩石的时候，松软的容易开挖，坚硬的就困难。对需要保留的岩石，松软的容易遭受破坏而影响安全，坚固的就不易遭受破坏。由此可见，在生产建设中不但要了解岩石的种类，还必须了解岩石的坚固程度。因此，按照岩石的坚固性对岩石进行工程分级就成为工程建设中所必须解决的问题。岩石的工程分级就是要在量上确定岩石破碎的难易程度。所以完善的岩石分级不仅能作为正确地采取破碎岩石方法的依据，也可作为爆破设计上合理选择爆破参数的准则，以及生产管理部门制订定额的参数。

5.3.1 岩石的普氏分级

工程实践中最普遍的是用岩石的坚硬系数 f 值作为岩石工程分级的依据，它是由苏联 M. M. 普洛托季亚可诺夫提出来的，所以叫做岩石的普氏分级法。普氏提出了许多确定 f 值的方法，目前只保留用下式确定 f 值的方法：

$$f = \frac{p}{100} \tag{5-3}$$

式中，p 为岩石的极限抗压强度，$10^5 \mathrm{Pa}$。

$$f = \frac{p}{10} \tag{5-4}$$

式中，p 为岩石的极限抗压强度，MPa。

表 5-2 是根据岩石单轴抗压强度（MPa）和 f 值来确定炸药单耗 q 值。

表 5-2 炸药单耗 q 值

岩石单轴抗压强度/MPa	8~20	30~40	50	60	80	100	120	140	160	200
q/kg·m^{-3}	0.4	0.43	0.46	0.50	0.53	0.56	0.60	0.64	0.67	0.70

5.3.2 爆破指数分级

现场实践结果发现，f 系数相同，矿体的可爆性可能不同；f 系数不同，矿体的可爆性可能相同。这说明，岩石的坚固性不能准确地表征岩体的可爆性，岩体的可爆性由岩体结构面的强度确定。在特定条件影响下，岩体的裂隙和结构会发生一定的变化，进而影响到岩体的力学性质，决定了岩体的破坏形式。特别是后者比前者分类的岩石爆破性等级相应低一级。这说明，裂隙长度和裂隙间距与爆破平均块度的关系密切，爆破性指数分级方法以矿岩块度为主要指标，更适应于施工过程中面临的实际地质条件。

为了对岩石可爆性分级有一个符合特定的矿岩条件的合理判据，我们在现场采用爆破漏斗试验的体积及其爆破块度分布率，通过计算求取岩石爆破性指数 N，作为岩石爆破性的主要判断依据。

岩石的结构特征，如节理、裂隙等影响着岩石吸收爆破能量的程度与形式，它不但决定着岩石爆破性的难易，而且影响着爆破块度的大小。岩体弹性波阻率足以反映岩体的节理、裂隙情况及岩石的弹性模量、泊松比、密度等物理力学特性，所以，采用岩体弹性波阻率作为岩石爆破的辅助判据。依据爆破漏斗试验和岩石物理力学参数测试，按照爆破性指数 N 的级差，将岩石爆破性分级。根据爆破漏斗体积，爆破块度分布率和岩体波阻抗的大量数据，运用数理统计的多元回归分析，通过电算求得岩石爆破性指数 N 值。

据此，岩石爆破性分级的判据，是在各岩石特定条件下爆破材料、参数、工艺等一定的条件下进行现场爆破漏斗试验和声波测定所获得，然后计算出岩石爆破性指数，综合评价岩石的爆破性，并进行岩石爆破性分级。

5.3.2.1 爆破漏斗体积与块度的测定

炸药爆炸释放的能量传递给岩石，岩石吸收能量导致岩石的变形和破坏。由于不同岩石破坏所消耗的能量不同，当炸药能量及其他条件一定时，爆破漏斗体积的大小和爆破块度的粒级组成，均直接反映能量的消耗状态和爆破效果，从而表征了岩石的爆破性。此外，必须指出，岩石的结构特征（如节理、裂隙）也是影响岩石爆破的重要因素之一。这就综合考虑了上述影响岩石爆破性的主要因素，包括岩石的结构（组分）、内聚力、裂隙性、岩石物理学性质，特别是岩石的变形性质及其动力特性。

炸药爆炸后传递给岩石的能量和传递速度，不仅与炸药性能有关，也与特定条件下的岩石特性有关。

5.3.2.2 声测

声波测试技术中常把声波和超声波泛称为声波。在岩体中，由于拉-压变形而产生的弹性波常称为纵波。纵波波速 v_p 的计算式如下：

$$v_p = \frac{E(1-\mu)}{\rho(1+\mu)(1-2\mu)} \tag{5-5}$$

由上式可知，纵波波速 v_p 与岩体的弹性模量 E、泊松比 μ、密度 ρ 有关，用声波速度测定仪测得现场岩体的声波速度及岩块试样的声波速度，求得岩石裂隙性和岩体波阻抗（岩体密度与波速的乘积）。

波阻抗表明应力波在岩体中传播时，运动着的岩石质点产生单位速度所需的扰动力。它反映了岩石对动量传递的抵抗能力，波阻抗大的岩石往往比较难爆破。

单轴压力和波速之间有着一定的对应规律，即随着岩石所受应力的增加。波速也相应地增加，当受力过大，达到破坏时，波速有减少的规律。岩石试件超声波波速测定结果表明：凡是抗压强度高的岩体（岩石），其波速也大。这是由于岩石的抗压强度是由其结构面的性质决定的。通过对不同岩石分组测试速度后，再测定抗压强度，可看出岩石的抗压强度和波速之间大体上为一线性关系。

岩石抗压强度的测试方法如下：

（1）岩石试件。岩石新鲜清洁、平整，有一组相对平面基本平行，无裂纹、空穴、锈斑疵病。

（2）操作方法。在一相对较好的平面上，涂上凡士林或黄油，将发射换能器和接收换能器紧贴在其表面上，成对穿状。用钢尺精确量出两换能器接触面的直线距离 L，开动机器，读出纵波初至时间 T_p 和横波初至时间 T_s，将已测得的纵波速度 v_p 代入经验公式：

$$R = 12.3v_p^{267} \tag{5-6}$$

5.3.2.3 岩石爆破性指数

根据爆破漏斗体积、大块率、平均合格率和岩体波阻抗的大量数据，运用数理统计的多元回归分析，通过电子计算机运算，最终可求得岩石爆破性指数。

$$N = \ln \frac{e^{67.22} \cdot K_1^{7.42} \cdot 1.01(pc)^{2.03}}{e^{38.44V} \cdot K_2^{1.89} \cdot K_3^{4.75}} \tag{5-7}$$

式中，V 为岩石爆破漏斗体积，m^3；K_1 为大块率，%；K_2 为平均合格率，%；K_3 为小块率，%；ρc 为岩体波阻抗，$kPa \cdot s/m$；e 为自然对数之底。

5.3.2.4 岩石分级

通过模量识别，结合现场调查，定出岩石爆破性分级表。

岩石的可爆性用普氏（苏氏）分级法和爆破性指数分级法的分级结果进行对比性分析，后者的爆破性指数指标连续，易于操作。

裂隙长度和裂隙间距与爆破平均块度的关系密切，爆破性指数分级方法以矿岩块度为主要指标，更适应于施工过程中面临的实际地质条件，见表5-3。

表 5-3　爆破性指数分级

普氏分级			爆破性指数 N	爆破性	等级	2 号硝铵炸药单耗 $q/kg \cdot m^{-3}$	乳化炸药单耗 $q/kg \cdot m^{-3}$
坚固性系数 f	等级	坚固程度					
20	I	最坚固	>81	最难爆	1	8.3	9.01
					2	6.7	7.27
					3	5.3	5.75
18	II	很坚固	74.001~81	很难	4	4.2	4.56
15					5	3.8	4.13
12					6	3.0	3.26
10	III	坚固	68.001~74	难	7	2.4	2.61
8	IIIa				8	2.0	2.17
6	IV	相当坚固	60.001~68	中上等	9	1.5	1.63
5	IVa				10	1.25	1.36
4	V	中等	53.001~60	中等	11	1.0	1.09
3	Va				12	0.8	0.87
2	VI	相当软弱	46.001~53	中下等	13	0.6	0.65
1.5	VIa				14	0.5	0.54
1.0	VII	软弱	38.001~46	易爆	15	0.4	0.43
0.8	VIIa		29.001~38		16	0.3	0.33
0.6	VIII	土质	<29	不用爆	—	—	—
0.5	IX	松散					
0.3	X	流沙					

5.4 地质条件对爆破作用的影响

5.4.1 地形条件对爆破作用的影响

对于大规模的硐室爆破来说，地形条件是影响爆破效果和经济指标的重要因素。爆破区的地形条件主要包括地面坡度、临空面个数和形态，山体高低及冲沟分布等地形特征。这些条件是进行爆破设计必须充分考虑的重要因素，因为爆破方法及爆破范围的大小、爆破方量、抛掷方向和距离、堆积形状、爆破后的清方工作以及施工现场布置的条件等都直接受到地形条件的影响。

5.4.1.1 地形与爆破的关系

A 地形对爆破岩体抛掷方向的影响

地形决定了药包最小抵抗线的方向。在平地爆破，土岩抛出方向是向上的；斜坡地面爆破，土岩主要沿斜坡面法线方向抛出，根据弹道抛物线原理，以 45° 抛掷距离最远，在斜坡地面又与山坡纵向形态有关，如图 5-3 所示。图 5-3（a）为平直山坡，石方基本沿最小抵抗线方向抛出；图 5-3（b）为凸面山坡，由地面上每一点至药包中心都与最小抵抗线距离差不多，因此石方是抛散的；图 5-3（c）为凹面山坡，抛石是集中的。这些是斜坡单一临空面不同地形的抛掷情况。在山包、山头、山嘴、山脊等地形进行爆破，药包抵抗线是多方向的，例如孤山包爆破是四面"开花"，山嘴地形则可向三个临空面飞散，山脊地形则向两侧抛出。这些都是多临空面地形的抛掷情况。在洼坑、山沟、垭口等地形爆破，夹制作用大，抛出方量和方向严格受地形限制，但它抛掷方量集中。

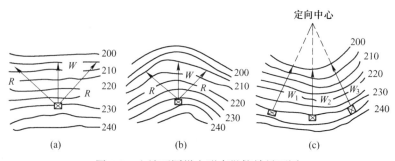

图 5-3 山坡不同纵向形态抛掷效果不同
（a）平直山坡；（b）凸面山坡；（c）凹面山坡

B 地形与爆破方量的关系

假设在三种理想的地形形态下，我们来研究爆破方量与地形的关系，如图 5-4 所示。我们假设都统一采用标准抛掷爆破，其他参数都是一致的，如图所示的最小抵抗线 W 都一样，图中的 α 都等于 90°，爆破作用指数 $n = \dfrac{r}{W} = 1$ 都一样，则由爆破原理和有关计算公式求得的爆破破裂半径 R 也都一样。因此，由几何图形可求得它们的爆破方量 V，其中平地为 $V_{a} = \dfrac{1}{3}\pi W^{3} \approx W^{3}$，鼓包为 $V_{b} \approx 2.5 W^{3}$，洼地为 $V_{c} \approx 0.4 W^{3}$。由此可得出 $V_{a} : V_{b} :$

$V_c = 1 : 2.5 : 0.4$，说明地形对爆破方量的影响很大，也就是说多面临空的鼓包地形有利于爆破，山沟洼地不利于爆破，这是由于地层夹制作用的结果。

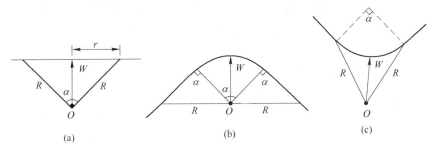

图 5-4 地形对爆破方量的影响
(a) 平地；(b) 鼓包；(c) 洼地

C 地形与爆破其他参数的关系

地形的变化对某些爆破参数的选择有一定影响，如爆破作用指数 n 值、爆破漏斗可见深度、药包间距都与地形有关，地形还影响到抛掷堆积体的形状，抛掷距离和堆积高度等等。

5.4.1.2 各种爆破类型对地形条件的要求

由上述可见，爆破方法和爆破效果在很大程度上取决于爆破地点的地形条件。因此，根据客观的地形条件，因地制宜地选择相应的爆破方法是十分重要的。所以有必要研究什么样的地形适合什么样的爆破方法，也就是不同爆破类型对地形条件的要求问题。

露天大爆破根据工程要求不同，采用不同类型的爆破方法，一般有松动爆破、加强松动爆破、抛掷爆破（或扬弃爆破）和定向抛掷爆破。松动爆破与加强松动爆破主要是将矿岩破裂和松动并堆积成松散体，以便于装运。这种爆破方法一般不受地形条件的限制，但要结合不同的地形采用不同的布药方式以求得较好的爆破效果。此外地形影响到这种爆破方法的技术经济指标，如多临空面和陡坡地形要比凹地、沟谷、垭口地形取得较经济的爆破效果。抛掷爆破是要求将矿岩抛出爆破漏斗以外或露天矿境界以外，降低爆堆高度或减少装运工程量，其抛掷百分率与地形条件有关，地形坡度愈陡则抛掷率愈高，可以达到 $70\% \sim 80\%$，采用强抛掷可达 100%。定向抛掷爆破对地形条件要求较高，因为它要求爆破抛掷体向一定方向和位置堆积，有时还要求堆积成一定的形状。定向的形式基本上有三种：面定向、线定向和点定向。近几年发展起来的平面药包爆破法可视为面走向，它适用于一定的斜坡地面；开挖各种堑沟、渠道、填筑路堤等工程向一侧抛掷的定向爆破属于线定向，平地或各种延展山坡都可以进行线的定向爆破，但以平直的延展山坡坡度在 45°左右的地形定向效果最好，平地或缓坡则一般要经过改造地形才能达到较好的效果；矿山工程的定向爆破堆筑尾矿基础坝、水利工程修建水库的定向爆破筑坝以及铁路公路挖填交界处的移挖作填等爆破，可视为点的定向。点的定向对地形条件要求十分严格，因为它要求土石方集中而防止抛散，这就要从地形上严格加以控制。此外，它要求有一定的山体高度和厚度、山坡的坡度、纵向及横向的山坡形态，还对山体的后面及侧面的地形有一定的要求，以便控制不逸出半径等等。

5.4.1.3　改造地形

在爆区天然地形不利于达到需要的爆破目的时，改造地形是爆破设计中的重要措施之一。图 5-5 是平地定向爆破改造地形的例子，其中的药包 1 和药包 1-1、1-2、1-3，都是为了改造地形的辅助药包，它们要分别比各自的主药包 2 和 2-1、2-2、2-3 先起爆 1~2s，以便能先形成一个有利于主药包作定向爆破的临空面。

在斜坡地面进行定向爆破改造地形的例子如图 5-6 所示，图 5-6（a）中辅助药包 1 是为了改造斜坡坡度，以利于主药包 2 的抛掷。图 5-6（b）中辅助药包 1-1、1-2、1-3 是为了将山坡改造成弧形凹坡，以利于主药包 2-1、2-2、2-3 向定向中心集中抛掷。

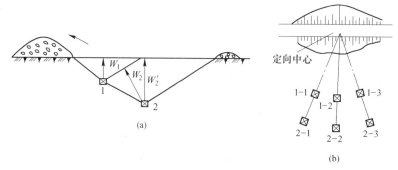

图 5-5　平地定向爆破改造地形图

（a）平地线定向爆破；（b）点定向抛掷爆破

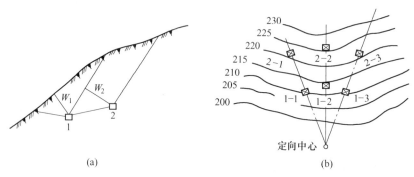

图 5-6　斜坡定向爆破改造地形图

（a）改造斜坡地面坡度；（b）将凸面坡改造成凹面坡

在改造地形时，必须注意辅助药包开创的临空面应能准确引导后面主药包的抛掷方向，否则会影响爆破效果。

5.4.2　岩体性质对爆破作用的影响

自然界的岩体大多数是非均质体，岩体的均质与非均质对爆破的影响作用有很大的区别。均质岩体主要以岩石本身的性质（物理力学性质）影响爆破作用，而非均质岩体则是岩体的弱性部位对爆破的影响起着决定性作用。实际上均质岩体与非均质岩体并无明确界限，但为研究方便，还是分别进行讨论。对于受构造作用和风化作用影响不大的火成岩岩基和厚层完整的某些沉积岩及变质岩，都可视为均质岩体。

5.4.2.1 均质岩体与爆破作用的关系

均质岩石主要以其物理力学性质对爆破作用产生影响。

A 某些爆破参数与岩性的关系

爆破设计时某些爆破参数，如炸药单耗、爆破压缩圈系数、边坡保护层厚度、药包间距系数、岩石抛掷距离系数以及爆破安全距离计算中的一些系数，都需要根据岩石的物理力学性质如岩石的容重及强度或 f 值等加以确定。

B 炸药与岩石性质的匹配问题

岩性与爆破作用关系的另一个问题是炸药和岩石性质的匹配问题。为了提高炸药能量利用率，必须根据岩石的特性阻抗（波阻抗）来选择炸药的品种，使炸药的特性阻抗（即炸药的密度与爆速的乘积）与岩石的特性阻抗相匹配。实验证明，凡是具有较大特性阻抗的炸药或者炸药的阻抗与岩石的阻抗越接近，则炸药爆破时传给岩石的能量就多一些，而且在岩石中所引起的应变也要大一些。实验还证明，炸药对钻孔壁上所产生的冲击压力，因岩石的特性阻抗不同而异，特性阻抗越大的岩石，在孔壁上所产生的冲击压力越大。这样当炸药一定时，由于岩石的特性阻抗不同，给予岩石的压力会有很大差异。

C 岩性对爆破破岩及传波特性的影响

岩石的孔隙愈多、密度愈小，则爆破应力波的传播速度愈低，同时岩石愈疏松则弹性波引起质点振动耗能越大，还由于孔隙对波的散射作用会使波的能量衰减很快，从而减少应力波对岩石的破碎作用而影响爆破效果。

5.4.2.2 非均质岩体对爆破作用的影响

药包在非均质岩体中爆破，由于岩体的力学性质不同，爆破作用容易从松软岩体部位突破而影响爆破效果。例如在山脊布置双侧作用的药包，若两侧岩体不同，爆破作用将主要朝向岩性较松软的一侧，加强了该侧岩体的破碎，但另一侧较坚硬的岩体将破碎不充分而形成岩坎。当药包通过不同岩层，或有较厚的松碴压在上面，在确定炸药单耗 q 值及药包间距系数时，要考虑其影响，防止过量装药和产生根底。在确定上破裂半径 R' 值时，对于有较厚堆积层的斜坡，不能单纯从坡度考虑，而应视覆盖层情况确定，如图5-7中爆破漏斗的上破裂线实际上不是 AO 而是 BCO，BC 的坡度一般相当于覆盖体的自然安息角。非均质岩体对爆破后果的影响，主要是爆破能量集中于阻抗较小的松散岩层上，扩大了不该破坏的范围，同时可能增

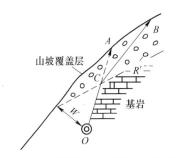

图5-7 覆盖层对上破裂线的影响

大个别飞石距离，造成危害。非均质岩体爆后形成的边坡也不稳定，这是因为岩性差异大，爆后边坡面易于形成各种裂隙，或使原有节理、层理扩展，造成坡面凹凸不平，形成落石等危害。

为了克服非均质岩体对爆破作用的影响，应在布置药包位置时采取相应措施，如将药包布置在坚硬难爆的岩体中，并使它到达周围软弱岩体的距离大致相等；或采用分集药包、群药包的形式，防止爆破能量集中在软弱岩体或软弱结构面中，造成不良后果。

5.4.3 岩体中各种地质结构面对爆破作用的影响

5.4.3.1 地质结构面对爆破的影响

结构面对爆破的影响，可归纳为下列五种作用：

(1) 应力集中作用。结构面破坏了岩体的连续性，在爆炸应力作用下，岩体首先从强度最低的弱面裂开，在裂开过程中，裂隙尖端产生了应力集中现象。

(2) 应力波的反射增强作用。结构面形成的软弱带，其密度、弹性模量及纵波速度均比岩体本身的值小，因此应力波到达界面时发生反射。反射波与随后传来的波相叠加，当相位相同时，应力波便会增强，使弱面迎波一侧岩石破坏加剧，背波一侧破坏减弱。反射波的强度与软弱带和岩体的波阻抗差值有关，两者差值越大则反射波越强。

(3) 能量吸收作用。这是由于结构面的反射、散射作用和软弱带的压缩变形与破裂吸收了能量，使应力波能量减弱，它与反射增强作用同时产生，可减轻背侧岩体的破坏。

(4) 泄能作用。当软弱带穿过爆源通向临空面或通向岩体爆破作用范围内的某些空洞（如溶洞、老洞等），爆破能量就可能以"冲炮"或其他方式泄出，使爆破效果明显降低。

(5) 楔入作用。高温高压气体由于膨胀高速地沿弱面侵入岩体，使岩体发生破坏。

5.4.3.2 构造结构面对爆破作用的影响

实践证明，在药包爆破作用范围内的结构面对爆破作用影响很大，其影响程度取决于结构面的性质及产状与药包位置的关系。因此在布置药包时，应查明爆区各种结构面的性质、产状和分布情况，以便结合工程要求尽可能避免其影响。下面按各种结构面进行分析讨论。

A 断层对爆破作用的影响

断层主要是影响爆破漏斗的形状，从而减少或增加爆破方量，也有可能引起爆破安全事故。下面分几种情况研究。

(1) 断层通过药包位置。这种情况对爆破一般是不利的，容易引起冲炮，造成安全事故；或者引起漏气，降低爆破威力，影响爆破效果。首先，断层通过最小抵抗线 W 的位置，如图 5-8 所示，当断层带较宽，断层破碎物胶结不好时，爆破气体将从断层破碎带冲出，出现冲炮和缩小爆破漏斗范围的最不利情况。遇到此种情况可改在断层两侧布置药包，利用两个药包的共同作用把断层两侧岩体抬出去，消除断层的影响作用；其次，如果断层落在上下破裂半径位置时，可减弱对爆破漏斗以外岩体的影响，有利于边坡的稳定，在这种情况下对爆破效果影响也较小。最后，如果断层处于上述情况以外的位置，如图 5-9 中的 F_1、F_2、F_3、F_4，它们对爆破都有相当程度的影响，其影响的大小取决于它与最小抵抗线夹角的大小，夹角大的影响小，夹角小的影响大。图中由于断层 F_3 的影响则爆破漏斗的上破裂半径不在 R' 而在 F_3 处，即 ABO 的岩体可能爆不掉。遇到这种情况可在 ABO 岩体处加辅助药包，同时将主药包向断层线外面挪动。

断面通过药包位置而落在爆破漏斗范围以外，如图 5-10 中的断层 F，此时上破裂线不在 R' 而在 ABO 处，将扩大爆破漏斗范围，这一般不致引起冲炮造成安全事故，但应注意，若后山山体不厚则可引起向后山冲出，导致改变爆破作用方向等不良后果。

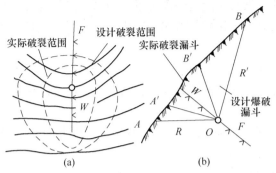

图 5-8 断层通过最小抵抗线位置对爆破的影响

（a）平面图；（b）断面图

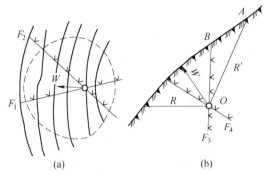

图 5-9 断层在爆破漏斗范围内而不通过 R、R' 和 W 的情况

（a）平面图；（b）断面图

（2）断层与最小抵抗线相交。这种情况要比落在药包位置上好些，但也要看它的产状与最小抵抗线 W 的关系及离药包的远近，断层远离药包位置其影响小，反之则大；断层与 W 交角大其影响程度小，反之则大。如图 5-11 中 F_1 比 F_2 对爆破影响小，F_4 比 F_3 影响大。

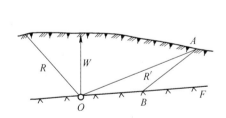

图 5-10 断层穿过药包但落在漏斗以外

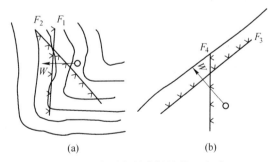

图 5-11 断层与最小抵抗线 W 相交

（a）平面图；（b）断面图

B 层理对爆破作用的影响

层理与断层不同，断层是一个破碎带或是单一的一个面，而层理则是许多平行的面。层理面除一些有泥土夹层外，一般是平整和闭合的，所以层理和断层对爆破作用的影响有共性也有异性。共性是其产状都是影响爆破作用的主要因素；异性是断层视其离药包远近

而影响有大有小，层理则没有与药包距离远近的问题，但是岩层的厚薄对爆破的破碎程度有明显的影响。层理面对爆破作用的影响，取决于层理面的产状与药包最小抵抗线方向的关系，现分述如下：

（1）药包的最小抵抗线与层理面平行。爆破时不改变抛掷方向，但爆破方量将减少，爆破漏斗不是成喇叭口而是成方形坑，在这种情况下爆后常出现根坎，同时有可能顺层发生冲炮。

（2）最小抵抗线与层理面垂直。爆破时不改变抛掷方向，但爆破漏斗将扩大，爆破方量增大，岩体抛掷距离将缩小。

（3）层理面与最小抵抗线斜交。爆破时抛掷方向将受到影响，爆破方量多数是减少，有时也可增加。层理的影响程度与层理面的状态有关，张开或有泥夹层的层理面影响尤为明显，闭合的层理面影响就小些。

C 褶曲对爆破作用的影响

褶曲对爆破作用的影响与单斜岩层有所不同，单斜岩层的层理是平直的，其开放性好；而褶曲的层理面是弯曲的，其开放性受到弯曲面的限制。此外褶曲岩层一般比较破碎，如野外见到褶曲发育的岩层多为页岩、片岩、砂岩和薄层灰岩，构造节理、裂隙都很发育，所以褶曲产状对爆破作用的影响不像单斜岩层那样明显，主要表现为岩质的破碎性对爆破作用的影响。而产状的影响表现在向斜褶曲比背斜褶曲明显，原因是向斜褶曲的开放性比背斜的开放性好，所以爆破能量容易从褶曲层面释出而引起爆破抛掷方向的改变或影响到爆破漏斗的扩大或缩小，背斜则不易改变爆破方向，但可减弱抛掷能力或扩大药包下部压缩圈的范围，对有基底渗漏问题的水工工程须引起注意。褶曲对爆破后边坡稳定的影响和褶曲轴线与边坡的关系有关，大爆破路堑边坡调查结果认为，当构造轴线与边坡走向交角小或平行时，加上岩性的差异大和边坡高陡的情况下是不利于爆破后边坡稳定的。铁路某大爆破工点是一个典型例子，如图 5-12 所示，铁路线通过向斜构造的轴部，两侧岩层均倾向线路，倾角 30°，岩层为中薄层石灰岩，两侧边坡均发生基岩顺层滑坡。若构造轴线与边坡走向交角大或接近垂直时，褶曲对爆破后边坡的稳定并无不利影响。由于褶曲岩层都比较破碎，所以施工中要加强措施。

D 节理裂隙对爆破作用的影响

地壳上的岩体很少不受节理裂隙的切割，它对爆破的影响取决于节理裂隙的张开度、组数、频率，以及产状与爆破作用的关系。有些岩体中的节理，虽然组数较多，但常仅有一组或两组起主导作用，则它们对爆破的影响主要由这一两组决定。当岩体仅受到一组主节理切割时，其对爆破的影响与层理的影响相似。有时大的节理裂隙对爆破的影响则往往与断层相似。当岩体受到两组主节理的割切时，它们的影响作用就与层理有明显差别，这时爆破抛掷方向一般不容易改变，爆破方量可能受到一定影响。

E 软弱夹层对爆破作用的影响

软弱夹层常常引起爆破事故和影响爆破效果，图 5-13 为某铁路一大爆破工点，由于石灰岩中有一层黏土夹层，厚 0.2~0.3m，药室正好落在这一软弱夹层处，爆破时爆炸气体由于夹层冲击，形成一股强烈的空气冲击波，大量的飞石冲击工点的河对岸，造成毁坏民房数十间的事故。

图 5-12 某大爆破工点基岩顺层滑坡

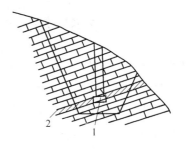

图 5-13 某大爆破工点夹层对爆破的影响
1—药包；2—土质夹层

5.4.4 特殊地质条件下的爆破问题

在可溶岩层中进行大爆破，常碰到岩溶对爆破的影响问题，矿山爆破还遇到老洞（窿）或采空区对爆破的影响问题，它们对爆破作用的影响在性质上是相似的。通过实践总结出岩溶对爆破的影响有下列几个方面：

（1）改变抵抗线的方向，使土石方量朝着溶洞的薄弱方向冲出而改变了设计的抛掷方向和抛掷方量，如图 5-14 所示，当溶洞与药室的距离小于最小抵抗线 W 时，将对爆破作用有影响。其影响程度与溶洞的大小和距药室的距离有关，溶洞大且距药室近的影响就大，反之则小。

（2）引起冲炮，造成爆破安全事故，如图 5-15 所示。

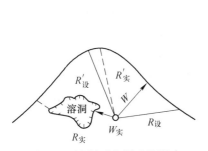

图 5-14 溶洞对大爆破的影响

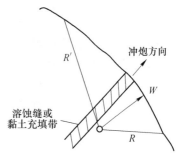

图 5-15 溶蚀缝引起冲炮

（3）降低爆破威力，影响爆破效果。一些溶蚀沟缝或岩溶中的充填物常常造成爆破漏气和吸收爆破能量而降低爆破威力、缩小爆破漏斗，减少爆破方量。

（4）影响爆破岩石的块度，造成爆破不均，有的地方炸得很碎，有的出现大块或没有松动。

（5）影响爆破施工，造成施工安全事故，如岩溶水的危害、开挖坑洞的崩塌、陷落现象。

（6）影响爆破后边坡的稳定。据调查，处于岩溶的工点有三分之二都有不同程度的危害。

5.5 爆破作用引起的工程地质问题

　　爆破特别是大爆破后可能引起的工程地质问题，主要是边坡稳定问题。如果露天矿的边坡稳定遭受破坏，将影响后期生产的安全；走向爆破筑坝所形成的高边坡漏斗坑，如果产生危险边坡，经常出现危石，将使水力枢纽工程的安全运转受到威胁；铁路交通的路堑边坡因不适当的爆破造成边坡不稳定，将影响正常运营。因此，边坡稳定问题，在爆破设计时就必须充分予以考虑。实践证明，在详细了解爆区工程地质条件，认真研究药包布置及爆破各项参数的选取，在一定条件下可以保证边坡的稳定。根据大爆破路堑边坡稳定情况调查，大爆破路堑边坡变形类型如表 5-4 所列，有变形的边坡工点占 62.3%。其中危石落石占变形工点的 47.5%，它是由于爆破后边坡破碎，清方刷坡不够，没有做好支护嵌补工程，在自然营力作用下形成的；崩塌和滑坡合计占 17.6%，是在不良地质条件下，加上爆破作用的一定影响引起的；风化剥落和坡面冲刷主要是岩质差和雨水作用引起的，一般与爆破无关。由此可知，大爆破引起的边坡病害，在硬质岩体中主要产生危石和落石，在松软岩体软硬不均岩体中则可能引起崩塌或滑坡。

表 5-4 大爆破路堑边坡变形分类

边坡变形类型	崩塌	危石落石	风化剥落	滑坡	坡面冲刷	工点总数	有变形工点数	无变形工点数
工点处数	28	94	62	7	7	318	198	120
占变形工点百分数/%	14.1	47.5	31.4	3.5	3.5		100	
占总工点百分数/%	8.8	2936	19.5	2.2	2.2	100	62.3	37.7

　　应该指出，在爆破作用区范围内，处在斜坡或陡坡上的悬石、堆积体或古滑坡体，在爆破当时即使没有明显的活动，但以后在自然营力作用下仍可能发生崩塌或滑落。所以在爆破前应注意调查研究，分析爆破作用可能的影响情况；爆破后必须调查这些地方是否受到影响，如发现有移动或开裂现象，危及工程安全，要及时采取措施予以加固。

思 考 题

5-1 岩石按成因可以分为几类？试举例每一类代表性的岩石。
5-2 什么叫岩石的波阻抗，炸药与岩石的波阻抗匹配有何意义？
5-3 表示岩石物理性质的指标有哪些，其表示方式是什么？
5-4 简述地质结构面对爆破作用的影响。
5-5 简述特殊地质条件对爆破的影响。
5-6 简述岩石一般力学性质和动力学性质的特点。

6 井巷及隧道爆破

重点：
(1) 掏槽眼的形式及其应用；
(2) 平巷掘进爆破设计；
(3) 立井掘进爆破施工技术。

6.1 概　述

在现代爆破技术中，巷道掘进或地下硐室的开挖，通常采取浅孔爆破。浅孔爆破是指所用炮孔直径小于 50mm，眼深在 5m 以内的爆破方法。浅孔爆破法具有很多突出的优点：它所使用的钻孔机械主要是手持式或气腿式凿岩机以及凿岩台车，这些机械操作技术简单，使用灵活方便，适应性强，对于不同的爆破目的和工程需要，易于通过调整炮孔位置和装药量的方法，控制爆破岩石的块度，限制围岩的破坏范围。浅孔爆破法的主要缺点是：机械化程度还不够高，工人劳动强度大，劳动生产率低；爆破作业频繁，大大地增加了爆破安全管理的工作量。

浅孔爆破法使用的凿岩机械，主要是手持式带气腿的凿岩机，常采用 YT-30、YT-24、7655、YSP-45 型等。这些凿岩机以压缩空气为动力，进行湿式凿岩。炸药一般多采用硝铵炸药，有水的炮孔常用含水硝铵炸药（如水胶炸药、乳化炸药），或采取防水措施进行爆破。药卷直径为 32~35mm，少数情况下采用 25~30mm 的小直径炸药或 38~45mm 的大直径炸药。

浅孔爆破的爆破参数（W、a、q、Q、L 等）应根据矿（岩）石特性、使用条件和爆破材料等因素来确定。

浅孔爆破在施工前，应清理工作面，如查清炮孔数目、清除炮孔内积水或泥渣等，方能进行装填。每个炮孔的装药量应严格按设计要求装填，装药系数为 φ。

$$\varphi = \frac{L_Z}{L_K} \tag{6-1}$$

式中，φ 为装药系数，即每米眼深的装药长度，cm/cm；L_Z 为装药长度，cm；L_K 为炮孔深度，cm。

炮孔装药后填塞炮泥并加以捣固。起爆药包一般放置于眼底第二个药卷位置，雷管聚能穴朝向眼口，进行反向爆破；或将起爆药包置于眼口第二个药卷位置，雷管聚能穴朝向眼底，正向爆破。实践经验证明反向爆破比正向爆破的效果好得多。

浅孔爆破可采用导爆管起爆法，但要求必须一次点火。用电雷管起爆法时，一定要防止杂散电流的危害。

6.2 平巷掘进爆破

6.2.1 工作面炮孔分类及其作用

井巷掘进中的炮孔，按其所在位置和作用的不同，可分为掏槽眼、辅助眼和周边眼。掏槽眼是为辅助眼创造第二个自由面，辅助眼是为了进一步扩大掏槽的体积，而周边眼是为形成正确的井巷断面形状。对于平巷和斜井而言，周边眼又可分为顶眼、底眼和帮眼。各类炮孔及其作用范围参见图6-1。

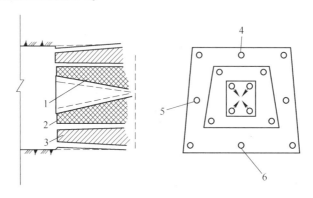

图 6-1 各类炮孔位置及其作用范围示意
1—掏槽；2—扩槽；3—形成巷道规格断面；4—顶眼；5—帮眼；6—底眼

井巷掘进爆破时，一般只有一个自由面，爆破条件困难。为了创造第二个自由面，可以在掘进工作面的某一适当位置布置少量炮孔，爆破时首先起爆，在工作面形成一个槽口，为其余的炮孔爆破创造有利条件，这些首先起爆的少量炮孔就称为掏槽眼。为了提高其他炮孔的爆破效果，掏槽眼应比其他炮孔加深 15~20cm，装药量增加 15%~20%。辅助眼又称崩落眼，是破碎岩石的主要炮孔，它的作用是进一步扩大槽腔体积和增大爆破量，并为周边眼爆破创造有利条件。周边眼的作用是使爆破后的井巷断面规格和形状能达到设计的要求。

6.2.2 掏槽

平巷掘进爆破时，只有一个自由面，四周岩石夹制力很大。因此，掏槽效果对整个掘进爆破极为重要。根据巷道断面、岩石性质和地质构造等条件，掏槽眼的布孔形式有很多种类，归纳起来可分成倾斜眼掏槽和垂直眼掏槽两大类，此外还有两者结合的混合式掏槽。

6.2.2.1 倾斜眼掏槽

倾斜眼掏槽是指掏槽眼方向与工作面斜交的掏槽方法，通常分为单向掏槽、锥形掏槽和楔形掏槽。

A 单向掏槽

掏槽眼布孔成一行，并朝一个方向倾斜，适用于软岩或具有层理、节理、裂隙或弱夹层的岩石。根据工作面不同的岩层条件，选择薄弱部位布置炮孔，按炮孔部位和倾斜方向，可分为顶部掏槽、底部掏槽、侧向掏槽和扇形掏槽。

当巷道顶部有软夹层或巷道顶板正好是岩层的自然接触面或岩层层理与裂隙背向工作面倾斜时，采用顶部掏槽（图6-2（a））。当巷道底部有软夹层或巷道底板正好是岩层的自然接触面或岩层层理与裂隙向着工作面倾斜时，采用底部掏槽（图6-2（b））。当巷道一侧有软夹层或层理、裂隙向侧帮倾斜时，采用侧向掏槽（图6-2（c））。当工作面遇到夹层位于巷道中部或斜交时，常采用扇形掏槽（图6-2（d））。

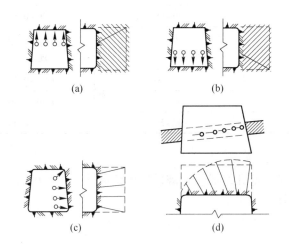

图 6-2 单向掏槽

（a）顶部掏槽；（b）底部掏槽；（c）侧向掏槽；（d）扇形掏槽

单向掏槽法可根据巷道断面大小或软夹层的厚度不同，布置一排或两排掏槽眼。掏槽眼的倾斜角度一般为 50°~70°，岩石坚固程度高时，角度取小值。

B 锥形掏槽

各掏槽眼以相等或近似相等的角度向工作面中心轴线倾斜，眼底趋于集中，但互相并不贯通，爆破后形成锥形槽。眼数为 3~6 个，通常呈三角锥形、正锥形和圆锥形（如图6-3所示）。锥形掏槽适用于较坚固的岩石，不易受层理、节理和裂隙等的影响，但眼深受巷道断面的限制。

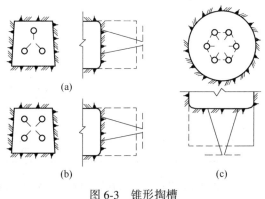

图 6-3 锥形掏槽

（a）三角锥形；（b）正角锥形；（c）圆锥形

　　正锥形掏槽在平巷掘进中使用较多，圆锥形掏槽多用于竖井掘进。锥形掏槽眼有关参数视岩石性质而定，施工中可参考表 6-1 所列数据选取。

表 6-1　锥形掏槽眼

岩石坚固性系数（f）	炮孔倾角/（°）	相邻炮孔间距/m	
		眼口距离	眼底距离
2~6	75~70	1.00~0.90	0.40
6~8	70~68	0.90~0.85	0.30
8~10	68~65	0.85~0.80	0.20
10~13	65~63	0.80~0.70	0.20
13~16	63~60	0.70~0.60	0.15
16~18	60~58	0.60~0.50	0.10
18~20	58~55	0.50~0.40	0.10

C　楔形掏槽

　　楔形掏槽通常由倾斜炮孔组成，爆破后形成楔形槽。楔形掏槽又有垂直楔形掏槽和水平楔形掏槽之分（如图 6-4 所示）。

　　当巷道岩层有水平层理时，宜采用水平楔形掏槽，以利于钻孔和爆破。

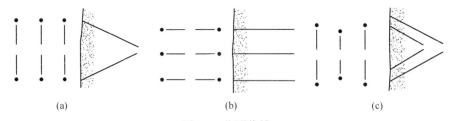

图 6-4　楔形掏槽
（a）垂直楔形掏槽；（b）水平楔形掏槽；（c）双楔形掏槽

　　楔形掏槽炮孔参数根据岩石性质而定，参见表 6-2。

表 6-2　楔形掏槽的主要参数

岩石坚固性系数（f）	炮孔与工作面夹角/（°）	两排炮孔眼口距离/m	炮孔数目
2~6	75~70	0.6~0.5	4
6~8	70~65	0.5~0.4	4~6
8~10	65~63	0.4~0.35	6
10~12	63~60	0.35~0.30	6
12~16	60~58	0.30~0.20	6
16~20	58~55	0.20	6~8

　　倾斜掏槽的优点是：所需掏槽眼数较少，掏槽体积大，易将岩石抛出，有利于其他炮孔的爆破。缺点是：掏槽眼深度受到巷道断面限制，因而影响到每个掘进循环的进尺；岩石抛掷距离远，岩堆分散，影响装岩效率。

6.2.2.2 垂直眼掏槽

垂直眼掏槽也称直线掏槽，所有掏槽眼均垂直于工作面，炮孔之间相距较近且保持互相平行，其中有一个或数个不装药的空眼，作为装药炮孔爆破时的辅助自由面和爆破补偿空间。垂直眼掏槽有龟裂掏槽、桶形掏槽和螺旋形掏槽三种类型。

A 龟裂掏槽

龟裂掏槽的掏槽眼布置在一条直线上，彼此间严格平行，装药眼与空眼间隔布置，爆破后形成一条槽缝，故又称缝形掏槽（图6-5（a））。掏槽眼数目与巷道断面大小及岩石坚固性成正比，通常为3~7个眼。

B 桶形掏槽

桶形掏槽又称角柱形掏槽，各掏槽眼互相平行且呈对称形式，如图6-5（b）所示。空眼直径可与装药眼相同，也可采用75~100mm大直径空眼，以便增强自由面的作用，如图6-6所示。

图6-7列出部分桶形掏槽变形方案供参考。

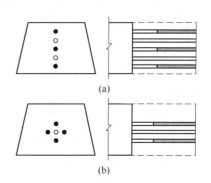

图 6-5 龟裂掏槽和桶形掏槽

（a）龟裂掏槽；（b）桶形掏槽

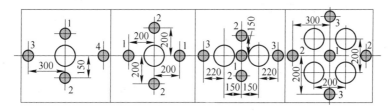

图 6-6 大直径空眼角柱形掏槽

⊘—装药眼；○—空眼；1，2，3，4—起爆顺序

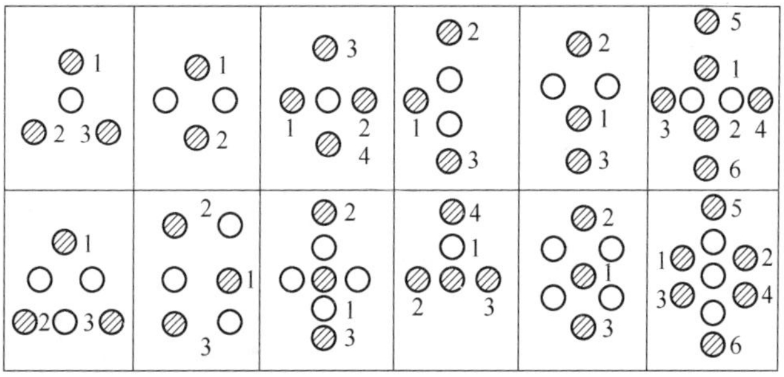

图 6-7 桶形掏槽的几种变形

C 螺旋形掏槽

螺旋形掏槽是由桶形掏槽发展而来的，其特点是各装药眼至空眼的距离依次递增，呈螺旋线布置，并由近及远顺序起爆，能充分利用自由面，扩大掏槽效果，其扩槽原理如图6-8所示。

小直径空眼螺旋形掏槽的典型布眼方案如图6-9所示。空眼数一般只用一个，遇到坚韧难爆的岩石时，可以增加一两个空眼，如图 6-9 中虚线所示。螺旋形掏槽眼爆破后往往在槽中存留下被压实的岩碴，影响辅助眼的爆破效果，为了克服这一缺点，常将空眼比装药眼加长 $300 \sim 500 \mathrm{mm}$，并在眼底装入 $200 \sim 300 \mathrm{g}$ 炸药，然后用充填物堵塞约 $100 \mathrm{mm}$，待所有掏槽眼爆破之后，紧接着反向起爆，以利抛碴。各装药眼与空眼之间的距离，可根据炮孔直径 d 参考下式确定：$L_1 = (1 \sim 1.8)d$；$L_2 = (2 \sim 3.5)d$；$L_3 = (3 \sim 4.5)d$；$L_4 = (4 \sim 5.5)d$。当岩石坚韧难爆时取上限小值，易爆时取大值。

大直径空眼螺旋形掏槽炮孔布置见图 6-10。

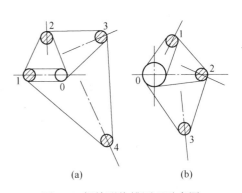

图 6-8 螺旋形掏槽原理示意图

（a）小直径空眼；（b）大直径空眼

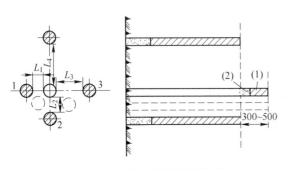

图 6-9 小直径空眼螺旋形掏槽

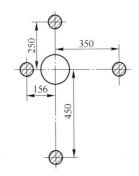

图 6-10 大直径空眼螺旋形掏槽

垂直掏槽与倾斜掏槽相比，其优点是：眼深不受巷道断面限制，可进行较深炮孔的爆破，加大一个掘进循环的进尺；爆落矿岩的块度均匀，不会抛掷太远，爆堆集中在工作面附近，有利于装岩。其缺点是：掏槽眼数较多，掏槽体积小，装药眼和空眼的间距不能太大且需相互平行，要求有较高的钻孔技术。

6.2.2.3 混合掏槽

混合掏槽是指两种以上的掏槽方式混合使用。在遇到岩石特别坚硬或巷道断面较大时，可以采用如图 6-11 所示的复式楔形掏槽或桶形与锥形混合掏槽。

6.2.3 平巷的爆破参数

6.2.3.1 炮孔直径

炮孔直径的大小直接影响钻孔速度、炮孔数目、单位炸药消耗量、爆落岩石的块度和井巷轮廓的平整性。炮孔直径增加，意味着药卷直径加大，有利于提高爆炸反应的稳定性、增加爆速。

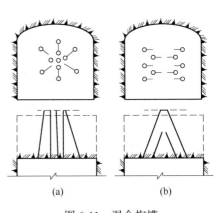

图 6-11 混合掏槽

（a）桶形与锥形混合；（b）复式楔形掏槽

但是炮孔直径过大，不仅使钻孔速度下降，而且因炮孔数目减少影响炸药的均匀分布，使岩石的破碎质量变差。爆破效果降低。

我国地下矿山井巷掘进中，一般采用 36~43mm 的炮孔直径，在小断面巷道（$S \leqslant 4m^2$）掘进中，采用 25~30mm 小直径炮孔，配合使用轻型高频凿岩机、压气装药和高威力炸药，也可获得良好的爆破效果。

6.2.3.2 炮孔数目

炮孔数目主要与挖掘的平巷断面尺寸、岩石性质、炸药性能、自由面数目等有关，目前尚无统一的计算方法，可根据掘进断面面积 S 和岩石坚固系数 f 估算：

$$N = 3.3 \sqrt[3]{fS^2} \tag{6-2}$$

该式没有考虑炸药性能、药卷直径和炮孔深度等因素对炮孔数目的影响。

此外，也可按炮孔参数进行布置确定炮孔数量，即按掏槽孔、崩落孔、周边孔的具体参数进行布置，然后将各类炮孔数相加求得炮孔数量。扩大开挖时，最小抵抗线 W 一般为 800~1000mm，圈距与 W 相同，孔距为 $1.5W$，由此可初步确定炮孔数目，然后根据实际爆破效果加以调整即得炮孔数量。

6.2.3.3 炮孔深度

炮孔深度是指炮孔底到工作面的垂直距离，而沿炮孔方向的实际深度叫炮孔长度。炮孔深度的大小，不仅影响着每个掘进工序的工作量和完成各工序的时间，而且影响爆破效果和掘进速度。炮孔深度是决定每班掘进循环次数的主要因素。为了实现快速掘进，在提高机械化程度、改进掘进技术和改善工作组织的前提下，应力求加大眼深并增多循环次数。根据我国快速掘进的经验，采用深眼多循环，能使工时得到充分利用，增加凿岩和装岩时间，减少装药、爆破、通风和准备工作的时间。

随着眼深增加，巷道断面愈小，爆破受到的夹制作用越大。目前，在我国巷道掘进中眼深以 1.5~2.5m 用得最多。随着新型高效率凿岩机和先进装运设备的出现，以及爆破器材质量的提高，在中等断面以上的巷道掘进中，采用凿岩台车凿岩，将眼深增至 3~3.5m，在技术经济上是合理的。

在竖井掘进中，若井筒直径为 $D(m)$，根据经验，炮孔深度可按式（6-3）关系选取：

$$L = (0.3 \sim 0.5)D \tag{6-3}$$

6.2.3.4 单位炸药消耗量

爆破 $1m^3$ 原岩所需的炸药质量称为单位炸药消耗量，通常以 $q(kg/m^3)$ 表示。该值的大小对爆破效果、凿岩和装岩工作量、炮孔利用率、巷道轮廓的平整性和围岩的稳定性都有较大的影响。单位炸药消耗量偏低时，则可能使巷道断面达不到设计要求，岩石破碎不均匀，甚至崩落不下来。单位炸药消耗量偏高时，不仅会增加炸药的用量，而且可能造成巷道超挖，降低围岩的稳定性，甚至还会损坏支架和设备。

单位炸药消耗量取决于岩石性质、巷道断面、炮孔直径和炮孔深度等多种因素，关系复杂，尚无完善的理论计算方法。在掘进爆破工作中，常根据国家定额选取或用经验公式计算。

常用经验公式为：

$$q = \frac{Kf^{0.75}e_x}{\sqrt[3]{S_x}\sqrt{d_x}} \tag{6-4}$$

式中　K 为常数，对于平巷掘爆破进可取 $0.25 \sim 0.35$；f 为岩石坚固性系数；S_x 为断面影响系数，$S_x = S/5$；S 为巷道断面掘进断面，m^2；d_x 为药卷直径影响系数，$d_x = d/32$；d 为所用炸药卷的直径，mm；e_x 为炸药爆力影响系数，$e_x = 320/e$，e 为所用炸药的爆力，mL。

每次爆破所需炸药量为：

$$Q = q \cdot V = q \cdot S \cdot L \cdot \eta \tag{6-5}$$

式中，η 为炮孔利用率，$0.8 \sim 0.95$。

6.2.3.5　炮孔间距

炮孔间距的确定一般是根据一个掘进循环所需要的总装药量计算出总炮孔数目后，再按巷道断面的大小及形状均匀地布置炮孔。平巷掘进中，掏槽眼有多种不同的形式，其眼间距也有所不同，可参考本章表 6-1、表 6-2 的有关数据，以及图 6-6、图 6-7、图 6-8 所标数据。周边眼的眼口至轮廓线的距离一般为 $100 \sim 250$mm，在坚硬岩石中取小值；周边眼的眼口间距则为 $500 \sim 800$mm，底眼的间距取小值。辅助眼的间距为 $400 \sim 600$mm。

6.2.4　实例——平巷爆破施工方案

6.2.4.1　工程简介

因生产要求需在某水平掘进一条 120m 长的平巷，使用年限 3 年。岩层为砂岩 $f = 8 \sim 12$，断面为 $(3.5 \times 3.2) \mathrm{m}^2$，工期一个月。

6.2.4.2　掘进方案选择

依据岩石地质条件和所给断面积、使用年限，根据以往工程经验，选择三心拱（拱高 1.2m，墙高 2m）一次全断面爆破施工。掏槽方式选直孔桶型掏槽。凿岩机选择 2 台气腿式风动凿岩机（一台备用），型号 YT28。炸药选用 2 号岩石乳化炸药，雷管选用毫秒微差导爆管雷管。爆破开挖循环进尺 2m。

6.2.4.3　爆破参数确定

A　参数确定

炮孔直径：$\phi = 40$mm。

总孔数：$N = 3.3 \sqrt[3]{fs^2} = 3.3 \sqrt[3]{10 \times 10.31^2} = 34$ 个。

炸药单耗：根据岩石坚固性系数 $f = 8 \sim 12$，断面面积 $S = 10.31\mathrm{m}^2$，查表取 $q = 1.89\mathrm{kg/m}^3$。

炮孔深度：$L_{深} = L_{进}/\eta = 2.5$m（炮孔利用率取 $\eta = 80\%$）。

每循环总炸药量：$Q = q \times V = 1.89 \times (10.31 \times 2.5) = 48.71\mathrm{kg/m}^3$。

每次循环爆破方量 $V = S \times L_{进} = (10.31 \times 2) \times 2 = 41.24\mathrm{m}^3$。

B　炮孔布置

（1）掏槽孔。

孔深：$L = 2.7$m（掏槽孔深度比其他孔加深 0.2m）。

孔数：3 个。

孔径：$\phi = 40$mm。

孔距：$D = 150$mm。

单孔装药量：$Q_1 = \alpha \times L \times G/H = (0.55 \times 2.7 \times 0.15)/0.2 = 1.11\text{kg}(7.5卷)$，$\alpha$ 为平均装药系数，取 0.55。

总装药量：$Q_{总1} = Q_1 \times 3 = 1.11 \times 3 = 3.33\text{kg}(22卷)$。

（2）周边孔。

孔深：$L = 2.5\text{m}$。

孔数：21 个。

孔径：$\phi = 40\text{mm}$。

周边孔间距顶孔取 0.5m，边孔 0.65m，底孔 0.6m。

单孔装药量：$Q_2 = \alpha \times L \times G/H = (0.55 \times 2.5 \times 0.15)/0.2 = 1.03\text{kg}(7卷)$，$\alpha$ 为平均装药系数，取 0.65。

总装药量：$Q_{总2} = Q_2 \times 21 = 21.63\text{kg}(144卷)$。

（3）辅助孔。

孔深：$L = 2.5\text{m}$。

孔数：12 个。

孔径：$\phi = 40\text{mm}$。

间距：$a = 0.7\text{m}$。

排距：$b = 0.65\text{m}$。

$W_{圈距} = 0.7\text{m}$。

总装药量：$Q_{总3} = Q_3 \times 12 = 1.03 \times 12 = 12.36\text{kg}(83卷)$。

（4）掏槽孔距空孔距离取 0.15m。

（5）光爆层厚度取 $W_{光} = 0.7\text{m}$。

（6）炮孔总装药量：$Q_0 = Q_{总1} + Q_{总2} + Q_{总3} = 3.33 + 21.68 + 12.36 = 37.35\text{kg}$。

（7）炸药单耗校核：$q = Q_0/(s \times L_{进}) = 1.8\text{kg/m}^3$，符合设计要求。

（8）填塞长度：所有炮孔都须堵塞，填塞材料选用沙泥或炮纸，不能用可燃性材料，堵塞长度一般为炮孔长度的 20%，一般不小于 50cm（爆破安全规程规定炮孔长度大于 2.5m 时，堵塞长度不小于 1.0m）。炮泥或炮纸必须用炮棍堵塞密室。堵塞时注意保护导爆管，不能将导爆管桶短，不能无堵塞起爆。

具体爆破参数参见表 6-3。

表 6-3　爆破孔网参数

炮孔	炮孔深/m	炮孔长/m	与工作面夹角/(°)	炮孔/个	装药量				起爆顺序	连线方式	装药结构	周边孔起爆
					单孔		小计					
					药卷/个	质量/kg	药卷/个	质量/kg				
中空孔	2.7	2.7	90	3			22	3.33	Ⅰ	非电导爆管一次点火	连续反向装药（孔底）	周边孔为间隔装药
掏槽孔	2.7	2.7	90	3	8	1.11	83	12.36	Ⅱ			
辅助空	2.5	2.5	90	12	7	1.03	96	14.42	Ⅲ			
顶空	2.5	2.5	向外3	8								
帮空	2.5	2.5	向外3	6								
底孔	2.5	2.5	向外3	7	7	1.03	48	30.11	Ⅳ			
总计	98.7			36								

C　炮孔布置及装药结构

a　炮孔布置图

如图 6-12 所示，在每个炮孔附近的数字表示起爆顺序。布孔方法是先布掏槽孔 1~3 号掏槽孔和空眼，再布设周边孔 15~36 个，再布设辅助孔 5~14 个，共计布孔 36 个。

根据经验公式得：$N = qs/\gamma\eta = (1.89 \times 10.31)/(0.75 \times 0.8) = 32$ 个（γ 为每米长度装药质量，取 0.75），符合设计要求。

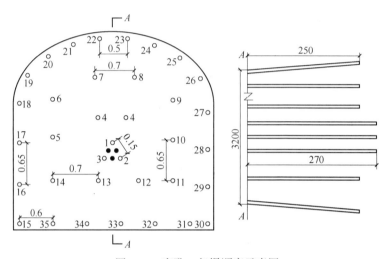

图 6-12　穿孔、起爆顺序示意图

b　装药结构

掏槽孔、辅助孔采用连续不耦合装药结构形式，孔底起爆。起爆药包雷管聚能穴方向朝向炮孔方向。周边光爆孔采用不耦合孔间隔装药，孔底起爆。

装药结构示意图如图 6-13~图 6-15 所示。

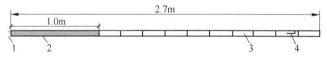

图 6-13　掏槽孔装药结构

1—导爆管；2—填塞物；3—φ32mm×200mm 药卷；4—导爆管雷管

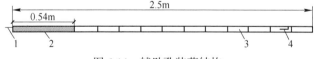

图 6-14　辅助孔装药结构

1—导爆管；2—填塞物；3—φ32mm×200mm 药卷；4—导爆管雷管

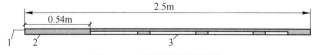

图 6-15　周边孔装药结构

1—导爆管；2—填塞物；3—φ32mm×200mm 药卷

6.2.4.4 起爆网路

A 起爆网路方案

采用毫秒微差非电导爆管起爆网路，孔内微差，分三段起爆，分别选用：MS1，MS3，MS5。掏槽孔分一段起爆（选用 MS1），辅助孔布一圈选用同段起爆（选用 MS3），周边光爆孔同段起爆（选用 MS5），孔内采用导爆索，孔外采用导爆管。

起爆网路采用簇联方式，导爆管按相同区域分片束把（根据安全要求，每把导爆管以不超过 20 发为宜），将每簇导爆管联结到二发导爆管上，然后再将多簇导爆管联结管连接在一起，用一发导爆管联结，起爆器激发起爆。雷管聚能穴方向朝向导爆管传爆方向。

B 起爆体制作及放置

用木制或竹制锥子在药卷上钻一个和雷管直径相当的孔，孔深要大于雷管长度。通过孔将雷管全部插入药卷，并用胶布缠牢固。此药卷即为起爆药卷。

C 网路连线。

网路连线如图 6-16 所示。

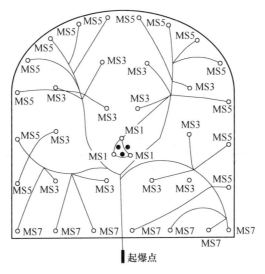

图 6-16 起爆网路连线示意图

6.2.4.5 安全防护

（1）本次爆破设计方案必须经矿总工程师审批后方准实施。

（2）爆破作业人员必须经过安全培训，并持证上岗。

（3）严禁在爆区内抽烟、点明火或将爆破器材带入宿舍或办公室。

（4）严禁非施工人员进入爆区。

（5）爆破信号。在爆破前必须同时发出音响和视觉信号，使危险区内的人员都能清楚地听到或看到。信号分三次发出：

1）预告信号。爆区内的所有无关人员撤离危险区或撤至指定的安全地点。

2）起爆信号。确认人员和设备全部撤离后，具备安全起爆条件可起爆。

3）解除警戒信号。经检查安全后方准发出解除信号。

（6）在巷道内施工应起爆 1h 后才能进入巷道。

（7）安全警戒。在巷道内实行爆破，必须找掩体进行掩护，其掩体必须保证人员安全。

（8）其他未尽事宜参照爆破安全规程执行。

6.2.4.6 劳动组织

在工地现场设立指挥部及安全领导小组，由项目经理任组长，技术负责人为副组长，其他施工人员（爆破员等）为成员，所有人员必须听从技术负责人的指挥。技术负责人负责对整个工地的安全、质量、进度进行管理。

6.2.4.7 横道图

施工组织进度如表6-4所示。

表 6-4 施工进度

时间/h	0	2	4	6	8	10
准备工作						
凿岩						
装药连线起爆						
通风						
出渣						

6.2.4.8 主要技术指标

主要技术指标见表6-5。

表 6-5 主要技术指标

项目名称	数量	项目名称	数量
隧道净断面/m²	10.31	每循环炸药消耗量/kg	46.77
隧道掘进断面/m²	10.31	炮孔利用率/%	85
岩石性质	砂岩（$f=8\sim12$）	炸药单耗/kg·m⁻³	1.89
凿岩机		每循环进尺/m	2
每循环炮孔数目/个	42	每循环爆破量/m³	20.6
每循环炮孔总长/m	111.2	炮孔总装药量/kg	54.22
炸药品种	2 号岩石乳化炸药	雷管品种	电雷管

6.3 井筒掘进爆破

井筒掘进工作面炮孔参数选择和布置基本上与平巷相同。井掘进筒一般要穿过表土与基岩，其施工技术由于围岩条件不同各有特点。表土施工方案选择主要考虑工程的安全，而基岩施工主要考虑施工速度。

由于表土松软，稳定性较差，经常含水，并直接承受井口结构物的荷载，所以表土施工比较复杂，往往成为立井施工的关键工程。正确地选择表土施工方案和施工方法，避开雨季施工，预先考虑片帮等突发事故的防范措施，确保立井井筒安全快速地通过表土层，并顺利转入基岩施工，具有重要的意义。

6.3.1 井筒掘进炮孔布置

6.3.1.1 立井掘进

在圆形井筒中，最常采用的是圆锥掏槽和筒形掏槽。前者的炮孔利用率高，但岩石的抛掷高度也高，容易损坏井内设备，而且对打眼要求较高，各炮孔的倾斜角度要相同且对称；后者是应用最广泛的掏槽形式。

当炮孔深度较大时，可采用二级或三级筒形掏槽，每级逐渐加深，通常后级深度为前级深度的 1.5~1.6 倍（见图 6-17）。

立井工作面上的炮孔，包括掏槽眼、崩落眼和周边眼，均布置在以井筒中心为圆心的同心圆周上，周边眼爆破参数应按光面爆破设计，如图 6-17、图 6-18 所示。

周边眼和掏槽眼之间所需崩落眼圈数和各圈内炮孔的间距，根据崩落眼最小抵抗和邻近系数的关系来调整，如图 6-19 所示。

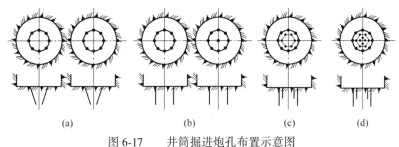

(a)　　　　　　　　(b)　　　　　　　　(c)　　　　　　　　(d)

图 6-17　　井筒掘进炮孔布置示意图

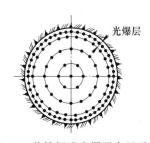

图 6-18　井筒掘进光爆眼布置示意图

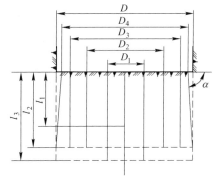

图 6-19　井筒掘进炮孔间距

6.3.1.2 斜井掘进

斜井掘进工作面炮孔参数选择和布置基本上与平巷相同，布孔示意图如图 6-20 所示。

6.3.2 实例1——立井掘进施工方案

立井掘进井深 874.5m（含井底水窝 31m），净直径 8.5m。井筒纵断面如图 6-21 所示。

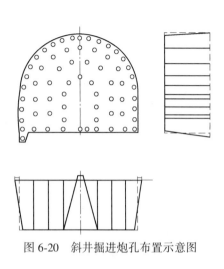

图 6-20　斜井掘进炮孔布置示意图

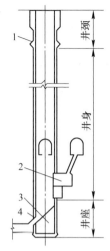

图 6-21　井筒纵断面图
1—壁座；2—箕斗装载硐室；
3—水窝；4—井筒接受仓

6.3.2.1　掘进

（1）钻孔爆破。采用 SJZ6.9 型 6 臂伞钻打孔，中深孔光面爆破。正常基岩段采用反向装药结构，电雷管配合导爆管起爆，炸药选用二级水胶炸药。揭穿赋存瓦斯地质构造带或煤层时，采用正向装药结构，毫秒延期电雷管起爆，三级水胶炸药，起爆电源为 380V 交流电。

（2）爆破图表。岩石硬度系数按 $f = 6 \sim 8$ 考虑，炮孔深度 4.0m，炮孔利用率按 90% 计，循环进尺为 3.6m。采用一二阶直眼掏槽方式，控制单位原岩炸药消耗量小于 2.3kg/m^3。选用水胶炸药，规格为 ϕ45mm×400mm，每卷重 0.8kg，以此确定各炮孔装药量。装药结构为连续耦合装药，反向爆破，联线方式为大并联（爆破图表如表 6-6~表 6-8 和图 6-22 所示）。

表 6-6　基岩段爆破原始条件

瓦斯情况		掘进断面	78.54m^2/81.71m^2
普氏系数	$f = 6 \sim 8$	钻孔机具	SJZ6.9 型伞钻
炸药类别	矿用水胶炸药	雷管类别	毫秒延期电雷管或半秒延期导爆管

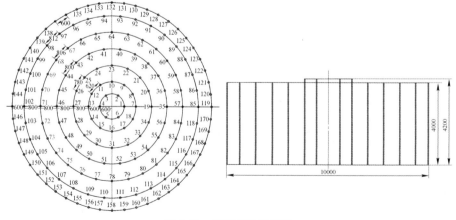

图 6-22　炮孔布置示意图

表6-7 基岩段爆破参数

序号	炮孔名称	眼深/m	圈径/m	眼数/个	眼距/mm	装药量/kg		起爆顺序	联线方式	备注
						卷/孔	小计			
1~6	一阶掏槽	4.2	1.2	6	600	6	36	I		1）$f=4\sim6$。 2）选用$\phi45\times400$mm水胶药卷，0.8kg/卷。 3）采用反向装药。 4）如岩性变化，可适当调整爆破参数
7~18	二阶掏槽	4.2	2.4	12	602	6	72	II		
19~56	一圈辅助	4.0	5.6	38	780	5	190	III	并联	
57~84	二圈辅助	4.0	7.2	28	806	4	112	IV		
85~118	三圈辅助	4.0	8.8	34	812	4	136	IV		
119~170	周边眼	4.1	10.0	52	600	4	208	V		
合计		688.8		171		754卷 603.2kg				

表6-8 预期爆破效果

序号	名称	单位	数量	备注
1	炮孔深度	m	4.0	
2	炮孔利用率	%	90.0	
3	循环进尺	m	3.6	
4	每循环爆破实体岩石	m^3	282.7	
5	每循环炸药消耗量	kg	603.2	
6	每循环电雷管消耗量	发	17	
7	每循环导爆管消耗量	发	170	
8	单位原岩炸药消耗量	kg/m^3	2.13	
9	每米井筒炸药消耗量	kg/m	167.6	
10	每循环炮孔长度	m	688.8	
11	爆破正规循环率	%	90	
12	月爆破循环次数	个/月	29.0	

过厚层砂岩段或稳定性较差的岩层时，由施工项目部根据揭露岩石具体情况确定爆破循环进尺，编制专项爆破说明书。

6.3.2.2 装岩

采用HZ-6B中心回转抓岩机装岩，其实际生产能力为50~60m³/h，可满足提升要求。

6.3.2.3 提升、排矸

提升采用双套单钩系统，主提为2JKZ-3.6/13.23型矿井提升机，副提为JKZ-3.2×3/18.4型矿井提升机，分别配5m³、4m³座钩式自动翻卸式箕斗，井架设双向废石仓，地面用汽车将废石运到废石场。

6.3.3　实例 2——斜井掘进施工方案

井筒主要特征如表 6-9 所示。

表 6-9　井筒主要特征

井筒名称	井口坐标			井筒倾角/(°)	井筒斜长/m	井筒宽度/m		井筒断面/m²		支护方式
	纬距（X）	经距（Y）	标高（Z）			净	掘	净	掘	
主斜井	4397228.000	19645549.000	1571.000	-23	260.837	4	5	12.28	16.07	砌碹

6.3.3.1　掘进

采用普通钻爆法施工，光面爆破，全断面一次成巷。

采用 YT-28 型凿岩机，"一"字形 φ42mm 钻头，B22 中空六角钢纤杆打眼，炸药采用岩石乳化炸药，炸药规格 φ35mm×200mm，重 200g。雷管选用 1~5 段毫秒延期电雷管，总延期不超过 130ms，采用 MFB-200 型发爆器。

采用光面爆破，施工中必须根据岩性情况及时调整爆破参数，以保证最佳爆破效果，如表 6-10、表 6-11 和图 6-23 所示。

表 6-10　装药结构

炮孔名称	炮孔个数	炮孔深度/m	炮孔长度/m	炮孔角度/(°)	装药量		爆破顺序	连线方式
					卷/眼	质量/kg		
掏槽眼	6	2.7	16.2	90	7	8.4	Ⅰ	
辅助眼	32	2.5	80	90	5	32	Ⅱ	
周边眼	24	2.5	60	2~3	2	9.6	Ⅲ	串联
底部眼	9	2.5	22.5	3~5	6	10.8	Ⅳ	
小计	71		178.7			60.8		

表 6-11　预期爆破效果

名　称	单位	数量	名　称	单位	数量
炮孔利用率	%	85	循环炮孔长度	m	178.7
循环进尺	m	2.1	每米炸药耗量	kg/m	28.9
循环爆破原岩量	m³	37.6	单位原岩雷管耗量	个/m³	1.89
循环炸药消耗量	kg	64	每米炮孔耗量	个/m	33.8
循环雷管消耗量	个	71			

6.3.3.2　装岩

装岩是井筒掘进中比较繁重的工作，一般情况下，装岩时间约占掘进循环时间的 60%，因此提高装岩机械化水平是实现快速掘进的主要措施。

采用 P-90B 耙斗机装岩，XKT1×2.5×2B-20 绞车提升，3m³ 箕斗至地面矸石仓，经自卸汽车排至指定地点（大绞车未投入使用前，采用 55kW 绞车 1t 侧卸式矿车提升）。为了避免放炮损坏装岩机和保证装岩效率，耙斗装岩机距工作面以 15~30m 为宜。当装岩距离过大时，应向前移动装岩机，在移动之前，首先清理井筒底板并铺设轨道，依靠提升机下

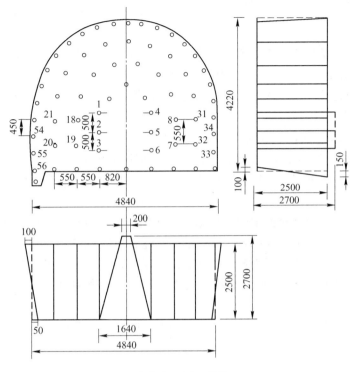

图 6-23 炮孔布置图（单位：mm）

放至预定位置。装岩时，为防止装岩机下滑，除安装卡轨器外，还须另设斜撑于轨道上，并在其后设置地锚，将机身通过钢丝绳固定于地锚上。

6.3.4 实例 3——盲天井掘进施工方案

6.3.4.1 盲天井设计参数

天井为圆形，净直径 4.00m，净断面 12.56m²。按围岩稳固性不同，采取以下两种支护形式。

（1）围岩稳固、完整，涌水量小于 6m³/h 时，采用 C20 喷射混凝土支护，喷射混凝土厚度 100mm。天井掘进直径 4.20m，掘进断面 13.85m²。天井喷射混凝土工程量 77.4m³。

（2）围岩破碎，稳定性差，地应力较大，涌水量大于 6m³/h 时，采用 C30 混凝土砌筑，井壁厚度 300mm。天井掘进直径 4.60m，掘进断面 16.61m³。

天井上下联络巷为三心拱断面（$h_0 = B/3$），净宽 4.00m，墙高 2.067m，净高 3.40m，净断面 12.48m²。

上下联络巷均采用 C20 喷射混凝土支护，喷厚 100mm，掘进断面 13.43m²。

6.3.4.2 施工方案

采用吊罐法自下而上施工通风天井的中央导硐（掘进直径 1.80m），然后再自上而下刷帮至天井设计掘进断面。然后自上而下分段喷射混凝土支护，各分段喷射混凝土由下而上进行。

6.3.4.3　施工方法

A　施工准备工作

（1）钻凿吊罐法施工。在天井上联络巷中设计天井位置使用 KD-100 型钻机钻凿 2 个 ϕ110mm 的主副钻孔。主孔位于天井中心钻直位置，绳孔偏斜率应不大于 0.5%，作为提升钢丝绳升降的绳孔。副孔距主孔 600mm，偏斜率应不大于 1.5%，作为信号电缆的通过孔。

（2）制作吊罐和吊盘。吊罐为六角双层吊笼式，外径圆直径 1.60m，由安装在天井上硐室的 XJFH5/3.5 型风动绞车操作升降。钻工站在吊罐顶上打眼，自下而上掘进天井中央硐室，再由上而下刷大中央导硐到设计断面。打眼前，通过吊罐上对称布置的井台液压千斤顶将吊罐撑紧固定在天井井帮上。

吊盘为钢结构，圈梁和主副梁均采用 8 号槽钢。上盘直径 3.80m，下盘直径 2.30m，层间距 2.30m，上下盘用四根 ϕ89mm×4mm 无缝管作主柱连接，上下盘盘面铺设厚度 4mm 的菱形花纹钢板。上层盘对称布置 4 台液压千斤顶，吊盘定住后用以撑紧大井井帮。

（3）安装天轮吊梁和天轮。天轮吊梁由 2 根 16 号槽钢拼焊而成，悬吊铁滑车并定住。

（4）在天井上联络巷（天井以外）安装 XJFH5/35 型风动绞车，并用 4 根长 1.8m 的树脂锚杆固定在天井上联络巷的底板上。

（5）主孔穿钢丝绳挂吊罐，副孔内安装两套吊罐提升信号装置（一套由中段下平巷至上平巷，一套由绞车房至吊盘）。

风水软管（内径分别为 25mm、13mm）绑扎在吊罐底部 6×19+NF-10-1570 钢丝绳上，使钢丝绳承担风水软管的重量，并随吊罐升降。

B　天井中央导硐掘进

先在天井中央自下而上掘进中央导硐，导硐直径 1.80m，掘进断面 2.54m²。吊罐提升到凿岩位置后，操作千斤顶撑紧井帮，钻工在吊罐中使用 2 台 YT-28 型凿岩机打上向垂直炮孔（方向平行于绳孔）。

中央导硐掘进直眼掏槽孔 4 个，圈径 0.60m；边眼共布置 8 个，圈径 1.60m。每小班完成 2 个掘进循环，循环进尺 2.20m，小班进尺 4.40m。导硐与上联络巷贯通的厚度取 2m（如巷道底板破坏时，贯通厚度应不小于 5m），导硐爆破后具体参数见表 6-12。

表 6-12　中央导硐及刷大爆破原始条件

序号	名称	单位	数量	序号	名称	单位	数量
1	岩石坚固性系数	f	8~10	6	岩石粉状乳化炸药直径	mm	32
2	天井掘进直径/断面	m/m²	4.20/13.85	7	药卷质量	kg/支	150
3	中央导硐掘进直径/断面	m/m²	1.80/2.54	8	毫秒导爆管雷管段数	段	3
4	刷大断面积	m²	11.31	9	导爆管长度	m	5
5	炮孔直径	mm	40	10	GYGN-2000FZ 型导爆管激发器	台	2

C　中央导硐刷大

导硐贯通后，由上向下将导硐刷大到设计断面。钻工在吊盘下层盘上使用 YT-28 型风钻打两圈下向垂直炮孔，将导硐刷大至设计的掘进断面。第一圈炮孔圈径 2.80m，布孔 12 个；第二圈炮孔圈径 4.00m，布孔 18 个，见表 6-13。

每个小班完成一个掘进循环，循环进尺 2.20m。预期爆破效果见表 6-14。

表 6-13　天井掘进钻孔爆破参数

炮孔名称		圈径/m	炮孔数目	孔距/mm	炮孔深度/m	炮孔倾角/(°)	装药量			毫秒雷管段数	起爆顺序
							单孔/支	每圈装药/支	小计/kg		
中央导硐	掏槽眼	0.60	4	470	2.50	90	10	40	6.00	1	Ⅰ
	边眼	1.60	8	630	2.50	90	8	64	9.60	3	Ⅱ
	小计		12		30.00			104	15.60		
导硐刷大	第一圈	3.00	14	673	2.50	90	9	126	18.90	1	Ⅰ
	第二圈	4.00	20	628	2.50	90	8	160	24.00	2	Ⅱ
	小计		34		85.00			286	42.90		
合计			46		115.00			390	58.5		

表 6-14　预期爆破效果

序号	名　称	单位	数　量		
			中央导硐	刷帮	通风天井
1	炮孔深度	m	2.50	2.50	
2	循环进尺	m	2.20	2.20	
3	炮孔利用率	%	88	88	
4	每循环爆破实岩	m³	5.59	24.88	
5	每小班进尺	m	4.40	2.20	
6	每循环炸药耗	kg	13.80	30.60	
7	炸药单耗	kg/m³	2.79	1.72	1.92
8	每循环雷管耗	发	18	40	
9	每米炮孔消耗	m/m	13.64	38.64	52.27
10	每米导爆管消耗	m/m	40.91	90.91	131.82

打眼完毕，爆破工在吊罐上装药联炮。装药后，爆破工随着吊罐下放，敷设放炮母线。将吊罐置于运输车斗上运出，提升悬吊钢丝绳和信号通信电缆，将钢丝绳连接装置和电缆分别提至主副孔内超过爆破高度 3m 以上的位置。然后，利用 GYGN-2000FZ 型导爆管激发器起爆导爆管网路。

爆破后，采用 JBT52-2 型局部通风机和 φ400mm 胶质风筒向天井压入式通风，主副孔作回风用。炮孔散尽后，整平渣堆，下放提升钢丝绳和信号通信电缆，再挂吊罐，开始新一轮凿岩爆破。

D　装岩

爆破的废石落到天井底，采用 ZL-30 型装载机铲运废石装入柴油运输车外运。

E 喷射混凝土

中央导硐每刷 4.4m，喷射工即在吊盘上操作喷枪对此段喷射混凝土。混凝土喷射机摆放在上联络巷，混凝土输送管和供水管固定在天井帮上。喷射混凝土由上而下分段进行。在每个分段内，喷射作业由下而上顺序进行。

F 测量

以主孔中心作为天井中心，打眼前必须测量天井中心至井帮的距离，确定钻孔的圈径，按孔距布置炮孔。喷射混凝土前后应根据主孔中心检查天井掘进半径和净半径是否符合检验标准，发现问题应立即整改。

6.4 隧道掘进爆破

6.4.1 概述

目前，隧道与地下工程的主要施工方法有明挖法、半明挖法、盾构法以及钻爆法（矿山法）四种。对于岩质地区，则以钻爆法即掘进爆破技术为主要施工方法。

对一般岩石隧道而言，除用传统的矿山法爆破开挖外，隧道掘进机也在许多国家获得应用。但是，就已有的大多数工程实践来看，由于掘进机在坚硬岩石中开挖隧道时效率不高，以及它固有的设备投资巨大、动力消耗量大、部件大而笨重、运输组装困难等问题，可以说在可预见的年代里，钻爆法将仍是隧道掘进的主要手段。爆破开挖是建设隧道的第一道工序，它的成败好坏直接影响到围岩的稳定、后续的工序正常和施工速度。

随着国家建设事业的迅速发展，隧道工程建设除配备先进的机械设备外，还要解决隧道现代爆破技术问题。岩质地区浅埋隧道工程施工中，作为一种主要施工方法的隧道掘进爆破技术，其不可避免地要产生爆破地震效应。对爆破地震效应的控制不仅直接影响到爆破质量、隧道施工效率和工程经济效益，而且还影响到隧道围岩的稳定、隧道支护的效果以及周围建筑物或构筑物的安全。而隧道施工必须在有效控制爆破产生的地震效应的前提下尽可能地提高隧道掘进效率。因此需要解决好两个爆破方面的主要问题：（1）提高炮孔利用率；（2）控制开挖轮廓和爆破振动对地层的扰动。这就是说，一方面要求充分发挥炸药的能量，保持掘进速度，另一方面则要求对这种能量进行有效控制，降低爆破振动。对于市区浅埋公路隧道掘进爆破施工，则更需要处理好这两方面的关系。

6.4.2 我国隧道爆破技术的发展

我国采用爆破的方法进行地下工程开挖的时间并不长。建国初期，云南的锡矿还使用原始的火烧开挖面，再浇冷水致岩石开裂的烧裂法进行矿洞掘进。建国后开工建设的成渝铁路、宝成铁路的许多隧道已经使用钻爆法开挖。1954 年以前多采用人工打孔，挖孔底部位使用黑火药爆破，但其效率低、不安全，且使用范围受到限制。1955 年以后才改用硝化甘油炸药和二号岩石硝铵炸药，并使用合金钻头、风动凿岩机、电雷管，从而使钻爆效果有较大的提高，炮孔利用率由 50%～60% 提高到 80%～85%，对爆破器材的消耗和掘进 1m 的耗时都有显著的降低，标志着隧道施工"由人力开挖过渡到小型机械施工"。

1965 年成昆铁路建设时，开始大量引进国外新型施工机械及配套装备，隧道爆破技术才有较大的改进。隧道掘进引进了凿岩台车，使用毫秒电雷管、硝铵炸药、导爆索，实现光面爆破，实现全断面最大5m的循环进尺。

20世纪80年代，下坑隧道软岩进行半断面微台阶开挖研究，推进了软岩隧道钻爆技术的发展。到20世纪90年代，自西安安康铁路开始，光面爆破技术已趋于成熟，并成为工程建设管理中的强制性考核项目（西康线光面爆破效果见图6-24）。

图6-24 西康线光面爆破效果

6.4.3 隧道施工方法概述

隧道按照"新奥法"原理设计与施工，施工遵循"弱爆破、短开挖、强支护、早闭合、勤量测、衬砌紧跟"的原则，结合反馈信息及时优化调整设计参数。

隧道采用光面爆破，Ⅰ~Ⅲ级围岩全断面法开挖，Ⅳ、Ⅴ级段采用台阶法开挖，洞口加强段和断层破碎带采用单侧壁倒坑法开挖。隧道围岩分级如表6-15所示，具体的开挖方法如表6-16所示。

表6-15 隧道围岩分级

围岩级别	围岩主要工程地质条件		围岩开挖后的稳定状态（单线）	围岩弹性纵波波速 $v_p/km \cdot s^{-1}$
	主要工程地质特征	结构形态和完整状态		
Ⅰ	坚硬石（单轴饱和抗压强度 $f_r > 60$MPa）；受地质构造影响轻微，节理不发育，无软弱面（或夹层）；层状岩层为巨厚层或厚层，层间结合良好，岩体完整	呈巨块状整体结构	围岩稳定，无坍塌，可能产生岩爆	>4.5
Ⅱ	较硬岩（$30 < f_{rk} \leqslant 60$）；受地质构造影响较轻微，节理较发育，有少量软弱面（或夹层）和贯通微张节理，但其产状及组合关系不致产生滑动；层状岩层为中层或厚层，层间结合一般，很少有分离现象，或为较硬岩偶夹软质岩石	呈巨块或大块状结构	暴露时间长，可能会出现局部小坍塌，侧壁稳定，层间结合差的平缓岩层顶板易塌落	3.5~4.5
Ⅲ	合差，多有分离现象；较硬岩、软质岩石互层	呈块（石）碎（石）状镶嵌结构	拱部无支护时可能产生局部小坍塌，侧壁基本稳定，爆破振动过大易塌落	2.5~4.0
	较软岩（$15 < f_{rk} \leqslant 30$）；受地质构造影响严重，节理较发育；层状岩层为薄层、中厚层或厚层，层间结合一般	呈大块状结构	拱部无支护时可能产生局部小坍塌，侧壁基本稳定，爆破震动过大易塌落	2.5~4.0

续表 6-15

围岩级别	围岩主要工程地质条件		围岩开挖后的稳定状态（单线）	围岩弹性纵波波速 $v_p/\text{km} \cdot \text{s}^{-1}$
	主要工程地质特征	结构形态和完整状态		
IV	较硬岩（$30<f_{rk}\leqslant60$）；受地质构造影响极严重，节理较发育；层状软弱面（或夹层）已基本破坏	呈碎石状压碎结构	拱部无支护时可产生较大坍塌，侧壁有时失去稳定	1.5~3.0
	软岩（$5<f_{rk}\leqslant15$）；受地质构造影响严重，节理较发育	呈块（石）碎（石）状镶嵌结构		
	土体：（1）具压密或成岩作用的黏性土、粉土及碎石土；（2）黄土（Q1、Q2）；（3）一般钙质或铁质胶结的碎石土、卵石土、粗角砾土、粗圆砾土、大块石土	（1）和（2）呈大块状压密结构，（3）呈巨块状整体结构		
V	岩体：软岩，岩体较破碎至极破碎；全部极软岩（$f_{rk}\leqslant5$）及全部极破碎岩石（包括受地质构造影响严重的破碎带）	呈角砾碎石状松散结构	围岩易坍塌，处理不当会出现大坍塌，侧壁经常小坍塌；浅埋时易出现地表下沉（陷）或塌至地表	1.0~2.0
	土体：一般第四系的坚硬、硬塑的黏性土、稍密及以上、稍湿或潮湿的碎石土、卵石土、圆砾土、角砾土、粉土及黄土（Q3、Q4）	非黏性土呈松散结构，黏性土及黄土松软结构		
VI	岩体：受地质构造影响严重呈碎石、角砾及粉末、泥土状的断层带	黏性土呈易蠕动的松软结构，砂性土呈潮湿松散结构	围岩极易坍塌变形，有水时土砂常与水一齐涌出，浅埋时塌至地表	<1.0（饱和状态的土<1.5）
	土体：软塑状黏性土、饱和的粉土和砂类等土			

注：表中"围岩级别"和"围岩主要工程地质条件"栏，不包括膨胀性围岩、多年冻土等特殊岩土。

表 6-16　施工方法工序说明

开挖方法名称	图　例	开挖顺序说明
全断面法		（1）全断面开挖；（2）锚喷支护；（3）灌筑衬砌
台阶法		（1）上半部开挖；（2）拱部锚喷支护；（3）拱部衬砌；（4）下半部中央部开挖；（5）边墙部开挖；（6）边墙锚喷支护及衬砌

开挖方法名称	图　例	开挖顺序说明
台阶分部法		（1）上弧形导坑开挖；（2）拱部锚喷支护；（3）拱部衬砌；（4）中核开挖；（5）下部开挖；（6）边墙锚喷支护及衬砌；（7）灌筑仰拱
上下导坑法		（1）下导坑开挖；（2）上弧形导坑开挖；（3）拱部锚喷支护；（4）拱部衬砌；（5）设漏斗，随着推进开挖中核；（6）下半部中部开挖；（7）边墙部开挖；（8）边墙锚喷支护衬砌
上导坑法		（1）上导坑开挖；（2）上半部其他部位开挖；（3）拱部锚喷支护；（4）拱部衬砌；（5）下半部中部开挖；（6）边墙开挖；（7）边墙锚喷支护及衬砌
单侧壁导坑法（中壁导坑法）		（1）先行导坑上部开挖；（2）先行导坑下部开挖；（3）先行导坑锚喷支护钢架支撑等，设置中壁墙临时支撑（含锚喷钢架）；（4）后行洞上部开挖；（5）后行洞下部开挖；（6）后行洞锚喷支护、钢架支撑；（7）灌筑仰拱混凝土；（8）拆除中壁墙；（9）灌筑全周衬砌
双侧壁导坑法		（1）先行导坑上部开挖；（2）导坑下部开挖；（3）先行导坑锚喷支护、钢架支撑等，设置临时壁墙支撑；（4）后行导坑上部开挖；（5）后行导坑下部开挖；（6）后行导坑锚喷支护、钢架支撑等，设置临时壁墙支撑；（7）中央部拱顶开挖；（8）中央部拱顶锚喷支护、钢架支撑等；（9）、（10）中央部其余部开挖；（11）灌筑仰拱混凝土；（12）拆除临时壁墙；（13）灌筑全周衬砌

　　全断面开挖的隧道，一般采用光面爆破。但为了使边墙平顺，可考虑拱部采用光面爆破，边墙预裂爆破的综合方案，确保边墙爆破的效果。分部开挖时，可采用预留光面层的光面爆破。

6.4.4 爆破参数设计

隧道开挖前，应根据观察地质条件、开挖断面、开挖方法、掘进循环进尺、钻孔机具和爆破器材等做好钻爆设计，合理地确定炮孔布置、数目、深度和角度、装药量和装药结构。隧道炮孔分为掏槽眼、辅助眼与周边眼。隧道爆破的关键是掏槽眼和周边眼的爆破。掏槽眼为辅助眼和周边眼的爆破创造了有利条件，直接影响循环进尺和掘进效果；周边眼关系到开挖边界的超挖、欠挖和对周围围岩的影响。

6.4.4.1 炮孔直径

加大炮孔直径及装药量可使炸药能量相对集中，爆破效果得以改善，但直径过大将导致凿岩速度下降，并影响岩石破碎质量、洞壁平整度和围岩稳定性。必须根据岩性、凿岩设备和工具、炸药性能综合分析，合理选用孔径。一般地，炮孔直径在 $\phi32\mathrm{mm} \sim \phi50\mathrm{mm}$ 之间，药卷与眼壁的间隙为炮孔直径的 $10\% \sim 15\%$，利于装药。

钻孔机具选用 YT28 型或 7655 型风枪钻孔，炮孔直径为 $38 \sim 40\mathrm{mm}$。

6.4.4.2 炮孔数量

炮孔数量取决于开挖断面积、炮孔直径、岩石性能和炸药性能。炮孔的多少直接影响凿岩工作量。孔数过少将造成大块增多，周壁不平整，甚至会出现炸不开的情况；相反，孔数过多将使凿岩工作量增大。

炮孔数量应根据能装入设计的炸药量，遵循各炮孔平均分配炸药量的原则计算。

$$N = qS/(\alpha\gamma) \tag{6-6}$$

式中，N 为炮孔数量（不含未装药的空眼数），个；q 为单位炸药消耗量，取 $1.2 \sim 2.4\mathrm{kg/m^3}$；$S$ 为开挖断面积，$\mathrm{m^2}$；α 为炸药系数，即装药长度与炮孔全长的比值，与炮孔类别、围岩级别有关；γ 为每米药卷的质量，$\mathrm{kg/m}$，与炸药类别、药卷直径有关。

$$N = 0.0012qS/ad^2 \tag{6-7}$$

式中，N 为炮孔数量，个；q 为单位炸药消耗量，主隧道洞身段按一号岩石炸药取 $1.1\mathrm{kg/m^3}$，按二号岩石炸药取 $1.5\mathrm{kg/m^3}$；S 为开挖断面面积，$\mathrm{m^2}$；a 为炮孔装填系数，取 0.62；d 为炸药直径，$32\mathrm{mm}$。

6.4.4.3 炮孔深度

炮孔深度是指炮孔底至开挖面的垂直距离。合适的炮孔深度有助于提高掘进速度和增大炮孔利用率，但是施工中为了减少作业循环次数，可以适度加长炮孔深度。

炮孔深度根据围岩的稳定性、凿岩机的允许钻孔长度、钻孔技术条件和水平、循环安排与作业设计合理利用等因素确定。

确定炮孔深度的常用方法有三种。一种是采用斜眼掏槽时，炮孔深度受开挖面大小的影响，炮孔过深，周边岩石的夹制作用较大，故炮孔深度不宜过大。一般地，最大炮孔深度取断面宽度 B 的 $0.5 \sim 0.7$ 倍，即 $L = (0.5 \sim 0.7)B$。当围岩条件好时，采用较小值。

另一种方法是利用每一掘进循环的进尺数及实际的炮孔利用率来确定，即

$$L = l/\eta \tag{6-8}$$

式中，L 为炮孔深度，m；l 为每掘进循环的计划进尺数，m；η 为炮孔利用率，一般要求不低于 0.85。

第三种方法是根据每一掘进循环中所占时间确定，即

$$L = mvt/N \qquad (6-9)$$

式中，m 为钻机数量，个；v 为钻孔速度，m/h；t 为每一循环中钻孔所占时间，h；N 为炮孔数目，个。

所确定的炮孔深度还应与装碴运输能力相适应，使每一个作业班能完成整数个循环，而且使掘进每米坑道消耗的时间最少，炮孔利用率最高。一般在隧道施工中，浅孔深度为 1.2~1.8m，中深孔 2.5~3.5m，深孔 3.5~5.15m。

例如，隧道开挖Ⅲ级围岩每循环进尺为 2.8m，掏槽孔深度约为 3.5m，崩落孔 3.0m，周边孔 3.0m。

6.4.4.4 装药量 Q

总用量 Q 计算式为：

$$Q = qV \qquad (6-10)$$

式中，Q 为一个循环的总装药量，kg；q 为爆破每立方米岩石所需炸药的消耗量，kg/m^3；V 为一个循环计划进尺所爆落的岩石体积，m^3，$V=$计划进尺×开挖断面积

临空面越多，单位耗药量越少；开挖断面越小，夹制越大，单位耗药量越多；围岩越硬，单位耗药量越多。

6.4.4.5 掏槽眼

掏槽眼的特点是掏槽眼与开挖面斜交，它的作用是在开挖面上炸出一个槽腔，为后续的辅助眼的爆破创造新的临空面。掏槽应布置在开挖面的中央偏下，一般装药量较大，采用连续耦合装药。掏槽眼有斜眼掏槽、直眼掏槽和混合掏槽三种，隧道爆破常用楔形掏槽和锥形掏槽。对于小断面洞室由于受开挖断面尺寸的限制，多采用直眼掏槽，如平行导坑、输水隧洞等一般采用中空直眼掏槽。（关于掏槽眼的布置可参照本书 6.2.1 小节的内容）

（1）斜眼掏槽。斜眼掏槽操作简单，精度要求低，易把岩石抛出，打眼数量少且耗药量低。但炮孔深度易受开挖尺寸的限制，不易提高循环进尺。

（2）直眼掏槽。直眼掏槽是指炮孔垂直于开挖面的掏槽眼，掏槽深度不受围岩软硬和开挖面大小的限制，可实现多台钻机同时作业，并实现深眼爆破和钻眼机械化，为提高掘进速度提供条件。直眼掏槽凿岩作业简单，不随循环进尺的改变而改变掏槽形式，仅需改变炮孔深度，且石碴的抛掷距离可缩短。但此种掏槽方式炮孔数目和单位用药量较多，对炮孔间距、装药要求严格，可能会因施工或设计不当，使槽内的岩石不易抛出或重新挤压而固结，从而降低炮孔利用率。

（3）混合掏槽。混合掏槽是斜眼与直眼掏槽的混合使用，适用于岩石特别坚硬的情况。其中，复式掏槽应由浅到深，与工作面的夹角由小到大，每对炮孔底部间距一般为 20cm。

掏槽眼不同，装药量的计算方法不同，具体如下。

（1）斜眼掏槽的装药量计算。每个掏槽孔装药量 Q（kg）与掏槽爆破的体积成正比：

$$Q = q \cdot V/n \qquad (6-11)$$

式中，q 为掏槽爆破岩石单位体积炸药消耗量（查表可知），kg/m^3；V 为槽腔体积，m^3；n 为斜孔掏槽炮孔数。

（2）平行直眼掏槽装药量计算。平行直孔掏槽炮孔朝向一个空孔时，其装药密度 q 取决于空孔直径 d 和装药炮孔距空孔的距离 a，其经验公式为：

$$q = 1.5 \times 10^{-3} \left(\frac{a}{d}\right)^{\frac{3}{2}} \cdot \left(a - \frac{d}{2}\right) \tag{6-12}$$

（3）按装药系数确定直眼掏槽的炮孔装药量计算。

每个炮孔装药量：

$$Q = \eta \cdot q \cdot L \tag{6-13}$$

式中，L 为炮孔深度，m；η 为炮孔装药系数，见表6-17；q 为装药密度，见表6-18。

表 6-17 炮孔装药系数

炮孔名称	岩石坚固系数 f					
	10~20	10	8	5~6	3~4	1~2
掏槽孔	0.80	0.70	0.65	0.60	0.55	0.50
辅助孔	0.70	0.60	0.55	0.50	0.45	0.40
周边孔	0.75	0.65	0.60	0.55	0.45	0.40

表 6-18 装药密度 q

装药直径/mm	32	35	38	40	45	50
q/kg·m^{-1}	0.78	0.96	1.10	1.25	1.59	1.90

6.4.5 光面爆破与周边眼

6.4.5.1 光面爆破成缝机理

A 爆炸应力波的导向作用

（1）由于不耦合装药控制了爆炸能量，使得向四周传播的应力波只能对孔壁产生一定数量的初始微裂缝。

（2）若相邻孔能保证同时起爆，各孔传来的应力波便在孔心线上某处叠加，使岩体原有裂隙扩展或微观缺陷形成裂纹，这对在孔连心线方向上成缝是有利的。

（3）如果相邻孔不能同时起爆，虽然应力波的叠加作用将不存在，但先起爆孔产生的应力波传播至邻孔时，将会使邻孔产生应力集中，使得孔壁与孔连心线两交点处的环向拉应力达到最大值。因此，易在此两点形成初始裂缝。

（4）相邻孔起着反射波阵源的作用，当应力波反射到充满爆生气体的有放射状初始径向裂缝的原炮孔上时，自然也容易使孔连心线方向上的初始径向裂缝最先扩展，形成初始长裂缝。

B 爆生气体的扩缝作用

孔内爆生气体因膨胀将会挤入孔壁的初始径向裂缝，产生所谓的"气刃效应"，使长短不一的初始裂缝得到不同程度的扩展。

应力波的先期作用，使得孔壁在炮孔连心线方向上的初始径向裂缝比其他方向长得多，初始裂缝的扩展最初受到动能作用而高速扩展，但随着爆生气体的膨胀和耗散，气体压力值迅速降低，从而初始裂缝的扩展迅速减小。所以，初始裂缝在爆生气体膨胀作用下所能扩展的长度是有限的。但如果将两相邻孔的间距控制在裂缝所能扩展的长度范围内，裂缝就会相互贯通。

6.4.5.2　周边眼距 E

根据爆破经验，要满足光爆质量标准的要求，合理选取相关的技术参数是关键。依据光爆机理，必须使周边眼中的炸药爆破后所产生的冲击压应力低于围岩的抗压强度，而由此衍生的切线方向的拉应力则应大于两个炮孔连线方向上围岩的抗拉强度，这样就能使围岩不受损伤而在炮孔连线方向上的岩石被拉断形成贯穿裂缝。因此，周边眼两眼之间形成贯穿的裂缝是实现光面爆破的关键。

一般在隧道爆破中，炮孔直径为 32~40mm，此时，周边眼间距为 320~700mm。软岩或完整岩石，周边眼间距取大值；隧道跨度小、坚硬和节理裂隙发育的围岩，取小值，周边眼要密。

周边孔通常布置在距开挖断面边缘 0.05~0.1m 处，光爆孔的孔底朝隧道开挖轮廓线方向倾斜 3°~5°。

当爆孔孔径 d 为 38~40mm 时，周边孔间距 $E = (10 ~ 15)d$，Ⅲ级围岩约为 0.4~0.60m 比较合适，Ⅳ级围岩周边眼的间距为 0.38~0.50m。

相应炮孔装药爆破的贯穿裂缝是靠应力波在各自的炮孔壁上先产生初始裂缝，然后在爆轰气体准静压作用下扩展贯通。形成贯穿裂缝所需满足的条件为：

$$p \cdot db = (E - 2r_k)S_T \tag{6-14}$$

则周边眼距：

$$E = 2r_k + p \cdot db/S_T \tag{6-15}$$

式中，p 为炮孔壁上产生的冲击压力，$p = k_b S_c$；k_b 为体积应力状态下岩石抗压强度增大系数，$k_b = 10~15$；S_c 为岩石单轴抗压强度，kPa；S_T 为岩石抗拉强度，10^5Pa；r_k 为炮孔周围形成的裂缝长度，cm，$r_k = \dfrac{b \cdot P}{S_T} \cdot l/a \cdot r_b$；$r_b$ 为炮孔半径，cm；b 为切向拉应力与径向压力的比值，$b = u/(1-u)$；u 为岩石的泊松比，一般为 0.25；a 为应力波衰减指数，$a = 2 - b$。

据此可得出在爆炸应力波作用下，炮孔周围形成的裂缝长度 r_k，此裂缝继而在爆轰气体准静压作用下贯通。以 r_k 为依据算出周边眼距 E 值。

6.4.5.3　光爆层厚度 W

光爆层即周边眼与最外层辅助眼之间的岩石层。光爆层厚度就是周边孔最小抵抗线，一般取 50~80cm。

光爆层厚度与开挖的隧道断面大小有关。断面大，光爆眼所受到的夹制作用小，岩石比较容易崩落，光爆层厚度可以大些；断面小，光爆眼受到的夹制力大，光爆层厚度相对要小些。同时，光爆层厚度与岩石的性质和地质构造有关，坚硬岩石光爆层可小些，松软破碎的岩石光爆层可大些。

光面层厚度与周边眼距 E 有密切关系。要求最小抵抗线应该使周边眼爆孔后，设计轮廓线以外的岩石完整无损而设计轮廓线以内的岩石破碎爆落。为此，必须使 E/W 保持一个适当的关系（E/W 称之为炮孔密集系数 m）。从图 6-25 的单孔爆破漏斗分析中可以看出：W 与 E 的关系直接影响爆破漏斗形状，并决定着爆破漏斗破裂半径 R_p 与 W 所夹角度 α 的大小。实践证明，光面爆破的 α 角在 $35° \sim 45°$ 最为合适。因此，可得炮孔密集系数：$m = E/W = \tan(35° \sim 45°) = 0.7 \sim 1.0$，即光面爆破周边眼的最小抵抗线 W 应大于周边眼距 E，岩石松软破碎则取小值，岩石坚硬完整时取大值，具体可参考经验数据表 6-17。

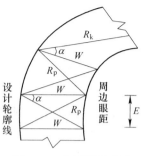

图 6-25　光爆层示意图

6.4.5.4　密集系数 K

周边孔密度系数 K 是周边孔间距 E 与光爆层厚度 W 的比值，即 $K = E/W$，K 取值 0.8。密集系数是影响爆破效果的重要因素。

6.4.5.5　单孔装药量

单孔装药量主要是确定炸药单耗量 q。炸药单耗量对装药效率、炮孔利用率、开挖壁面的平整程度和围岩的稳定性都有较大的影响，取决于岩性、断面积、炮孔直径和炮孔深度等多种因素。例如，某隧道洞身段采取乳化炸药时，q 取值 $1.1 \mathrm{kg/m^3}$；如果是铵油炸药，q 取值 $1.5 \mathrm{kg/m^3}$。人行横洞采取乳化炸药时，q 取值 $3.4 \mathrm{kg/m^3}$；如果是铵油炸药，q 取值 $4.0 \mathrm{kg/m^3}$。

单孔装药量可按照如下方法进行计算：

（1）单孔装药量可按照体积公式计算：

$$Q = q \cdot a \cdot W \cdot L \tag{6-16}$$

式中，W 为最小抵抗线，m；a 为孔距，m；L 为孔深，m；q 为单位体积装药量，$q = 0.15 \sim 0.25 \mathrm{kg/m^3}$，硬岩取大值，软岩取小值。

（2）计算线装药密度。按照经验，在不耦合系数为 $2 \sim 5$ 时，线装药密度 $q_{线} = 0.8 \sim 2.0 \mathrm{kg/m}$；当预留光爆层时，$q_{线} = 0.15 \sim 0.25 \mathrm{kg/m}$；全断面一次起爆时，$q_{线} = 0.30 \sim 0.35 \mathrm{kg/m}$。

6.4.5.6　周边眼的不耦合系数

炮孔直径 d 与药卷直径 d_0 之比称为不耦合系数。要求周边眼不耦合系数应使爆炸后作用于炮孔壁的压力小于围岩抗压强度。实践证明，当不耦合系数在 $1.5 \sim 3.43$ 范围时，缓冲作用最佳，光爆效果最好。目前，炸药的标准药卷直径为 32.35mm，而炮孔直径一般为 $38 \sim 42$mm，显然不能满足要求。所以，在光爆孔中使用标准包装炸药时，必须改装成直径 22.25mm 的小药卷，此时不耦合系数为 $1.8 \sim 2.0$，方能实现最佳的光爆效果。

不耦合装药的目的是为了降低作用于破孔壁上的爆炸压力。要求作用在破孔壁上的压力应小于岩石的抗压强度 $\sigma_{压}$，但大于岩石的抗拉强度 $\sigma_{拉}$，通常以下式为计算原则：

$$p \leqslant K_b \cdot \sigma_{压} \tag{6-17}$$

式中，p 为爆炸作用于破孔壁上的压力，MPa；K_b 为体积应力状态下的岩石强度提高系数，$K_b = 10$。

对沿炮孔全长的不耦合装药，有：

$$p = \rho \cdot D^2 \left(\frac{d_0}{d}\right)^6 \cdot n/8 \tag{6-18}$$

式中，ρ 为炸药密度，kg/m³；D 为炸药爆速，m/s；d_0 和 d 为装药直径和炮孔直径，cm；n 为爆炸冲击波冲击炮孔壁引起的压力增大系数，一般取 8~11。

由上式可得，装药不耦合系数 K_d 为：

$$K_d = \frac{d_0}{d} \geq (n \cdot \rho \cdot D^2/8K_b \cdot \sigma_{压})^{\frac{1}{6}} \tag{6-19}$$

6.4.5.7 每米炮孔装药量 q

q 又称线装药密度或装药集中度，它是指单位长度孔眼中的装药量（g/m）。要求 q 值应该保证沿孔眼连线形成贯穿裂缝而保持新壁面的完整稳固。结合实践选用式（6-20）：

$$q = 72.5r \cdot E^{\frac{1}{2}} f^{\frac{1}{3}} D^2 \tag{6-20}$$

式中 r 为炮孔半径，m，一般取 0.02；E 为周边眼距，m；f 为岩石坚固性系数；D 为炸药爆速，km/s。

除此之外，也可参照表 6-19 选取 q 值。

表 **6-19** 光面爆破周边眼参数

岩性	f	q/g · m⁻¹	E/mm	W/mm	m
软岩	<4	70~120	350~450	500~600	0.7~0.9
中硬岩	6~8	100~150	400~450	500~600	0.8~1.0
硬岩	>8~10	150~250	450~500	450~500	0.9~1.0

6.4.5.8 其他技术措施

A 光爆孔炸药选择

在光爆孔中除使用小直径药卷以增大不耦合系数外，还必须采用低爆速、低猛度、低密度、传爆性好、爆炸威力大的炸药，如导爆索，以利于降低爆轰压力而又能使爆后初始裂缝在爆生气体作用下得以扩展贯通。

在光爆中使用直径为 27mm 的乳化炸药能提高光爆质量，实践证明这是一种较为理想的选择。周边眼采用小药卷连续不耦合装药或普通药卷间隔装药（相邻炮孔的药卷应错开）。施工实践中，岩石较硬时，通常采用小药卷串联导爆索、不耦合间隔装药；岩石很软时，可用导爆索装药；眼深小于 2m 时，可采用空气柱装药结构。

为了克服岩石的夹制作用，炮孔根部需要加强装药，并采用反向起爆，周边岩应同时起爆。炮孔应用炮泥堵塞并分层捣实，堵塞长度不小于最小抵抗线，并不小于 20cm。

B 起爆方法与放炮顺序

在光爆施工中，采用非电导爆管起爆系统能取得较好的光爆效果，这是因为导爆管可与药卷捆扎在一起使其固定在预定位置实现分段间隔装药，有利于缓冲对岩壁的破坏。周边眼可与其他炮孔同时联线起爆，但由于其雷管段数最高，所以最后起爆。周边眼之间应尽可能同时起爆。齐发起爆时，孔眼贯通裂缝较长，可抑制其他方向裂隙的发展，有利于减少孔眼周围裂隙产生和形成平整的壁面。所以，周边眼的间距、光爆层厚度与装药量决定光爆效果。

C 钻孔质量

将炮孔准确地按设计的角度、深度、间距钻到既定位置是实现光面爆破的重要措施。

炮孔眼位的标定、点出、钻凿各个环节都必须准确无误，尤其是周边眼一定要做到互相平行且眼底落在同一平面上，否则其他光爆措施都难以实现。现场实践证明，大多数情况下周边眼以一定的角度向轮廓线外偏斜即"外插"是必要的，眼底落在设计轮廓线外一般不超过 20cm。这样，在爆破后就可保证在炮孔利用率为 90% 的情况下，得到预定的设计轮廓表面而不发生欠超挖。

D　邻近周边眼炮孔的装药

邻近周边眼的炮孔（二圈眼、三圈眼）装药量较多且先于周边眼起爆，所以也必须注意其装药量。过量装药，可能使这些炮孔起爆后破坏范围超过设计轮廓界面，在周边眼起爆之前先将控制界面破坏，形成超挖，降低光爆质量。邻近周边眼的炮孔装药应均衡递减。要做到这一点，必须控制二圈眼装药系数为 0.4~0.5，三圈眼装药系数为 0.5~0.6，这样就可保证周边眼邻近炮孔爆破后所形成的破坏范围不超过周边眼的规定破坏带，使周边光滑平整且围岩稳定。

E　聚能药包在光爆孔中的应用

聚能炸药改变了药包形状，使炸药能量在该处聚集产生聚能流，提高炸药的穿透能力。较为理想的一个方法是采用一个特制的塑料聚能管套在药包表面上，将对称的聚能槽在装药时对准周边眼炮孔之间连线方向，则药包起爆后，沿连线方向容易产生初始裂缝，此裂缝在爆生气体准静压作用下贯通达到光爆目的。影响光爆质量的要素很多，根据不同的岩性，地质条件，不断探讨研究优化爆破参数，最终实现理想的光爆效应。

6.4.6　实例 1——隧道开挖爆破方案

6.4.6.1　简述

本工程在爆破施工过程中，其关键过程主要是与爆破作业有关的技术方案设计和相应的各作业工序，主要包括：爆破设计和与之相关的爆破安全、施工作业以及爆破后的临时支护。在本方案的设计中主要是关于与爆破相关的技术参数和施工设计。

在爆破初期，先针对相应的岩性和结构进行爆破试验，使得待爆破的岩石得到松动，且岩壁不受或少受破坏；试验时，对爆破效果进行分析，在此基础上调整设计参数，完善设计方案，及时进行总结。

6.4.6.2　爆破技术参数设计概述

隧道爆破的效果和质量很大程度上决定于钻孔爆破参数的选择。除掏槽方式及其参数外，主要的钻孔爆破参数还有：单位炸药消耗量、炮孔深度、炮孔直径、装药直径、炮孔数目等。合理地选择这些爆破参数时，不仅要考虑掘进的条件（岩石地质和断面条件等），而且还要考虑到这些参数的相互关系及对爆破效果和质量的影响（如炮孔利用率、岩石破碎块度等）。

A　单位炸药消耗量

单位炸药消耗量不仅影响岩石破碎块度、岩块飞散距离和爆堆形状，而且影响炮孔利用率、断面轮廓质量及围岩的稳定性等。

合理确定单位炸药消耗量决定于多种因素，其中主要包括：炸药性质（密度、爆力、猛度、可塑性）、岩石性质、断面、装药直径和炮孔直径、炮孔深度等。因此，要精确计

算单位炸药消耗量 q 是很困难的。本工程设计中所选取的单位炸药消耗量参见后文 6.4.6.3 小节中 C 小节的爆破说明书，以供施工初期参考。随着以后不同的隧道岩性的爆破试验和经验总结，其所得出的 q 值还需在实践中做些调整。

B　炮孔直径

炮孔直径大小直接影响钻孔效率、全断面炮孔数目、炸药的单耗、爆破岩石的块度与岩壁的平整度。

在隧道内掘进施工中主要根据断面大小、炸药性能和钻孔速度来确定炮孔直径；在明挖段的爆破开挖还要考虑周边建筑物的安全问题。在本工程的爆破钻孔施工中，将根据不同的爆破地点采取钻孔直径。

在隧道段，采取 $\phi42mm$ 的钻孔钻凿隧道断面内的各爆破炮孔和临时支护锚杆孔。

C　炮孔深度

从钻孔爆破综合工作的角度说，炮孔深度在各爆破参数中居重要地位。因为，它不仅影响每一个掘进循环中各工序的工作量、完成的时间和掘进速度，而且影响爆破效果和材料消耗。在本工程中，将针对不同围岩类型、开挖方法、爆破环境来调整炮孔深度，其炮孔深度范围在 1.2~3.5m 之间选取。

在具体的爆破施工中，将根据岩性和前几次的爆破效果，在后面设计的爆破说明书提供的参数基础上可适当加深或减小炮孔深度（同时须调整孔距、装药量等其他的爆破参数），以提高循环进度。

D　炮孔数目

炮孔数目的多少，直接影响凿岩工作量和爆破效果。孔数过少，大块增多，井壁轮廓不平整甚至出现爆不开的情形；孔数过多，将使凿岩工作量增加。炮孔数目的选定主要同爆破断面、岩石性质及炸药性能等因素有关。确定炮孔数目的基本原则是在保证爆破效果的前提下，尽可能地减少炮孔数目。

E　炮孔利用率

炮孔利用率是合理选择钻孔爆破参数的一个重要准则，通常用爆破全断面的炮孔利用率来进行定义和计算，即：全断面炮孔利用率=每循环的工作面进度/炮孔深度

试验表明，单位炸药消耗量、装药直径、炮孔数目、装药系数和炮孔深度等参数对炮孔利用率的大小产生影响。隧道掘进的较优炮孔利用率为 0.85~0.95。

在本方案设计中，对于隧道爆破施工考虑到隧道断面较大，炮孔利用率在 0.8~0.9 之间，计算时取 0.85。

F　炮孔布置

a　炮孔布置要求

对于隧道爆破，除合理选择掏槽方式和爆破参数外，为保证安全，提高爆破效率和质量，还需合理布置工作面上的炮孔。其合理的炮孔布置应能保证：

（1）有较高的炮孔利用率。

（2）先爆炸的炮孔不会破坏后爆炸的炮孔，或影响其内装药爆轰的稳定性。

（3）爆破块度均匀，大块率少。

（4）爆破后断面和轮廓符合设计要求，壁面平整并能保持隧道围岩本身的强度和稳

定性。

b 炮孔布置的方法和原则

（1）工作面上各类炮孔布置是"抓两头、带中间"，即首先选择适当的掏槽方式和掏槽位置，其次是布置好周边眼，最后根据断面大小布置辅助眼和底眼。

（2）掏槽眼的位置会影响岩石的抛掷距离和破碎块度，通常布置在断面的中央，并考虑到辅助眼的布置较为均匀。

（3）周边眼即最外轮廓线附近的边眼，一般布置在断面轮廓线上。但实际施工中，要看岩石的性质，如若岩石较硬可靠近或在轮廓线上布置，且向外有一定的偏角，使爆破后的周边超过设计轮廓线100mm左右；如岩石较松软可远离轮廓线100~200mm左右，使爆破后的周边不出现欠挖或超挖过多。

（4）为保证井壁周边不受或少受破坏，爆破时按光面爆破要求，各炮孔要保持相同的间距进行钻孔，眼底落在同一平面上。

（5）布置好周边眼和掏槽眼后，再布置辅助眼。辅助眼是以槽腔为自由面而层层布置的，均匀地分布在被爆岩体上，并根据断面大小和形状调整好最小抵抗线和邻近系数。

6.4.6.3 隧道开挖爆破设计

本工程的隧道开挖由于受地质条件多变等因素的影响，施工中将随时对施工方法进行合理的调整。本设计中将分别就Ⅲ级围岩和Ⅳ级、Ⅴ级围岩采取全断面（或台阶法）和双侧壁导坑法进行爆破参数的设计。

A 隧道开挖方法

a Ⅲ级围岩全断面或上下台阶开挖法

上下台阶爆破时，可分两种情况：一是上下两台阶一次起爆；另一种是上下两台阶分次单独钻孔分次单独起爆，不允许一次钻孔分次起爆。以上台阶断面超前下断面5~10m的间距为宜，如图6-26、图6-27所示。

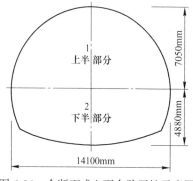

图6-26 全断面或上下台阶开挖示意图

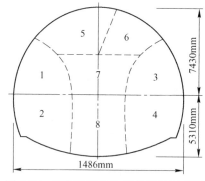

图6-27 双侧壁导坑法开挖顺序示意图

对于采取全断面或上下台阶进行爆破作业，当条件许可或隧道进入山体且离周边建（构）筑较远（超过50m）时，其上台阶可以采取同一圈辅助眼装填同段雷管，此时最大单响药量仅为37.5kg，其爆破安全允许振动速度小于2.5cm/s，满足安全要求，即可按图6-28和图6-29中所标定的雷管段位和网路进行联网。但在本方案设计中，其爆破说明书是按网路图6-30和图6-31进行设计的。

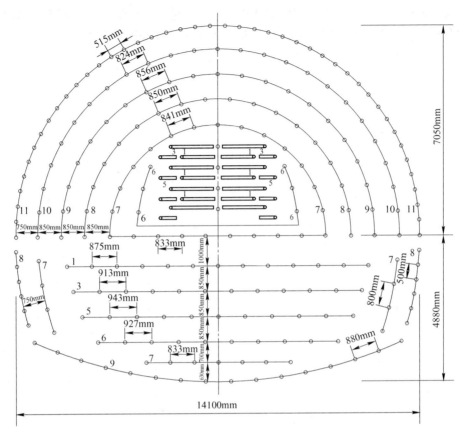

图 6-28 Ⅲ级围岩炮孔布置示意图

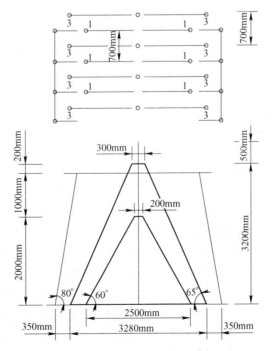

图 6-29 上台阶开挖掏槽眼平剖面图

　　炮孔内使用非电导爆管雷管制作起爆药包，所有起爆雷管在孔外并联绑扎在激发雷管上进行起爆。断面中的上台阶和下台阶爆破网路如图 6-30 和图 6-31 所示。

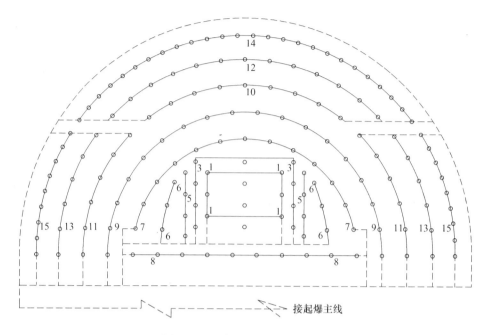

图 6-30　上台阶爆破网路示意图

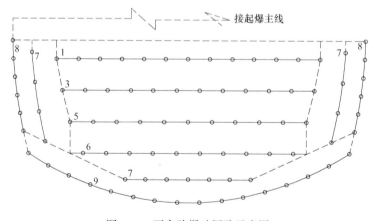

图 6-31　下台阶爆破网路示意图

b　Ⅳ/Ⅴ级围岩炮孔布置及爆破网路示意图

（1）双侧导坑法开挖顺序见图 6-27。

（2）双侧壁导坑法全断面炮孔布置及爆破网路示意图见图 6-32。

（3）Ⅳ/Ⅴ级围岩各部区域爆破断面炮孔布置及爆破网路示意放大详图如下：

1）双侧壁导坑法开挖 1 部/3 部炮孔布置及爆破网路示意图如图 6-33 所示。

2）双侧壁导坑法开挖 2 部/4 部/6 部炮孔布置及爆破网路示意图如图 6-34 所示。

3）双侧壁导坑法开挖 5 部炮孔布置及爆破网路示意图如图 6-35 所示。

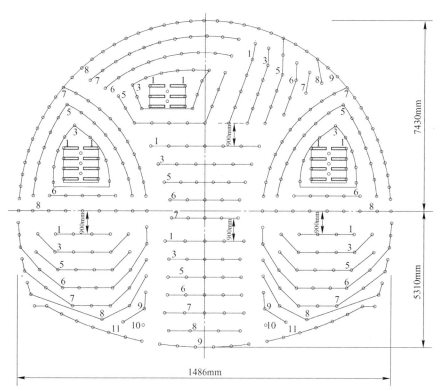

图 6-32 IV/V 级围岩炮孔布置及爆破网路示意图

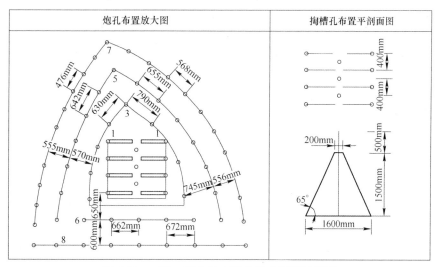

图 6-33 1 部/3 部炮孔布置及爆破网路示意图

4）双侧壁导坑法开挖 7 部/8 部炮孔布置及爆破网路示意图如图 6-36 所示。

5）V 级围岩台阶分布法炮孔布置及爆破网路示意图如图 6-37 所示。

6）IV 级围岩台阶分布法炮孔布置及爆破网路示意图如图 6-38 所示。

B　隧道控制爆破

隧道爆破开挖时，无论是哪类围岩，都必须对其采取控制爆破技术。控制爆破主要是

134

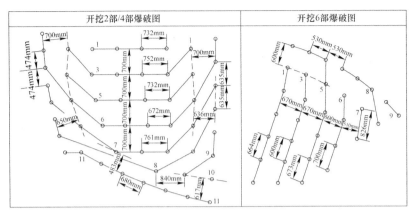

图 6-34　2 部/4 部/6 部炮孔布置及爆破网路示意图

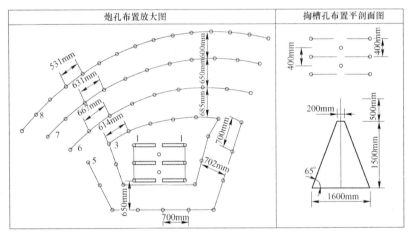

图 6-35　5 部炮孔布置及爆破网路示意图

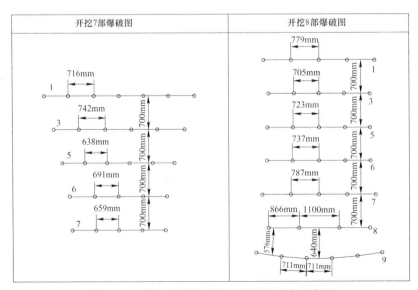

图 6-36　7 部/8 部部炮孔布置及爆破网路示意图

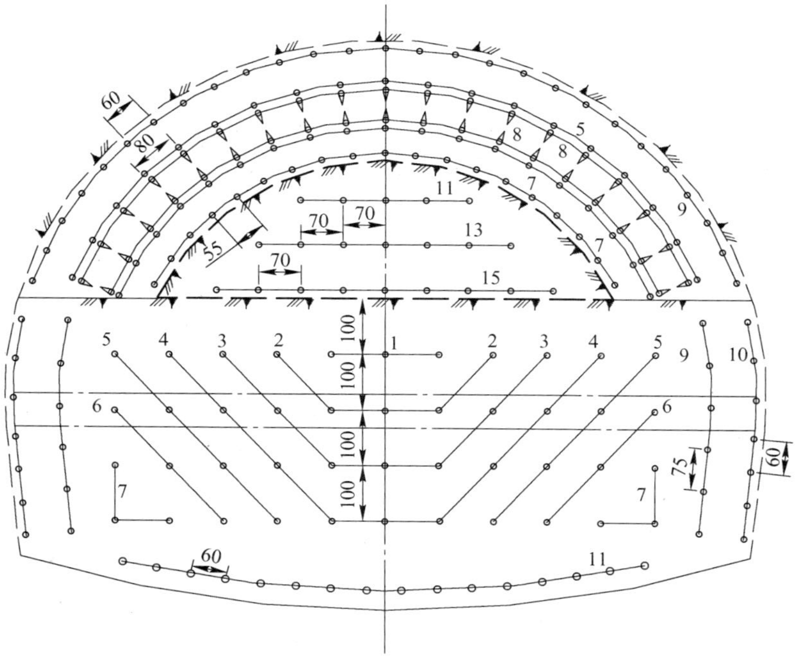

V级围岩台阶分部开挖上半断面钻爆参数

眼别	段别	眼深/m	眼数/个	雷管数/个	装药集中度/kg·m⁻¹	单孔装药量/kg	单段总装药量/kg
掏槽眼	1	1.2	38	38	0.4	0.48	18.24
扩槽眼	5	1.1	38	38	0.4	0.44	16.72
辅助眼	7	1.1	19	19	0.4	0.44	8.36
周边眼	9	1.1	25	25	0.3	0.33	8.25
辅助眼	11	1.1	5	5	0.4	0.44	2.2
辅助眼	13	1.1	8	8	0.4	0.44	3.25
底板眼	15	1.1	9	9	0.4	0.44	3.96
连接雷管				12			
引爆雷管	1			1			
合计			142	155			61.25

V级围岩超前台阶分部开挖下半断面钻爆参数

眼别	段别	眼深/m	眼数/个	雷管数/个	装药集中度/kg·m⁻¹	单孔装药量/kg	单段总装药量/kg
第一排眼	1	1.1	3	3	0.6	0.66	1.98
第二排眼	2	1.1	5	5	0.55	0.605	3.025
第三排眼	3	1.1	7	7	0.55	0.605	4.235
第四排眼	4	1.1	9	9	0.55	0.605	5.445
第五排眼	5	1.1	8	8	0.55	0.605	4.84
第六排眼	6	1.1	6	6	0.5	0.55	3.3
第七排眼	7	1.1	6	6	0.5	0.55	3.3
内圈眼	9	1.1	12	12	0.5	0.55	6.6
周边眼	10	1.1	14	14	0.3	0.33	4.62
底板眼	11	1.1	16	16	0.675	0.74	11.84
连接雷管				8			
引爆雷管	1			1			
合计			86	95			49.185

图 6-37 V级围岩爆破设计图

说明：
1. 本图为示意，图中尺寸以厘米计。本设计适用于V级围岩台阶分部开挖核心土法开挖光面爆破施工。
2. 周边眼采用D=25mm细药卷和导爆索间隔装药，表中周边眼药量含导爆索量。
3. 本设计为初步设计，施工中应根据围岩变化情况不断调整爆破参数。

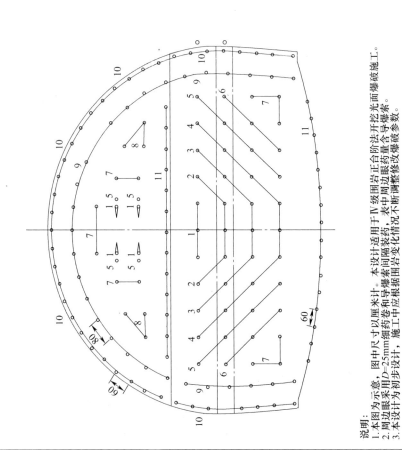

眼别	段别	眼深/m	眼数/个	雷管数/个	装药集中度/kg·m⁻¹	单孔装药量/kg	单段总装药量/kg
掏槽眼	1	2.2	4	4	0.7	1.54	6.16
扩槽眼	5	2	4	4	0.7	1.4	5.6
辅助眼	7	2	6	6	0.6	1.2	7.2
辅助眼	8	2	6	6	0.6	1.2	7.2
内圈眼	9	2	17	17	0.5	1.0	17
周边眼	10	2	25	25	0.3	0.6	15
底板眼	11	2	13	13	0.675	1.35	17.55
连接雷管				1			
引爆雷管				7			
合计			75	83			75.71

IV级围岩正台阶法开挖上半断面钻爆参数

眼别	段别	眼深/m	眼数/个	雷管数/个	装药集中度/kg·m⁻¹	单孔装药量/kg	单段总装药量/kg
第一排眼	1	2	3	3	0.6	1.2	3.6
第二排眼	2	2	5	5	0.55	1.1	5.5
第三排眼	3	2	7	7	0.55	1.1	7.7
第四排眼	4	2	9	9	0.55	1.1	9.9
第五排眼	5	2	8	8	0.55	1.1	8.8
第六排眼	6	2	6	6	0.5	1.0	6.0
第七排眼	7	2	6	6	0.5	1.0	6.0
内圈眼	9	2	12	12	0.5	1.0	12
周边眼	10	2	8	8	0.3	0.6	4.8
底板眼	11	2	16	16	0.675	1.35	21.6
连接雷管				1			
引爆雷管				13			
合计				94			85.9

IV级围岩正台阶法开挖下半断面钻爆参数

图6-38 IV级围岩爆破设计图

说明：
1. 本图为示意，图中尺寸以厘米计。本设计适用于IV级围岩正台阶法开挖面爆破施工。
2. 周边眼采用D=25mm细药卷和导爆索间隔装药，表中周边眼装药量含导爆索。
3. 本设计为初步设计，施工中应根据围岩变化情况修改爆破参数。

通过对岩性类型的判断，合理地选取爆破参数，关键是掏槽眼和周边眼爆破参数的选取。合适的爆破参数将使隧道周边围岩的破坏达到非同寻常的爆破效果。

隧道控制爆破通常采取光面爆破控制技术，其相关内容参见明挖段。

C　隧道爆破说明书

a　Ⅲ级围岩爆破说明书

（1）Ⅲ级围岩分上下台阶爆破，上台阶爆破说明书如表 6-20 所示。

表 6-20　上台阶爆破说明书

孔 位	孔数/个	孔深/m	炮孔长度/m	炮孔角度/(°)	孔距/mm	抵抗线/mm	单孔药量/kg	装药长度/m	堵塞长度/m	段装药量/kg	雷管段别	备 注
中心空孔	4	3.5	3.5	90	700		0					
一级掏槽	6	2.0	2.3	60	700		1.2	1.4	0.6	7.2	1	孔口/孔底间距2.5/0.2m
二级掏槽	8	3.2	3.5	65	700		2.1	2.7	0.8	16.8	3	孔口/孔底间距3.28/0.3m
加补炮孔	8	3.0	3.0	80	700	大于600	1.2	1.8	1.2	9.6	5	
加补炮孔	6	3.0	3.0	85	900	大于600	1.2	1.8	1.2	7.2	6	
内圈辅助眼	13	3.0	3.0	90	841	850	1.5	2.0	1.0	19.5	7	
底部眼	10	3.0	3.0	90	833	600~900	1.5	2.0	1.0	15.0	8	
二圈辅助眼	18	3.0	3.0	90	850	850	1.5	2.0	1.0	27.0	9	
三圈辅助眼	9/12	3.0	3.0	90	856	850	1.5	2.0	1.0	13.5/18	10/11	
四圈辅助眼	13/12	3.0	3.0	90	824	850	1.5	2.0	1.0	19.5/18	12/13	
周边眼	26/18	3.0	3.0	87	515	750	0.75	2.4	0.6	19.5/13.5	14/15	
合 计	155									204.3		
说 明	炮孔孔径：44mm；炮孔利用率：0.8~0.9；循环进度：2.6m；爆破断面积：78.1m²；药圈直径：32mm；循环耗药量：204.3kg；平均单位耗药量：1.0kg/m³；最大单响药量为二圈辅助眼同时起爆药量：27.0kg											

（2）Ⅲ级围岩分上下台阶爆破，下台阶爆破说明书如表 6-21 所示。

表 6-21　下台阶爆破说明书

孔位	孔数/个	孔深/m	炮孔长度/m	炮孔角度/(°)	孔距/mm	抵抗线/mm	单孔药量/kg	装药长度/m	堵塞长度/m	段装药量/kg	雷管段别	备 注
第一层	13	3.0	3.0	90	875	800~1000	1.5	2.0	1.0	19.5	1	抵抗线不小于800mm
第二层	12	3.0	3.0	90	913	850	1.5	2.0	1.0	18.0	3	
第三层	11	3.0	3.0	90	943	850	1.65	2.1	0.9	18.2	5	
第四层	10	3.0	3.0	90	927	850	1.65	2.1	0.9	16.5	6	
辅助眼	8	3.0	3.0	90	800	800~1000	1.2~1.65	2.0	1.0	20.4	7	辅助眼每孔按1.5kg计算
第五层	7	3.0	3.0	90	833	700	1.2	1.8	1.2		7	

续表 6-21

孔位	孔数/个	孔深/m	炮孔长度/m	炮孔角度/(°)	孔距/mm	抵抗线/mm	单孔药量/kg	装药长度/m	堵塞长度/m	段装药量/kg	雷管段别	备注
周边眼	12	3.0	3.0	90	500	750~800	0.75	2.4	0.6	9.0	8	
底眼	16	3.0	3.0	86	880	600~1100	1.05~1.65	1.6~2.1	0.9~1.4	21.6	9	每孔按 1.35kg 计算
合计	89									123.2		
说明												

说明
上台阶爆破后将使下台阶部的厚度产生变化，施工时使炮孔布置的层数和间距将根据情况进行适当调整，实际炮孔数将减少。 炮孔孔径：44mm；炮孔利用率：0.8~0.9；循环进度：2.6m；爆破断面积：59.2m²；药圈直径：32mm；循环耗药量：123.2kg； 平均单位耗药量：0.8kg/m³；最大单响药量为底眼同时起爆药量：21.6kg

按光爆理想效果及在上台阶爆破后不对下台阶造成较大破坏的情况下，全断面开挖总面积为 137.3m²；爆破炮孔总数为 244 个，每循环总装药量为 327.5kg；全断面炸药平均单耗为 0.92kg/m³。

b　Ⅳ/Ⅴ级围岩爆破说明书

（1）Ⅳ、Ⅴ级围岩双侧壁导坑法开挖 1 部/3 部/5 部爆破说明书如表 6-22 所示。

表 6-22　1 部/3 部/5 部爆破说明书

开挖部位	孔位	孔数/个	孔深/m	炮孔长度/m	炮孔角度/(°)	孔距/mm	抵抗线/mm	单孔药量/kg	装药长度/m	堵塞长度/m	段装药量/kg	雷管段别	备注
1 部/3 部	中心空孔	3	2.0	2.0	90	400		0					
	掏槽眼	8	1.5	1.7	65	400		0.9	1.1	0.6	7.2	1	孔口/孔底间距 1.6/0.2m
	内圈辅助眼	8	1.3	1.3	85	630~800	500~800	0.45	0.6	0.7	3.6	3	
	外圈辅助眼	14	1.3	1.3	90	650	570~750	0.4	0.6	0.7	5.6	5	
	下部眼	5	1.3	1.3	90	662	650	0.3	0.5	0.8	1.5	6	
	周边眼	21	1.3	1.3	85~87	470~570	550~600	0.1	0.1	0.5	2.1	7	
	底眼	9	1.3	1.3	85	650~700	600	0.45	0.6	0.7	4.05	8	
	小计	68									24.05		
5 部	中心空孔	2	2.0	2.0	90	400		0					
	掏槽眼	6	1.5	1.7	65	400		0.9	1.1	0.6	5.4	1	孔口/孔底间距 1.6/0.2m
	内圈辅助眼	11	1.3	1.3	80~90	600~650	500~650	0.4	0.6	0.7	4.4	3	
	二圈辅助眼	10	1.3	1.3	90	700	650~700	0.4	0.6	0.7	4.0	5	
	三圈辅助眼	9	1.3	1.3	90	667	650~700	0.3	0.5	0.8	2.7	6	
	外圈辅助眼	11	1.3	1.3	90	631	650	0.2	0.3	1.0	2.2	7	
	周边眼	15	1.3	1.3	85~87	531	600	0.1	0.1	0.5	1.5	8	
	小计	64									20.2		

（2）Ⅳ、Ⅴ级围岩双侧壁导坑法开挖 2 部/4 部/6 部爆破说明书如表 6-23 所示。

表 6-23　2 部/4 部/6 部爆破说明书

开挖部位	孔位	孔数/个	孔深/m	炮孔长度/m	炮孔角度/(°)	孔距/mm	抵抗线/mm	单孔药量/kg	装药长度/m	堵塞长度/m	段装药量/kg	雷管段别	备注
2部/4部	第1层眼	6	1.3	1.3	90	732	700~900	0.45	0.6	0.7	1.8	1	每层炮孔和周边眼等各炮孔在爆破网路上不一定是同响,表中各段装药量的值是按同段位雷管同响时来计算的,并不是孔位中各层装药量的计算值,具体见爆破网路图。 表中第1层抵抗线在 700~900mm 之间,主要是看前一次爆破所留下的岩层厚度
	第2层眼	6	1.3	1.3	90	752	700	0.4	0.6	0.7	2.5	3	
	第3层眼	6	1.3	1.3	90	732	700	0.4	0.6	0.7	2.4	5	
	第4层眼	6	1.3	1.3	90	672	700	0.4	0.6	0.7	3.1	6	
	第5层眼	4	1.3	1.3	90	761	700	0.6	0.7	0.6	3.0	7	
	底部加眼	2	1.3	1.3	90	840	500~600	0.3	0.4	0.9	1.3	8	
	周边眼	7/7	1.3	1.3	85~87	450~650	600~700	0.1/0.2	0.1	0.5	0.7/0.2	9/10	
	底眼	8	1.3	1.3	85	600~700	480~620	0.45	0.6	0.7	3.6	11	
	小计	52									18.6		
6部	第1层眼	6	1.3	1.3	90	664	700~900	0.45	0.6	0.7	2.7	1	
	第2层眼	6	1.3	1.3	90	600	670	0.4	0.6	0.7	2.4	3	
	第3层眼	5	1.3	1.3	90	673	670	0.4	0.6	0.7	2.45	5	
	第4层眼	4	1.3	1.3	90	700	600	0.4	0.6	0.7	1.6	6	
	第5层眼	2	1.3	1.3	90	826	510	0.3	0.4	0.9	0.6	7	
	加孔	1	1.3	1.3	90		550	0.3	0.4	0.9	0.75	8	
	周边眼	8	1.3	1.3	85~87	530	600	0.15	0.2	0.5	0.3	9	
	小计	32									10.8		

（3）Ⅳ、Ⅴ级围岩双侧壁导坑法开挖 7 部/8 部爆破说明书如表 6-24 所示。

表 6-24　7 部/8 部爆破说明书

开挖部位	孔位	孔数/个	孔深/m	炮孔长度/m	炮孔角度/(°)	孔距/mm	抵抗线/mm	单孔药量/kg	装药长度/m	堵塞长度/m	段装药量/kg	雷管段别	备注
7部	第1层眼	7	1.3	1.3	90	716	700~900	0.45	0.6	0.7	3.15	1	表中第1层抵抗线在 700~900mm 之间,主要是看前一次爆破所留下的岩层厚度具体见爆破网路图
	第2层眼	6	1.3	1.3	90	742	700	0.55	0.7	0.6	3.3	3	
	第3层眼	6	1.3	1.3	90	638	700	0.4	0.6	0.7	2.4	5	
	第4层眼	5	1.3	1.3	90	691	700	0.45	0.6	0.7	2.25	6	
	底层眼	5	1.3	1.3	85	699	700	0.55	0.7	0.6	2.75	7	
	小计	29									13.85		
8部	第1层眼	5	1.3	1.3	90	779	700~900	0.6	0.7	0.6	3.0	1	
	第2层眼	5	1.3	1.3	90	705	700	0.4	0.6	0.7	2.0	3	
	第3层眼	5	1.3	1.3	90	723	700	0.45	0.6	0.7	2.25	5	
	第4层眼	5	1.3	1.3	90	737	700	0.55	0.7	0.6	2.75	6	
	第5层眼	5	1.3	1.3	90	787	700	0.6	0.7	0.6	3.0	7	
	第6层眼	4	1.3	1.3	90	850~1100	700	0.6	0.7	0.6	2.4	8	
	底板眼	6	1.3	1.3	85	711	550~650	0.5	0.6	0.7	3.0	9	
	小计	35									18.4		
全断面	参数概况	400	1.3~2.0	1.3~2.0	65~90	400~850	480~900	0.1~0.9	0.1~1.1	0.5~1.0	0.2~7.2	1~11	
说明	导坑及台阶法施工时先爆破的台阶可能会给后爆破的台阶岩层产生拉裂和破坏作用,使后爆台阶的抵抗线与设计有所变化,施工时使炮孔布置的层数及间距将根据情况进行适当调整,实际炮孔数将减少,其相应的爆破参数也将随之改变。本设计是按围岩理想状态来设计的。炮孔孔径:44mm;炮孔利用率:0.8~0.9;循环进度:1.1m;爆破全断面积:155.3m²;药卷直径:32mm;循环耗药量:148.55kg;平均单位耗药量:0.87kg/m³;最大单响药量为1部/3部掏槽眼同时起爆药量:7.2kg													

6.4.6.4　爆破施工技术措施

A　测量

明挖段及隧道起始点的位置必须在施工前由测量组标定原地面标高、方向、坡度等相关数据，以便控制明挖段的爆破深度，以及控制隧道段的施工中腰线。测量组应及时将测量的数据提供给工程部，以便指导施工。明挖段应由爆破技术人员及爆破员进行现场布孔，标明钻孔的深度、角度，将布孔资料提交给钻爆施工队，并现场交代清楚；隧道段应由测量组定期对指导施工的激光进行校准。

B　爆破施工设计

明挖段由技术人员根据现场实际情况确定爆破规模，选定合适参数，并参考前几次爆破结果进行优化设计，绘制布孔图和爆破参数表，经项目技术负责人审核后，提供给施工组。隧道在地质条件发生变化时应及时更改爆破施工设计。

C　钻孔

对于明挖段，钻爆队根据工程部提供的钻孔要求进行钻孔作业。钻孔设备采用中风压钻机（$\phi76\sim90\text{mm}$），必要时使用手持式凿岩机配合穿钻 $\phi38\text{mm}$ 的小孔。每钻完一孔及时检查并用沙袋保护好孔口。

隧道内钻孔使用手持式凿岩机穿钻 $\phi42\text{mm}$ 的小孔。钻孔时必须采取湿式钻眼，一是有利于作业人员进行操作，二是为满足作业环境的要求所采取的综合防尘措施之一，保护作业人员的身体健康。

D　验孔

每次钻孔结束后应由工程部技术人员或专职验收人员对钻凿的炮孔进行检查验收，应检查炮孔位置、深度、角度等参数是否符合爆破设计，并填写相关记录。如不符，需报技术部现场技术工程师确定后再施工或修改施工。

E　装药

装药应按爆破设计装药量和装药结构进行，孔内使用非电导爆管雷管制作起爆药包。装药前必须仔细检查有无堵孔、卡孔现象，及时调整地质薄弱面和抵抗线发生变化的炮孔装药量。装药过程中经常检查装药部位的深度，防止炸药过装引起飞石或装不到位产生上下段隔爆。一旦发生过装，用木制的工具将多余的炸药掏出孔外或用高压水冲洗。通过前几次的试爆，确定了较为合理的爆破参数后，装药人员应严格按爆破说明书的设计要求进行装药。

F　堵塞

明挖段用钻孔产生的岩屑进行堵塞，防止小石子混入；隧道内使用黄泥进行堵塞。要注意堵塞质量及保护好雷管脚线，堵塞的动作要轻，防止损坏导爆管造成拒爆，确保堵塞长度和堵塞质量。多余的火工材料应及时退库。

G　联网

爆破员根据爆破设计要求联结起爆网路。为确保网路的正常传爆，明挖段 4m 以上的炮孔每个传爆节点均使用双发非电微差雷管进行传爆。联网时孔与孔之间的导爆管、雷管脚线要保持一定的松紧度，防止拉脱或损坏导爆管造成拒爆。起爆网路经技术部工程师检查无误后，才能进行爆破警戒。

H 防护

在明挖段附近 100m 范围内有高压电线或其他民用和公用建筑（以下简称保护对象）的情况下，爆破时须采取适当的防护措施：首先在炮孔口压上沙袋，然后盖上竹笆或胶皮等加以防护；并视情况必要时采取其他的防护措施。

隧道段施工时，视施工作业点周边的实际情况，在拨门点和贯通点前 20m 范围内应采取相应的防护措施。同时爆破前应对硐内的机械设备采取覆盖或移至 120m 以外。

I 警戒

明挖段的爆破应在白天进行，为此应成立现场爆破指挥小组，由该施工段的工区副经理担任负责人，负责爆破事项的协调指挥。隧道内因为三班作业，各施工点应由施工班组的班组长为现场爆破负责人。爆破负责人爆破前应对各警戒点亲自布设。

J 起爆

爆破现场负责人在警戒工序结束，经确认警戒区内人员、设备均已撤离警戒区，警戒人员到岗做好安全警戒后。发出第二次警报并以倒计时数秒的方式发出"起爆"命令，爆破员操纵击发枪（或起爆器）点火起爆。

K 通风排尘

明挖段一般烟尘吹散很快，隧道内的粉尘及有毒有害气体浓度较大，需要 15min 左右的时间进行排尘，将爆破烟尘和有毒有害气体的浓度降至安全允许的范围内。如果在验炮时发现工作面的风筒脱节或损坏而不能使工作面的烟尘很快吹散时，验炮人员应首先对通风设施进行处理。

L 爆后检查及危岩处理

待爆破工作面烟尘和有毒有害气体的浓度降至安全范围内以后，参与验炮的人员再进行验炮工作。在隧道内验炮前应先确认顶板及岩帮是否有危岩活石，人员应站在安全地点检查或先行处理顶帮危岩。处理危岩应使用长柄工具或长钎，等消除安全隐患后，作业人员方可进入工作面施工。

当验炮人员确认爆区所有炮孔全部起爆，无爆破安全隐患后报告爆破现场指挥人员，发出第三次警报及解除警报信号，如发现盲炮应及时处理。

M 盲炮的处理

产生盲炮有几方面原因：火工品不合格或变质失效；损坏起爆线路或起爆雷管与炸药脱离；起爆网路设计不合理等。

爆破后经检查若有盲炮、瞎炮，应及时采取措施进行处理。

6.4.6.5 爆破安全技术措施

本工程为山体内隧道爆破开挖，但在隧道起点及贯通点附近，其爆破将根据爆破规模的大小对周边建（构）筑物和环境产生不同程度的影响和破坏，主要表现在爆破地震波、爆破冲击波、爆破飞散物、爆破有害气体等几个方面。为此，须对其进行爆破安全性校核和有效的控制。

A 爆破安全性校核及有效控制

a 爆破条件和环境

隧道开挖：除明挖之外的隧道爆破全部位于山体之内，隧道起始点和贯通点附近可能会有公用和民用建（构）筑物。

本工程个别隧道在掘进初期拨门前和后期贯通前 20m 因爆破环境较为复杂，在爆破作业时应对其爆破安全性进行校核和有效的控制。

b 爆破振动及控制措施

（1）爆破振速、齐发药量、距离三者关系计算式。根据《爆破安全规程》（GB 6722—2014）规定：建（构）筑物的爆破振动判据，采用保护对象所在地质点峰值振动速度和主振频率两个指标。一般建（构）筑物的爆破地震安全性应满足安全振动速度的要求，并对主要类型的建（构）筑物的安全质点振动速度有如下规定。

最大单响药量、振速、爆心至建（构）筑物的距离三者关系式如下：

$$v = K \left(\frac{Q^{1/3}}{R} \right)^{\alpha} \tag{6-21}$$

式中，v 为介质质点振动速度，cm/s；Q 为一次爆破的最大单响装药量，kg；R 为药包中心至建（构）筑物的最近距离，m；K、α 为与传播途径、爆破方式、爆破点至计算保护对象间的地形、地质条件有关的系数和衰减指数，此处 K 取 160，α 取 1.8。

本工程中周边建（构）筑物及设施均为普通民房，因此在爆破振动校核时，爆破振动速度 v 可按 1.2cm/s（按一般砖房、非抗震的大型砌块建筑物选取爆破安全允许振速）来控制。根据以上关系式，可得计算简表 6-25，本表中的各数据仅供初期施工时参考，实际施工中将根据几次试爆后的检测结果进行校正和调整。建（构）筑物设施爆破振速校核简表见表 6-26。

表 6-25 爆破振动安全允许标准

保 护 对 象 类 别		安全允许振速/cm·s⁻¹		
		$f \leqslant 10Hz$	$10Hz < f \leqslant 50Hz$	$f > 50Hz$
土窑洞、土坯房、毛石房屋		0.15~0.45	0.45~0.9	0.9~1.5
一般民用建筑物		1.5~2.0	2.0~2.5	2.5~3.0
工业和商业建筑物		2.5~3.5	3.5~4.5	4.5~5.0
一般古建筑与古迹		0.1~0.2	0.2~0.3	0.3~0.5
运行中的水电站及发电厂中心控制室设备		0.5~0.6	0.6~0.7	0.7~0.9
水工隧洞		7~8	8~10	10~15
交通隧道		10~12	12~15	15~20
矿山巷道		15~18	18~25	20~30
永久性岩石高边坡		5~9	8~12	10~15
新浇大体积混凝土（C20）	龄期：初凝~3 天	1.5~2.0	2.0~2.5	2.5~3.0
	龄期：3 天~7 天	3.0~4.0	4.0~5.0	5.0~7.0
	龄期：7 天~28 天	7.0~8.0	8.0~10.0	10.0~12.0

注：1. 爆破振动监测应同时测定质点振动相互垂直的三个分量。

2. 表中质点振动速度为三个分量中的最大值，振动频率为主振频率。

3. 频率范围根据现场实测波形确定或按如下数据选取：硐室爆破 f 小于 20Hz；露天深孔爆破 f 在 10~60Hz 之间；露天浅孔爆破 f 在 40~100Hz 之间；地下深孔爆破 f 在 30~100Hz 之间；地下浅孔爆破 f 在 60~300Hz 之间。

表 6-26　建（构）筑物设施爆破振速校核简表

距离 R/m	10	15	20	30	40	50	60	70	80	100
单响药量 Q/kg	0.3	1.0	2.3	7.8	18.4	20.0	34.5	54.8	81.8	159.8

注：表中 50m 以内 K 取 160，α 取 1.8；50～100m 时分别取 170 和 1.7；爆破安全允许振速 v 取 1.2cm/s。

本工程在隧道爆破施工中，所有断面每次爆破的最大单响药量不超过 27kg，这种药量在 40m 处所引起的爆破振动速度为 1.4cm/s，符合爆破安全允许振速控制要求。而在明挖段，由于个别区域的爆破点离最近的民房只有 10m 以上，在此附近爆破时应严格按上表中的要求来控制最大单响药量，每次爆破前应重新设计起爆网路，根据爆破位置和爆破规模来核定最大单响药量，必要时采取单孔单响、孔内间隔装药或一孔两响，减小开挖深度和爆破规模。特殊区域应采取特殊的措施，施工时应编制相应的补充措施。

如果在爆破施工过程中，由于条件的变化或其他原因需要增大最大单响药量时，可按上式和有关参数值进行计算后确定。

（2）爆破振动控制措施。

1）采用低威力、低爆速炸药；增加雷管段别。

2）采用毫秒微差爆破，增强降震效果。

3）减小爆破规模，限制单响药量及一次起爆药量；隧道爆破时可增加全断面的爆破次数，缩小循环进尺。

4）针对不同的爆破规模和爆破断面，编制相应的起爆网路。

c　爆破飞散物的飞散距离校核及控制措施

爆破飞石是指爆破时个别或少量脱离爆堆、飞得较远的石块或碎块。在爆破施工中，爆破飞石往往是造成人员伤亡、设备和建（构）筑物损坏的主要原因。因此，在爆破施工中控制飞石是防止发生事故的一项重要措施。

（1）爆破飞散物的飞散距离的规定。爆破产生个别飞石的最大距离由下式确定：

$$R_{max} = K_f q d \qquad (6-22)$$

式中，R_{max} 为爆破产生个别飞石的最大距离，m；K_f 为与爆破方式、填塞状况、地质地形有关的系数，取 1.0～1.5；q 为炸药单耗，0.35～0.45kg/m³；d 为药孔直径，取 40～90mm。

按《爆破安全规程》规定：浅孔爆破个别飞石对人员的安全允许距离不少于 200m，对于设备不少于 100m，下向乘 1.5 系数。

明挖段爆破期间对于 100m 范围内有房屋等需保护的建筑或设施，将采取防护措施，设计要求个别飞石对人员的安全允许距离控制在 50m 范围内；隧道开挖初期也应对隧道口附近 100m 范围内的建（构）筑物采取防护措施。

（2）控制爆破产生飞散物的预防措施。

1）炮孔设计合理、炮孔位置测量和验收严格，是控制飞散物事故的基础。清理工作面上松动的石块；装药前应认真校核各药包的最小抵抗线，如有变化，必须修正装药量，不准超装药量。

2）施工时慎重对待软弱带、地质构造、节理裂隙较发育的区域，采取调整孔网参数、间隔堵塞和调整药量等技术措施。

3）堵塞长度必须大于最小抵抗线，堵塞必须密实；确保堵塞质量，堵塞物中避免夹杂碎石。

4）采用低爆速炸药，不耦合装药和毫秒起爆等，可以起到控制飞散物的作用；选择合理的微差时间。

5）根据周边环境的因素，采用严密的控制爆破防范措施。爆破期间安全警戒点和警戒距离的设置可根据地形、道路和房屋建（构）筑物的实际情况来确定。

6）为了防止爆破飞散物对周边建筑物、设施和人员产生破坏和伤害，必要时须采取防护措施，具体见有关施工措施中的"防护"内容。

d 爆破冲击波及预防措施

由于本工程采用钻孔内部装药爆破，炸药的能量主要消耗在破碎岩石和转化为地震波的危害，其爆破的冲击波在对地下岩体爆破做功后，在露天衰减很快，不足以对建（构）筑物造成损害。

（1）避免裸露爆破，一次爆破炮孔间延时不要太长，以免因微差时间过长使后响的炮孔抵抗线变小或变成裸露爆破。

（2）控制一次起爆药量，将爆破总药量均匀分布到各个爆破部位，使爆炸能量最大限度得到有效利用，将耗于爆炸冲击波的无效能量减至最小限度。

（3）严格控制最小抵抗线、方向和数值，确保堵塞长度和质量。

（4）有水炮孔要用钻孔时产生的岩屑堵塞，而不能用黄泥进行堵塞。

（5）采用毫秒微差起爆方式，在设计中要考虑避免形成波束。

（6）考虑地质异常，需采取措施。例如断层、张开裂隙处要间隔堵塞，大裂隙处要避免过量装药。

（7）爆破时，除爆破操作人员外，其他人员应在爆破警戒线外等候。

e 有毒气体控制

（1）不使用过期变质的炸药。

（2）加强炸药的防水防潮，保证堵塞长度和质量，避免炸药的不完全反应。

（3）爆破15min后，施工人员才可进入爆破现场，防止炮烟中毒。

（4）爆破后人员不要立即进入基坑内进行检查和作业，爆后要及时进行通风和排尘，尽快降低工作面和爆区的烟尘和有毒有害气体的浓度。

B 爆破器材检测

对新入库的爆破器材，必须逐箱（袋）进行外观检验（包装有无损伤，封缄是否完整、有无浸湿、浸油痕迹等），并抽样进行性能检验；对超过储存期，出厂日期不明和质量可疑的爆破器材，必须进行严格检验，以确定是否能用。

爆破器材的爆破性能检验，应在安全地点进行。

雷管检测内容与方法：检测管壳外观是否有裂缝、变形、锈斑、污垢、浮药、砂眼、脚线是否折断等，以及检测非电雷管连接方法及进行传爆试验。

C 盲炮处理与预防

爆破后经检查有盲炮瞎炮，首先应查明盲炮产生的原因，然后采取相应的处理措施。

a 孔径 $\phi76/90mm$ 深孔盲炮的处理

（1）爆破网路未受破坏，且最小抵抗线无变化者，可重新连线起爆；最小抵抗线有变化者，应验算安全距离，并加大警戒范围后，再连线起爆。

（2）可在距盲炮孔口不小于 10 倍炮孔直径处另打平行孔装药爆破，确保平行孔的方向，爆破参数由爆破技术人员确定并经工区技术负责人批准。

（3）所用炸药为非抗水硝铵类炸药，且孔壁完好时，可取出填塞物向孔内灌水使之失效，但应收回雷管，然后做进一步处理。

（4）盲炮应在当班处理，当班不能处理或未处理完毕，应将盲炮情况（盲炮数目、炮孔方向、装药数量和起爆药包位置，处理方法和处理意见）在现场交代清楚，由下一班继续处理。

b 孔径 $\phi 42mm$ 的浅孔盲炮处理

（1）经检查确认起爆网路完好时，可重新起爆；最小抵抗线有变化者，应验算安全距离，并加大警戒范围后，再连线起爆。

（2）可打平行孔装药爆破，平行孔距盲炮不应小于 0.3m。

（3）可用木或其他不产生火花的材料制成工具，轻轻地将炮孔内堵塞物掏出，用药包诱爆。

（4）可在安全地点用远距离操纵的风水管吹出盲炮堵塞物及炸药，但应采取措施回收雷管。

（5）所用炸药为非抗水硝铵类炸药，且孔壁完好时，可取出填塞物向孔内灌水。使之失效，但应收回雷管，然后做进一步处理。

c 防止盲炮的主要措施

（1）使用前对火工品进行严格的性能测试，禁用不合格品。

（2）严格按操作规程作业，提高施工技术水平与熟练程度。

（3）严格按设计网路施工，爆破网路在爆破开工时应做模拟试验。

D 爆破安全防护措施

由于明挖段爆破区域周边存在民房和其他建筑设施，爆区边缘离建（构）筑物及其他被保护的对象最近时约 10m 以上。为了防止爆破飞散物对周边建（构）筑物和设施造成破坏，根据待爆岩体离周边建（构）筑物距离的远近采取不同的防护方式。

在爆点距离被保护对象小于 200m 时，可采取适当的防护措施如下。

（1）直接覆盖防护。如果爆点 100~200m 范围内有被保护对象时，在炮孔口上压沙袋；在 50~100m 范围内还应在炮孔口或自由面方向上覆盖湿草（麻）袋，或在爆体的炮孔口铺盖胶皮。

（2）保护性防护。离爆破区域较近或爆破方向上有机械设备设施的，对被保护的对象使用木板、竹笆或其他防护材料采取覆盖。

（3）加强性防护。如果爆点 50m 范围内有被保护对象时，将采取加强性的防护措施，即采取对爆破体或自由面方向上进行二层或二层以上的多层覆盖。地面爆体防护示意图见图 6-39。

对于爆破点周边 100m 范围内有被保护对象的，爆破施工前须对离爆区比较近的建（构）筑物和设施进行防护。具体防护措施用钢管搭建 10m 高排架，排架下方用沙袋加固，排架上挂一层竹笆和一层防护网阻挡飞石，严格控制最小抵抗线方向，使其背向建筑物方向。在严格保证回填长度之外，在爆破区实行近体防护，每个炮孔上部压沙袋，并且整个炮区用一层沙包（路堑开挖的掏槽部分用两层沙包）、一层竹笆和一层铁丝网，铁丝

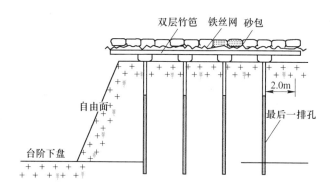

图 6-39　地面爆体防护示意图

网上面在压沙袋整体覆盖防护。近体防护、防护排架搭建平面图见图 6-40。

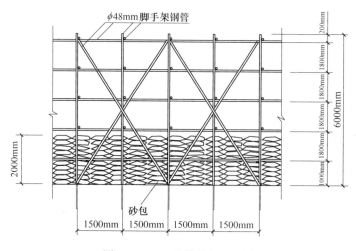

图 6-40　10m 防护排架立面图

6.4.6.6　爆破警戒

各施工段成立爆破施工指挥小组负责施工、爆破及安全警戒工作和有关事宜的协调处理。由各施工段的项目负责人为组长，技术负责人为副组长，下设钻孔组、装药组、技术组、后勤组、应急组和警戒组。爆破技术负责人负责指导布孔、装药、爆破网路、盲炮处理等爆破的技术工作。

A　爆破警戒相关规定和要求

为确保爆破安全，明挖段在实施爆破前，应提前一天要将爆破区域、起爆时间、警戒范围、警戒标志、警戒信号通知到监理和业主，通过他们将爆破事项及时通知到受爆破影响的单位和居民，让他们提前做好相应的工作、生活安排和准备。

爆破警戒由爆破指挥部统一指挥。爆破警戒区主要路口必须有明显标示，在一切通往爆区道口设置警戒岗位，警戒人员应提前半小时上岗并保持和爆破指挥的联系。警戒人员要佩带明显标志和警戒工具（袖章、口哨、红旗、对讲机），在爆区主要位置设置高音喇叭或用手持式喊话筒协助警戒。

爆破前，应对警戒范围内的一切场所和路线进行检查，确认人员已全部撤离和疏散至指定位置，报告指挥部。

由于隧道内的施工是按正规作业循环来进行的，进入隧道以里 20m 以后将按《铁路隧道施工技术规范》里的要求执行；但在隧道拨门附近应符合露天爆破的要求。

B　警戒时间和程序

本规定适应于明挖段、隧道拨门附近和贯通点前 50m 的爆破施工。

a　装药阶段的安全警戒

爆破进入装药阶段，爆区中已有爆炸物品，从这时起，一直到起爆，爆区应实行全天候的警戒，并在爆破作业现场设立"爆破现场禁止入内"标牌，禁止无关人员进入；进出施工现场的爆破施工作业人员、火工材料管理员和指挥部成员应佩戴相应证件标志，并接受警戒人员的检查；严禁携带火种进入警戒区，严禁携带爆炸物品离开施工现场；在危险区内应派安全员巡视，检查施工现场安全情况，制止违章作业。

b　起爆前后的安全警戒

在约定起爆时间前 20min，由爆破负责人发布开始警戒指令。起爆前后的警戒按爆破指挥小组确定的警戒范围（警戒半径为离爆区 200m）、警戒方案实施。执行任务的人员，应按指令到达指定地点并坚守工作岗位。各警戒点应与指挥部保持通讯或信号联系，并按照指挥小组的指令，按时进行清场撤离、封锁交通要道等工作。

炮响后，在未发出解除警戒信号之前，警戒点岗哨应继续值勤，除爆后检查人员外，禁止任何人员和车辆进入危险区。

c　爆破信号与起爆

警戒信号采用口哨和警报器，在第一次警戒指令发出后执行，用以警示爆区及其附近所有的人员警戒开始。在起爆前后要发布 3 次警戒指令信号。

（1）第一次信号称预警信号。该信号发出后爆破警戒范围内开始清场工作，所有与爆破无关的人员立即撤离警戒区，向警戒边界派出警戒人员。

（2）第二次信号称起爆信号。确认其他人员、设备全部撤离警戒区，具备安全起爆条件时，方准许发出起爆信号，起爆信号发出后，准许负责起爆人员起爆。

（3）第三次信号称解除信号。安全等待时间过后，除爆破负责人批准的检查人员以外，不准其他人进入警戒区，检查人员进入爆破警戒范围检查、确认安全后，方可发出解除爆破警戒信号。未发出解除警戒信号前，所有警戒岗位不得撤离。

C　安全警戒范围划定

根据《爆破安全规程》的规定，结合本工程的实际情况，确定明挖段爆破警戒半径正常情况下为爆区边界向外 200m，机械设备撤离至 100m 以外。虽然每次爆破的区域是变动的，但各警戒点至爆区边缘的警戒距离按以上数据要求来执行。

爆破安全警戒范围的划定主要是针对不同的爆破环境，采取不同的防护方式来确定合理的符合实际的警戒半径。当爆破附近居民房较多，环境较复杂，通过采取可靠的防护措施和爆破技术措施，对被保护的对象可以缩小警戒距离到 100m，爆破时 100m 范围内民房里的人员需撤出到 200m 以外的野外或 100~200m 范围内的民房里（窗口、阳台等严禁站立、张望）。

隧道内的爆破警戒距离为工作面向外 150m。

D　爆破时间

隧道内的爆破按正规循环作业时间实施爆破,本设计方案中不做统一要求。

路堑明挖段、隧道入口及贯通点前 20m 建议采取白天定时爆破。若白天不能定时爆破,爆前一天通知到业主和爆破地点附近当地政府和居民,让他们做好相关防备工作。如果在爆破时间上,不能做到定时爆破,则可将爆破时间尽量安排在人们野外作业较少的时间段上进行爆破。遵照当地公安机关、业主规定的时段执行。

6.4.7　实例2——隧道光面爆破方案

6.4.7.1　某隧道爆破施工概况

隧道光面爆破施工原始条件见表6-27。

表 6-27　隧道光面爆破原始条件

1	洞内开挖平面尺寸	6.26m×8.8m
2	洞内开挖断面面积	49~69m²
3	围岩类型	Ⅲ~Ⅴ类围岩
4	炸药类型	2 号岩石硝铵、乳化炸药
5	药包规格	直径 32mm
6	光爆孔间距	70cm 以上
7	光爆孔外插角	7°以上且不规则
8	光爆孔最小抵抗线	孔口 25cm
9	周边眼孔深	3m
10	掏槽眼孔深	4.5m

某隧道爆破施工采用微振动控制爆破技术,周边孔采用光面爆破方法。由于隧道围岩较差;同时隧道开工时间较短,爆破队伍对围岩性质认识不清,且对光面爆破技术的理解不到位、钻孔质量不高,造成了隧道光面爆破效果差,主要表现为半孔率低、光爆面不整齐、超欠挖严重等现象,最终影响到该隧道的施工安全及掘进速度。

6.4.7.2　光面爆破的主要参数

A　理论计算

隧道爆破炮孔钻孔时由外侧向中间分别为周边孔、辅助孔和掏槽孔。其中周边孔和辅助孔钻孔深度为 3~3.5m,炮孔直径 $d_{炮孔}=42$mm;掏槽孔的钻孔深度为 4~4.5m,超出周边孔和辅助孔的孔深 50cm。

根据光面爆破的理论数据,取周边孔孔距 $E=(10~15)d$,则炮孔间距 $E=(10~15)d=45~63$cm,周边孔沿开挖边线均匀布置。装药集中度 $q=0.1~0.15$kg/m;不耦合系数 $D=1.5~2.0$。钻孔时,周边孔孔口边紧贴设计开挖边线,向外侧偏斜 3°~5°钻孔。与周边孔紧邻的一排辅助眼决定了周边眼最小抵抗线(W),一般要求 $W=1.2E=55~60$cm,

辅助孔孔距设为 0.7~0.8m，排距为 0.6~0.8m，具体见图 6-41。

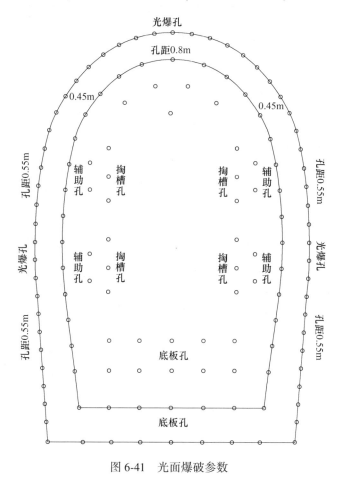

图 6-41 光面爆破参数

（1）全断面钻孔数量 N。根据泽波尔建议公式：

$$N = a_1 + a_2 S$$

式中，a_1，a_2 为岩体可爆程度确定的系数，经查 $a_1 = 20$，$a_2 = 1$。

则 $N = 20 + 1 \times 49 = 69$，取 $N = 65 \sim 75$ 个。

（2）周边孔平均炸药用量 q_p。

根据公式：

$$q_p = a W L_p (0.5 \sim 0.9) q$$

式中，q_p 为周边孔平均炸药用量，kg；a 为周边孔孔距，cm；W 为周边孔最小抵抗线，cm；L_p 为周边孔孔深；q 为单位岩体耗药量，kg/m^3。

取 $a = 0.5m$，$W = 50cm$，$L_p = 3m$，$q = 1.1kg/m^3$，则 $q_p = 0.4 \sim 0.6kg$。

B 现场光面爆破试验效果分析

通过对先期爆破效果的观察和钻工钻孔质量、孔网参数的了解以及与钻工交流了解情况，认为主要是钻孔质量不高、孔网参数不当影响了爆破效果，因此决定从这两方面入手，通过试验手段不断提高光面爆破效果。通过与铁三局技术人员、爆破施工负责人的具体协商，决定光面爆破参数如表 6-28 所示。

表6-28 隧道光面爆破试验参数

1	光爆孔间距	60cm、分布规则
2	光爆孔外插角	3°~5°（孔底外叉距离10~15cm）
3	光爆孔最小抵抗线	60cm
4	周边眼孔深	3m
5	掏槽眼孔深	4.5m
6	拱顶光爆孔装药量	0.3kg
7	装药集中度	0.1kg/m
8	不耦合系数	1.68
9	侧壁光爆孔装药量	从上面下由0.3kg至1.2kg递增
10	其他炮孔装药量	不做调整

在试爆前组织钻工培训，讲解光面爆破的理论知识及有关操作技巧，提升他们对光面爆破的认知水平。通过五次试爆，隧道光面爆破效果有了一定程度的提高，半孔率控制在85%以上，超欠挖有所改善。钻工不断掌握钻孔方法、提高钻孔精度，在后续的爆破施工过程中，光爆面的整齐度、超欠挖控制水平将越来越好。

C   试验结论

现场试验参数是在理论计算与先期爆破参数的基础上得出的数值，光面爆破效果较先期有所改善。通过综合分析，将光面爆破参数确定，如表6-29所示。

表6-29 光面爆破参数

1	光爆孔间距	55cm、分布规则
2	光爆孔外插角	3°~5°（孔底外叉距离10~15cm）
3	光爆孔最小抵抗线	60cm
4	周边眼孔深	3m
5	掏槽眼孔深	4.5m
6	拱顶光爆孔装药量	0.3kg
7	装药集中度	0.1kg/m
8	不耦合系数	1.68
9	侧壁光爆孔装药量	从上面下由0.3kg至1.2kg递增

在后续爆破施工作业过程中，可参照上表确定光面爆破参数。

D   装药结构及炮孔堵塞

隧道光面爆破光爆孔采用分段装药结构，事先由炮工将药卷间隔串联在导爆索上，并用胶带绑扎在一根有一定强度的竹片上，装药时炮工将绑有药卷的竹片放入每个周边孔内。应使竹片紧靠围岩外侧，而药卷则紧靠开挖岩石的内侧，装药结构见图6-42。

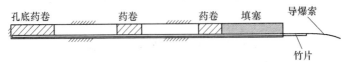

图6-42 光爆孔装药结构图

为保证爆破效果及充分利用炸药能量作功，隧道爆破施工时炮孔应用炮泥进行堵塞。对炮孔进行堵塞有利于提高爆破质量、提高炸药利用率、降低单耗等。

E　光面爆破施工细则

确定隧道施工方案时，要综合考虑隧道的地质条件、钻孔设备、爆破器材、支护方法和技术水平等因素。应该特别强调的是，隧道开挖施工方案和爆破方法之间有着十分密切的关系。隧道光面爆破施工应遵循以下原则：

（1）钻孔孔位依据测量定出的开挖轮廓线确定。周边孔在断面轮廓线上开孔，沿轮廓线等间隔布置炮孔，需要调整孔位时偏差不大于2cm，周边眼应向外侧偏斜3°~5°钻孔，周边眼外插角偏差不大于1°，各炮孔孔底落在规定的平面上，凹凸不平整度小于10cm；与周边孔相邻一排辅助炮孔的孔口距离不小于40cm，打眼方向水平、平行于掘进方向。

（2）钻孔前必须严格按照钻爆设计标示出孔位和编号。如果孔位与上次的残孔重合，必须适当移位，绝对不准在残孔内钻孔。

（3）必须保证钻孔质量。钻进中要防止漏钻和多钻，控制好孔位、孔深和角度，是保证光面爆破效果的基础。

（4）炮孔钻完后要及时清孔并用木楔封堵，防止落入石块等杂物。炮孔经检查合格后，方可装药爆破。

（5）为减少装药时间，事先由炮工将药卷间隔串联在导爆索上，并用胶带绑扎在一根有一定强度的竹片上，装药时炮工将绑有药卷的竹片放入每个周边孔内，应使竹片紧靠围岩外侧，而药卷则紧靠开挖岩石的内侧，这样既有利于保护岩壁，又可以增强对开挖岩石的爆炸力。炮孔内放入药卷后，应将导爆索引出孔外，然后炮泥封堵炮孔。

（6）为使周边孔装药达到一定的不耦合系数，周边眼采用直径 $\phi25mm$ 的小药卷进行装药。

（7）为保证周边眼光面爆破效果，周边孔最后一段起爆。同时起爆的炮孔用导爆索串联在一起或用同段位的导爆管雷管簇联在一起，最后通过电雷管进行激发。

（8）连线必须认真细致，仔细清点数量并复核，对联结块上的上下级导爆管必须捆扎牢固，严防产生漏爆拒爆现象。

（9）爆破后的残留炮孔痕迹在开挖轮廓线上应均匀分布；半孔残痕率在完整岩石处保持在95%以上，较完整和完整性稍差的岩石处保持在80%以上，较破碎和破碎岩石处半孔率不小于50%。

（10）每次爆破以后，要先进行通风，通风15min后检查人员方可进入隧道做相应的检查工作；要及时察看围岩周边光面爆破效果，核对与爆破设计是否相符，如有变化要及时调整爆破参数，使其达到最佳效果。

F　隧道瓦斯地段爆破施工

根据地质勘测资料，该隧道节理裂隙内有瓦斯及有害气体溢出，因此在隧道爆破掘进过程中，须对瓦斯及有害气体浓度进行监测。根据瓦斯及有害气体浓度采用相应的炸药及起爆方法。

该隧道属低沼气溢出型，根据煤炭部标准 MT-61-82 中规定可采用 1 级煤矿许用炸药。起爆方法及起爆器材见相应安全标准。说明：隧道爆破施工掘进过程中对瓦斯的浓度需作跟踪监测，当监测有瓦斯时必须按照铁道部有关瓦斯隧道爆破规定施工。

思　考　题

6-1　井巷掘进爆破工作面有几种类型的炮孔，其作用分别是什么？

6-2　简述掏槽眼的形式及其适用条件。

6-3　倾斜眼掏槽和垂直眼掏槽的优缺点分别是什么？

6-4　何为"新奥法"施工，其原则是什么？

6-5　隧道掘进的施工方法有哪些？简述其各自施工顺序。

6-6　解释以下名词：不耦合系数、线装药密度、单位炸药消耗量、炮孔深度、炮孔利用率。

7 地下矿山采场爆破

重点

（1）扇形孔回采爆破设计；

（2）球状药包爆破原理。

7.1 地下矿山采场浅孔爆破

井下浅孔落矿爆破与井巷掘进爆破相比较，它具有下列一些特点：具有两个以上的自由面，爆破面积和爆破量都比较大。通常井下浅孔落矿要求爆破作业安全，延米爆矿量大，回采强度高，大块少，二次破碎量要小，矿石损失、贫化低，材料消耗少。

7.1.1 布孔

井下浅孔落矿的炮孔布孔方向，有上向倾斜和近似水平倾斜两种，如图7-1所示，前者应用广泛。炮孔在工作面的布孔形式有平行布孔和交错布孔之分，如图7-2所示。平行布孔适用于矿石坚硬、矿体与围岩接触界线不明显，采幅较宽的矿脉。交错布孔炸药在矿体内部分布均匀，崩落矿石也较均匀，在矿山生产中，使用非常广泛，当采幅宽度较窄时，其效果更为显著。

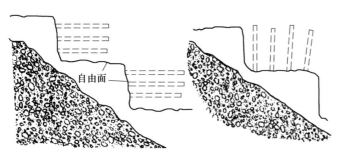

图7-1 浅孔布孔方向

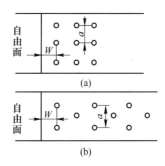

图7-2 崩矿的炮孔布孔

（a）平行布孔；（b）交错布孔

7.1.2 爆破参数

7.1.2.1 炮孔直径和深度

（1）炮孔直径除了与井巷掘进中谈到的一些影响因素有关外，还与矿体的赋存条件有关。我国浅孔落矿广泛使用的药包直径为32mm，其相应的炮孔直径为38~42mm。这些年来，不少有色金属矿山曾试用25~28mm的小直径药卷爆破，在控制采幅、降低损失贫化率方面取得了比较显著的效果。同时，使用小直径炮孔还可以提高凿岩效率和矿石回收率。当开采薄矿脉时，尤其是开采稀有金属和贵重金属矿床时，特别适宜使用小直径炮孔爆破。

（2）炮孔深度与矿体、围岩的性质、矿体厚度及其规则性等因素有关。井下落矿常用孔深为1.5~2.5m，有时达3~4m。当矿体较薄，矿岩不稳固和形状不规则时，应选取小值；相反时选取较大值。

7.1.2.2　最小抵抗线和炮孔间距

井下浅孔落矿，若平行布眼时，最小抵抗线与炮孔排距通常用同值。而炮孔间距 a（是指同排炮孔之间的距离）值的大小对爆破效果影响很大，一般地说，最小抵抗线和炮孔间距取用值偏大时，会影响爆破质量，大块增多；相反，如果取值偏小时，则矿石会被过分破碎，既浪费爆破材料，又给易氧化、易黏结、易自燃的矿石装运和放矿工作带来困难。

通常，最小抵抗线 W（m）和炮孔间距 a（m）的取值可按下列经验公式选取。

$$W = (25 \sim 30)d \tag{7-1}$$

$$a = (1 \sim 1.5)W \tag{7-2}$$

式中，d 为炮孔直径，mm。

7.1.2.3　单位炸药消耗量

单位炸药消耗量的大小除与所崩落的矿石性质、所使用炸药的性能、炮孔直径、孔深有关外，还与矿床的赋存条件有关。一般说来，矿体厚度小、孔深大时，单位炸药消耗量大。目前，单位耗药量的选取，除与井巷掘进单位炸药消耗量的方法一样外，还可根据经验来确定。表7-1所列经验数据适用于硝铵类炸药，可供参考。

表7-1　井下浅孔落矿单位耗药量

矿石坚固性系数 f	<8	8~10	10~15	>15
单位炸药消耗量 q/kg·m^{-3}	0.26~1.0	1.0~1.6	1.6~2.6	2.8以上

采场一次落矿装药量 Q（kg）与采矿方法、矿体赋存条件、爆破范围等因素有关。由于影响因素较多，难以用一个统一公式来计算，一般常用一次爆破矿石的原体积估算。

$$Q = qmL'L_{cp} \tag{7-3}$$

式中，q 为单位炸药消耗量，kg/m^3；m 为矿体厚度，m；L' 为一次落矿总长度，m；L_{cp} 为炮孔平均深度，m。

7.1.3　装药和堵塞

装药和堵塞是爆破工作的一道重要工序，其质量的优劣直接影响爆破效果。

国内外实践证明，反向起爆能提高炮孔利用率，能充分利用炸药的爆炸能量，改善爆破质量，增大抛碴距离和降低炸药消耗量。此外，进行堵塞、冲炮现象大大减少，同时处理瞎炮较安全，因为可掏出炮泥后重新装入起爆药包起爆。

由于反向起爆时，爆轰波的传播方向与岩石抛掷运动方向一致，这就使得在自由面反射后能形成强烈拉伸应力，从而提高了自由面附近岩石的破碎效果；同时孔底起爆，起爆药包距自由面有一定距离，爆生气体不会立即从孔口冲出，因而爆炸能量得到充分利用，并且增大了孔底部的爆炸作用力和作用时间，有利于提高爆破效果。另外在软岩和裂隙较发育的岩石中，孔底反向起爆可以避免相邻炮孔相互间的带炮和孔底留有残药之现象。目前，反向和中部双向起爆用得较广泛，而正向起爆多用于采石等。

炮孔装药后孔口堵塞与否，对于爆破效果有较大的影响。堵塞是为了提高炸药的密闭效果和使爆轰气体压力得到有效利用。良好的堵塞可以提高炸药的爆轰性能，主要是阻止爆轰气体过早地从装药空间冲出，保证炸药在炮孔内反应完全和形成较高的爆压，充分发挥炸药的能量，从而提高爆破效果。

提高和保证堵塞效果的办法，主要是选择堵塞材料和必需的堵塞长度，以达到堵塞物与炮孔壁之间有一定的摩擦阻力。常用的堵塞材料有砂子、黏土等。炮孔爆破常用砂子与黏土以 3∶1 的比例混合配制成炮泥。堵塞长度应视装药量的多少、炸药性能、岩石性质和炮孔直径等因素综合考虑。堵塞长度与抵抗线 W 有关，一般堵塞长度 l_g 可用经验公式 (7-4) 计算：

$$l_\mathrm{g} = (1.0 \sim 1.2)W \qquad (7\text{-}4)$$

通常情况下若炮孔直径为 25mm、50mm、70mm 时，堵塞长度相应地为 18cm、45cm、50cm。采场浅孔崩矿爆破起爆操作与掘进时基本相同，主要问题在于合理安排起爆顺序。一般起爆顺序安排的原则是：近自由面先爆，一排炮孔最好同段雷管起爆。

7.2 地下矿山采场深孔爆破

随着我国采矿工业的发展，深孔爆破在大型地下矿山得到广泛的应用，爆破规模也日趋增大，爆破方法也逐步得到完善。

深孔爆破可应用在不同的采矿方法中，尤其在空场采矿法、崩落采矿法、矿柱回采和采空区的处理等方面都获得良好的效果。深孔爆破崩矿工艺的特点是：效率高、速度快、作业安全，可使矿床开采强度和落矿劳动生产率大为提高，因而获得广泛的应用。

深孔排列和爆破参数选择的基本原则是根据矿体的轮廓、所使用的采矿方法、采场结构、采切布置等条件，将炸药均匀地分布在需要崩落范围的矿体内，使爆破后的矿石能完全崩落下来，尽量减少矿石的损失和贫化，而且矿石破碎要均匀，粉矿和大块要少，崩矿效率高和回采成本低。

7.2.1 扇形孔回采爆破

7.2.1.1 布孔形式

深孔的排列形式基本上分成两大类，即平行布孔和扇形布孔。平行布孔即各炮孔相互平行，孔间距在炮孔全长上均相等。根据深孔的方向不同，平行深孔又分为上向、下向和水平三种，如图 7-3 所示。一般平行布孔的深孔适用于边界较规则的厚大矿体崩矿。

扇形布孔即在同一排面上深孔成放射状，炮孔间距自孔口到孔底逐渐增大，孔口密，孔底稀，如图 7-4 所示。扇形深孔也有三种形式，即上向扇形深孔、下向扇形深孔和水平

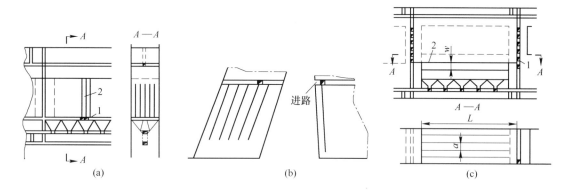

图 7-3　平行深孔布孔

（a）上向平行深孔；（b）下向平行深孔；（c）水平平行深孔

1—凿岩巷道；2—深孔

扇形深孔。

扇形布孔与平行布孔相比较，其优点是：

（1）每凿完一排炮孔才移动一次凿岩设备，辅助时间相对较少，可提高凿岩效率。

（2）对不规则矿体布置深孔十分灵活。

（3）所需凿岩巷道少，准备时间短。

（4）装药和爆破作业集中，节省时间，在巷道中作业条件好，也较安全。

其缺点是：

（1）炸药在矿体内分布不均匀，孔口密、孔底稀，爆落的矿石块度也不均匀。

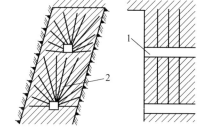

图 7-4　垂直上向扇形深孔

1—沿脉凿岩巷道；2—深孔

（2）每米炮孔崩落矿石量少。

扇形布孔的优缺点正好与平行布孔的优缺点相反。通过比较可以看出，扇形布孔的优点突出，特别是凿岩巷道掘进工作量少，凿岩辅助时间少，因而广泛应用于生产实际中。平行布孔只是在开采坚硬规则的厚大矿体时才用，一般很少应用。

根据我国冶金矿山的实际，下面仅就扇形深孔中的水平扇形、垂直扇形和倾斜扇形布孔分别进行讲述。

（1）水平扇形布孔。水平扇形布孔多为近似水平，一般应向上呈 3°~5°倾角，以利排除凿岩产生的岩浆或孔内积水。水平扇形深孔的布孔形式较多，如表 7-2 所示，具体的选择应用需结合矿体赋存条件、采矿方法、采场结构、矿岩的稳固性和凿岩设备等来确定。

水平扇形深孔的作业地点可设在凿岩天井或凿岩硐室中。前者掘进工作量小，相对地讲作业条件差，每次爆破后维护量大；后者则相反。接杆凿岩所需的空间小，多采用凿岩天井；而潜孔凿岩所需的空间大，常用凿岩硐室。用凿岩硐室进行凿岩时，上下硐室要尽量错开布置，避免硐室之间由于垂直距离小，而影响硐室稳固性，引发意外事故。

表 7-2 水平扇形深孔布置方式与参数

编号	炮孔布置图例 (40m×16m 标准矿块)	凿岩天井位置	炮孔数	总孔深 /m	平均孔深 /m	最大孔深 /m	每米孔崩矿量 /m³	优缺点 应用条件
1		下盘中央	18	345.6	19.2	24.5	15.5	总孔深小，凿岩天井（或凿岩巷道）掘进工程量小。可用于接杆式凿岩或潜孔凿岩深孔崩矿
2		对角	20	362.0	18.1	22.5	14.9	控制边界整齐，不易丢矿，总孔深小。在深孔崩矿中应用较广
3		对角	18	342.0	19.0	38.0	15.7	控制边界尚好，但单孔太长，交错处邻孔易炸透。使用于潜孔凿岩崩矿
4		一角	13	348.4	26.8	41.5	15.5	掘进工程量小，凿岩设备移动的次数少，但大块率较高，单孔过长。用于潜孔凿岩崩矿
5		矿块中央	24	453.6	18.9	21.5	11.9	总孔深大，难控制边界，易丢矿。分次崩矿对天井维护困难。多用于接杆凿岩深孔爆破而矿体稳固时
6		中央两侧	44	396.0	9.0	12.0	13.6	大块率低，凿岩工作面多，施工时活性大，但难控制边界。用于接杆凿岩深孔爆破而矿体稳固时

（2）垂直扇形深孔布孔。垂直扇形布孔的排面为垂直或近似垂直。按深孔的方向不同，又可分为上向垂直扇形和下向垂直扇形。垂直上向扇形与垂直下向扇形相比较，其优点是：

1）适用各种凿岩机械进行凿岩，而垂直下向扇形只能用潜孔钻机或地质钻机凿岩。

2）凿岩岩渣和水容易从孔口排出。

3）凿岩效率高等。

其缺点是：

1）钻具磨损大。

2）工人作业环境差。

3）当炮孔钻凿到一定深度时，随着孔深的增加，钻具的重量也随之加大，凿岩效率有所下降。

垂直下向扇形深孔布孔的优缺点正好相反。由于垂直下向扇形深孔钻凿时存在排岩浆比较困难等问题，它仅用于局部矿体和矿柱回采。生产上广泛应用的是垂直上向扇形深孔。

垂直上向扇形深孔的作业地点是在凿岩巷道中，当矿体厚度较小时，一般凿岩巷道掘在矿体与下盘围岩的交界处；当矿体厚度较大时，一般凿岩巷道位于矿体中间。

（3）倾斜扇形布孔。国内有些矿山将倾斜扇形深孔布孔用于无底柱崩落采矿法的崩矿爆破中，如图7-5所示。用倾斜扇形深孔崩矿的目的是为了放矿时椭球体发育良好，避免覆盖岩石过早混入，减少损失或贫化（图7-6）。

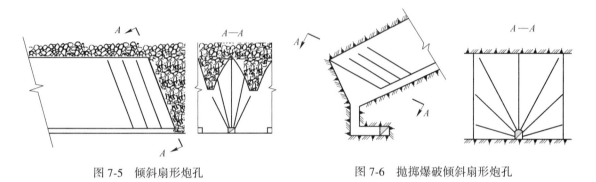

图7-5 倾斜扇形炮孔   图7-6 抛掷爆破倾斜扇形炮孔

侧向倾斜扇形深孔进行崩矿，如图7-7所示。采用侧向扇形深孔爆破后，自由面增大，是垂直扇形深孔爆破自由面的1.5~2.5倍，爆破效果好，大块率可减少到3%~7%，特别对边界复杂的矿体，可降低矿石的损失和贫化。

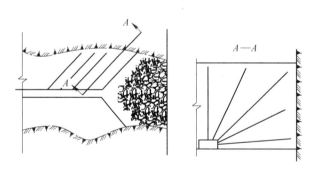

图7-7 侧向倾斜扇形炮孔

7.2.1.2 爆破参数的确定

爆破参数包括孔径、孔深、最小抵抗线、孔间距和单位炸药消耗量。

A 炮孔直径

炮孔直径的大小，对凿岩劳动生产率和爆破效果的影响较大，而矿石的性质、凿岩设备和工具、炸药的威力等因素又影响着炮孔直径的大小。小孔径直径为55~70mm，用于无底柱采矿方法中；在有底柱采矿方法中用直径为 90~100mm 的大孔。

B 炮孔深度

孔深对凿岩速度、采准工作量、爆破效果均有较大影响。一般地说，随着孔深的增加，凿岩速度会下降，凿岩机的台班效率也随之降低。例如某铜矿用 BBC-120F 凿岩机进行凿岩，据现场标定，当孔深在 6m 以内时，台班效率为 53 米/（台·班），当孔深为 20.8m 时，台班效率为 32 米/（台·班），同时深孔偏斜率增大，施工质量变差。

孔深过大也增加上向炮孔装药的困难，孔底距也随孔深的增大而增大，爆破破碎质量降低，甚至爆后产生护顶，矿石的损失率增大。但是随着孔深的增大，崩矿范围加大，一定程度上可减少采准工作量。

合理选择孔深主要取决于凿岩机的类型、采矿方法、采场结构尺寸等。

C 最小抵抗线 W、孔间距 a 和密集系数 m

在采场崩矿中，扇形孔的最小抵抗线就是炮孔的排间距离，而孔间距是指排内炮孔之间的距离。对扇形炮孔常用孔底距和孔口距表示，见图 7-8。孔底距常有两种表示方法：当相邻两炮孔的深度相差较大时，指较浅炮孔的孔底与较深炮孔间的垂直距离；若相邻两炮孔的深度相差不大或近似相等的情况，即用两孔底间的连线表示。孔口距是指孔口装药处的垂直距离。

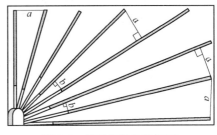

图 7-8 扇形深孔的孔间距
a—孔底距；b—孔口距

布置扇形炮孔时，用孔底距 a 控制排面上孔网的密度，孔口距在装药时用于控制装药量。由于每个炮孔的装药量多用装药系数来控制，孔口距在生产上不常用。

密集系数 m，是孔间距与最小抵抗线之比，取 1.0~1.25，孔越深 m 值越大。扇形布孔标称孔间距计算公式为：

$$a = m \cdot W, \quad m = \frac{1}{2}\left(\frac{a_1}{W} + \frac{a_2}{W}\right) \tag{7-5}$$

式中，a_1 为孔底距，指较浅孔孔底与相邻较深孔的垂直距离；a_2 为孔口距，指由堵塞段较长钻孔的堵塞段底面到相邻钻孔的距离。

m、a、W 三个参数直接决定着深孔的孔网密度，其中，最小抵抗线反映了排与排之间的孔网密度，孔底距反映了排内深孔的孔网密度，而密集系数则反映了它们之间的相互关系。m、a、W 三个参数确定得是否正确，直接关系到矿石的破碎质量，影响着每米炮孔崩矿量、凿岩和出矿的劳动生产率、二次破碎量、爆破材料消耗、矿石的贫化损失，以及其他技术经济指标。如果最小抵抗线或孔间距过大，爆破的一次单位耗药量虽然降低，每米炮孔崩矿量增大，但由于孔网过稀，爆破质量变差，即大块增多，二次破碎耗药量增大，出矿劳动生产率降低，出矿时还会导致大块经常卡塞漏斗，若处理不当易引起安全事故的发生。如果是崩落采矿法，深孔爆破后在围岩覆盖下进行放矿、大块经常卡塞放矿口，会造成采场各漏斗不能均衡放矿，损失率和贫化率增大。相反，若最小抵抗线或孔间距过小，即孔网过密，则凿岩工作量增加，每米炮孔的崩矿量降低，爆破一次炸药消耗量增加，成本也增高。若矿体没有节理裂隙，爆破后会造成矿石的过粉碎，增加粉矿的损失，降低品位。如果最小抵抗线过大，孔间距过小，即排间孔网过稀，排内孔网过密，同时若矿体节理裂隙比较发育，则爆破破裂面首先沿排面发生，使爆破分层的矿石沿排面崩落下来，分层本身未能得到有效的破碎，反而增多大块的产生。若最小抵抗线过小，前排爆破时有可能将后排炮孔破坏或带掉起爆药包，这样也会产生过多的大块。可见，选择最小抵抗线 W、孔间距 a 和密集系数 m 时，要根据矿石的性质全面考虑上述诸因素，使崩矿综合技术经济指标最佳。

（1）密集系数 m 值的确定。目前各冶金矿山根据各自的实际条件和经验来确定密集系数 m。

综合各矿的经验，平行炮孔的密集系数 $m = 0.8 \sim 1.1$，以 $0.9 \sim 1.1$ 较多。扇形炮孔，孔底距密集系数 $m = 1.0 \sim 2.0$，有些矿山采用小抵抗线，大孔底距，前后排炮孔错开布置，如图 7-9 所示，密集系数取 $2.0 \sim 3.0$，取得了较好的效果。

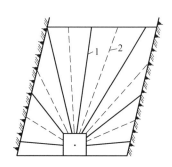

图 7-9　深孔排间错开布置
1—前排深孔；2—后排深孔

（2）最小抵抗线的确定。根据深孔布孔形式的不同，最小抵抗线的确定方法有以下几种。

1）平行布孔炮孔时，最小抵抗线可根据一个炮孔能爆下一定体积矿石所需要的炸药量与该孔实际能装炸药量相等的原则进行推导。

一个深孔需要的炸药量为：

$$Q = WaLq = W^2 mLq \tag{7-6}$$

式中，W 为最小抵抗线，m；m 为炮孔邻近系数；L 为孔深，m；q 为单位耗药量，kg/m^3。

一个深孔实际能装炸药量为：

$$Q' = \frac{1}{4}\pi d^2 \Delta L \tau \tag{7-7}$$

式中，d 为炮孔直径，m；Δ 为装药密度，kg/m^3；τ 为炮孔装药系数，$\tau = \dfrac{装药长度}{装药深度}$，一般 $\tau = 0.7 \sim 0.85$。

显然，$Q = Q'$，代入并移项得

$$W = d\sqrt{\frac{7.85\Delta\tau}{mq}} \tag{7-8}$$

2）扇形布孔炮孔时，最小抵抗线的确定，也可以利用式（7-8）计算，但应将式中的密集系数和装药系数改为平均值 m_{cp} 和 τ_{cp}。

最小抵抗线还可以根据它和孔径的比值选取。因为由式（7-8）可知，当单位耗药量 q 和密集系数 m 为一定值时，最小抵抗线 W 和孔径 d 成正比。实践证明 W 与 d 的比值，大致在下列范围：

坚硬的矿石　　　　　　　　　$\dfrac{W}{d} = 23 \sim 30$

中硬的矿石 $\qquad \dfrac{W}{d} = 30 \sim 35$

较软的矿石 $\qquad \dfrac{W}{d} = 35 \sim 40$

装药密度愈高，炸药的威力愈大，则上面各式的比值愈大；相反，各比值愈小。

3）最小抵抗线可以从一些矿山的实际资料中参考选取。目前，矿山采用的最小抵抗线，大致数值如表7-3。

表 7-3　W 与 d 值的相对关系

d/mm	W/m
50~60	1.2~1.6
60~70	1.5~2.0
70~80	1.8~2.5
90~120	2.5~4.0

以上三种方法，后两种采用较多。最小抵抗线也可采用相互比较来确定，但不论用哪种方法，所确定的最小抵抗线都是初步的，需要在生产实践中不断地加以修正。

（3）孔间距的确定。根据 $a = mW$ 计算确定孔间距。

（4）单位耗药量。如果其他参数一定时，单位耗药量的大小直接影响矿石的爆破质量。单位耗药量与大块产出率的关系如图7-10所示。

实际资料表明，单位耗药量过小，虽然深孔的钻凿量减少，然而大块产出率增多，二次破碎炸药量增高，出矿劳动生产率降低；增大单位耗药量，虽能降低大块产出率，但是单位炸药耗量增大到一定值时，大块率的降低就不显著了，反而会出现崩下矿石在采场内的过分挤压，造成出矿困难，这是因为过多的炸药能量消耗在抛掷作用上了。总之，合理的单位炸药消耗量应使凿岩工作量少和崩落矿石的块度均匀，大块率低，损失贫化减少。

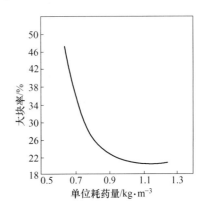

图 7-10　单位耗药量与大块产出率的关系

表 7-4 列出我国一些地下矿山深孔爆破参数。

表 7-4　我国一些地下矿山深孔爆破参数

矿山名称	矿石坚固性系数 (f)	炮孔布孔形式	最小抵抗线 /m	炮孔直径 /mm	孔底距 /m	孔深 /m	一次炸药单位消耗量/kg·t⁻¹
松树脚锡矿	10~12	上向垂直扇形	1.3	50~54	1.3~1.5	<12	0.245
铜官山铜矿	2~8	上向垂直扇形	1.0~1.5	50~60	1.5~1.8	<7	0.25
河北铜矿	8~14	水平扇形	2.5	110	3.0	<30	0.44
胡家峪铜矿	8~10	上向垂直扇形	1.8~2.0	65~72	1.2~2.2	12~15	0.35~0.40

矿山名称	矿石坚固性系数 (f)	炮孔布孔形式	最小抵抗线/m	炮孔直径/mm	孔底距/m	孔深/m	一次炸药单位消耗量/kg·t^{-1}
狮子山铜矿	12~14	上向垂直扇形	2.0~2.2	90~110	2.5	10~15	0.4~0.45
筬子沟铜矿	8~12	上向垂直扇形	1.8~2.0	65~72	1.8~2.0	<15	0.442
易门凤山分矿	6~8	水平扇形或束状	2.5~3.5	105~110	平 3~3.5；束 4~4.5	<30	0.45
程潮铁矿	3	上向垂直扇形	1.5~2.5	56	1.2~1.5	12	0.216
青城子铅矿	8~10	倾斜扇形	1.5	65~70	1.5~1.8	4~12	0.25
大庙铁矿	9~13	上向垂直扇形	1.5	57	1.0~1.6	<15	0.25
东川落雪矿	8~10	上向垂直扇形	1.4	51	(0.9~1.0) W	<10	0.44
东川因民矿	8~10	上向垂直扇形	1.8~2.0	90~110	2.0~2.5	<15	0.445
易门狮山分矿	4~6	水平扇形或束状	3.8~3.5	105	3.3~4.0	5~20	0.25
金岭铁矿	8~12	上向垂直扇形	1.5	60	2.0	8~10	0.16
红透山铜矿	8~10	水平扇形	1.4~1.6	50~60	1.6~2.2	6~8	0.18~2.0
华铜铜矿	8~10	上向垂直扇形	1.8~2.0	60~65	2.5~3.3	5~12	0.12~0.15
杨家杖子岭前矿	10~12	上向垂直扇形	3.0~3.5	95~105	3.0~4.0	12~30	0.30~0.40

7.2.1.3 堵塞长度 l_2

各孔堵塞长度不一致，合理长度应避免因孔口部位装药过多而产生过量的粉矿。一般常用以下两种方法设计正确的堵塞长度：

(1) 以一侧孔作基准，其 $l_2 = 0.7W$，顺序排下去，使各孔装药截止面的距离均取 W，见图 7-11 (a)。

(2) 边孔和中心孔 $l_2 = 0.7W$，其余孔按孔口距等于二分之一孔底距的原则，设计堵塞长度，见图 7-11 (b)

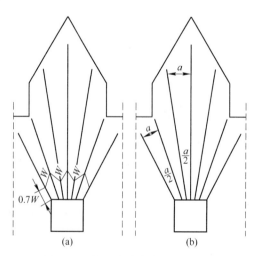

图 7-11 扇形孔堵塞长度示意图

7.2.1.4 单位耗药量 q 和二次破碎单位耗药量 q_1

单位耗药量 q 和二次破碎单位耗药量 q_1 取决于矿岩的可爆性、孔径及炸药性能，参照表 7-5 选取，我国冶金矿山一般取值范围为：$q = 0.25 \sim 0.6$ kg/t，$q_1 = 0.1 \sim 0.3$ kg/t。

表 7-5 井下中深孔爆破单位炸药消耗量

矿石坚固性系数 (f)	3~5	5~8	8~12	12~16	>16
一次爆破单位炸药消耗量 q/kg·m^{-3}	0.25~0.35	0.35~0.50	0.50~0.80	0.80~1.1	1.1~1.5
二次爆破单位炸药消耗量所占百分率/%	10~15	15~25	25~35	35~45	>45

7.2.1.5 每排扇形孔的装药量 $Q_排$

每排扇形孔的装药量 $Q_排$ 按式 (7-9) 计算：

$$Q_排 = qWS \tag{7-9}$$

式中，S 为一排扇形孔负担面积，m^2。其他符号含义同前。

因扇形孔各孔深度、药量均不同，通常先应计算出 $Q_排$，再分配单孔装药量。

7.2.1.6 单孔装药量

在计算出 $Q_排$ 的基础上，根据每孔的设计装药长度、堵塞长度，按每米实际装药量进行调整堵塞长度后，定出每孔实际装药量。

7.2.1.7 起爆顺序和切割空间

起爆顺序一般是排间毫秒延迟爆破，最小抵抗线方向向着切割槽。为防止"挤死"，切割空间不应小于爆破矿体的 12%。

7.2.1.8 施工工艺特点

(1) 验孔。爆前对深孔位置、方向、深度及钻孔完好情况进行验收，发现有不合设计要求者，应采取补孔、重新设计装药结构等办法进行补救。

(2) 作业地点安全状况检查。安全状况包括装药、起爆作业区的围岩稳定性，杂散电流，通道是否可靠，爆区附近设备、设施的安全防护和撤离场地，通风保证等。

(3) 爆破器材准备。按爆破设计计算每次爆破的排数和爆破器材消耗量，将炸药和起爆器材运到每排的装药作业点。

(4) 装药。目前已广泛采用装药器装药代替人工装药，其优点是效率高，装药密度大，对爆破效果的改善效果明显。

使用装药器装药，带有电雷管或非电导爆管雷管的起爆药包，必须在装药器装药结束后，再用人工装入炮孔。

(5) 堵塞。

1) 有底柱采矿法用炮泥加木楔堵塞；无底柱采矿法可只用炮泥堵塞。

2) 合格炮泥中黏土和粗砂的比例为 1:3，加水量不超过 20%。

3) 木楔应堵在炮泥之外。

(6) 起爆。

1) 网路联结顺序是由工作面向着起爆站。

2) 电爆网路要注意防止接地，防止同其他导体接触。

桃林铅锌矿曾一次起爆 2 万发电雷管，中条山曾一次起爆 1 万发电雷管，前者用工业电，后者用大容量起爆器。当前井下爆破多采用非电导爆管网路。

7.2.2　实例——水平扇形孔爆破方案

（1）凿岩硐室内的扇形水平深孔。孔径 100mm，最小抵抗线（排距）$W = (35 \sim 40)$ $d = 3.5 \sim 4.0\text{m}$（取 3.1m、3.3m、3.5m），孔底距 $L_d = (1.1 \sim 1.5) W = 3.9 \sim 6.0\text{m}$（取 5.0m），炮孔堵塞长度一般在 $(0.4 \sim 0.8) W = (0.4 \sim 0.8) \times (3.9 \sim 6.0) = 1.56 \sim 4.8$ 范围内（取值原则：提高炸药利用率，控制孔口距，调节孔口部分的炸药分布）。孔深 $5.6 \sim 33.9\text{m}$，第一排炮孔排面角 1°，第二排炮孔排面角 4°（炮孔参数详见表 7-6，炮孔布置详见图 7-13 ~ 图 7-15）。

（2）装药结构。由于极破碎岩体受爆破振动扰动影响大，因此不能采用全耦合连续装药结构。拉底施工时，设计的间隔装药结构，由于现场设备技术所限，无法实施。此次爆破装药结构设计采用不耦合装药结构。装药采用直径 75mm 的 PVC 管（由 1.5m 长的 PVC 管连接而成）不耦合装药结构（见图 7-12）。采用装药器装药，提高效率。采用炮泥或者岩粉堵孔（为了提高堵孔效率，建议开发堵孔效果好、堵孔效率高的材料与装置），堵塞料长度最少 2m。孔内使用导爆索传爆，使用双发导爆管雷管起爆导爆索。

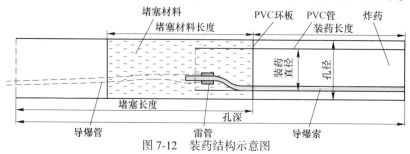

图 7-12　装药结构示意图

表 7-6　水平深孔爆破施工参数

凿岩位置	孔号	孔径/mm	倾角 α/(°)	方位角/(°)	孔深/m	装药直径/mm	装药量/kg	堵塞长度/m	PVC 管长度/m
	1	100	1	24	6.9	75	17.32	2.0	5.0
	2	100	1	359	24.1	75	78.12	2.0	22.2
	3	100	1	359	25.0	75	74.23	4.0	21.1
	4	100	1	359	26.3	75	85.90	2.0	24.4
	5	100	1	359	27.7	75	83.78	4.0	23.8
812.5m 水平	6	100	1	359	30.8	75	101.80	2.0	28.9
	7	100	1	359	33.9	75	98.62	6.0	28.0
	8	100	1	359	31.2	75	103.22	2.0	29.3
	9	100	1	359	27.0	75	74.23	6.0	21.1
	10	100	1	359	24.2	75	71.41	4.0	20.3
	11	100	1	359	22.7	75	57.27	6.5	16.3
	12	100	1	359	22.2	75	39.60	11.0	11.3

凿岩位置	孔号	孔径/mm	倾角 α/(°)	方位角/(°)	孔深/m	装药直径/mm	装药量/kg	堵塞长度/m	PVC 管长度/m
	1	100	4	41	5.6	75	12.75	2.0	3.7
	2	100	4	356	19.2	75	60.94	2.0	17.3
	3	100	4	356	22.0	75	63.42	4.0	18.0
	4	100	4	356	23.2	75	74.76	2.0	21.3
	5	100	4	356	24.6	75	72.63	4.0	20.7
816.6m 水平	6	100	4	356	27.8	75	91.05	2.0	25.9
	7	100	4	356	31.1	75	90.34	5.5	25.7
	8	100	4	356	29.9	75	98.56	2.0	28.0
	9	100	4	356	26.1	75	72.28	5.6	20.5
	10	100	4	356	23.7	75	76.53	2.0	21.8
	11	100	4	356	22.5	75	59.52	5.6	16.9
	12	100	4	356	22.4	75	57.75	6.0	16.4
合计					579.8		1716.03	94.3	487.9
说明	不耦合系数为 1.3，爆落矿岩体积 4884.9m³，炸药单耗 0.35kg/m³，炸药密度参考 2 号铵油炸药取值（装药密度 0.8g/cm³）。所有参数根据实际施工情况进行调整								

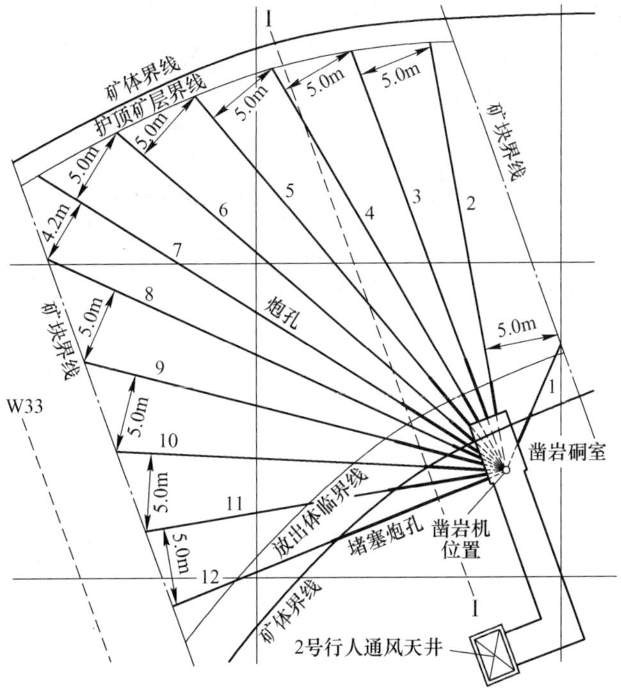

图 7-13 812.5m 水平工程布置图

（3）起爆网路。采用逐孔微差起爆。采用高精度非电微差导爆管雷管连接网路，导爆管起爆器起爆。

起爆顺序：排间以下向上逐排爆破，排内炮孔采用由中间向两边的 V 字形逐孔起爆，抛掷方向为下方临空空间。排间微差 110ms，孔间微差 25ms（爆破网路连接及耗材详见图 7-16）。

孔外雷管要进行覆盖，防止雷管切断网路。孔外网路一定要注意搭接、相交等情况，影响炮孔起爆顺序。

在矿体顶板留有 1.5m 厚的矿层，作为保护层防止顶板围岩冒落造成贫化损失过高。

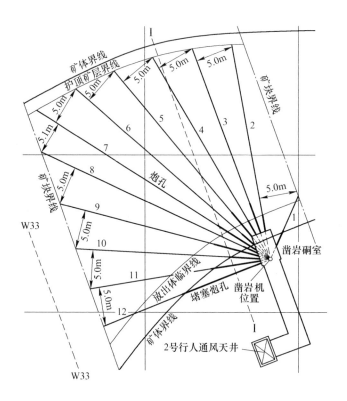

图 7-14　816.6m 水平工程布置图

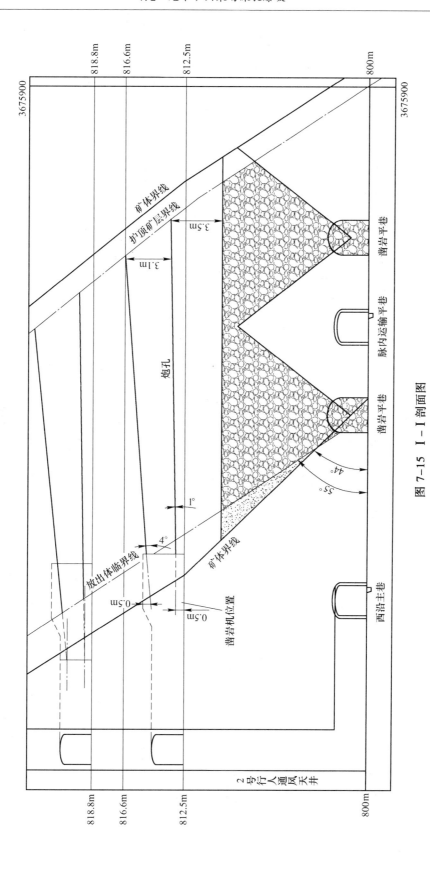

图 7-15 I – I 剖面图

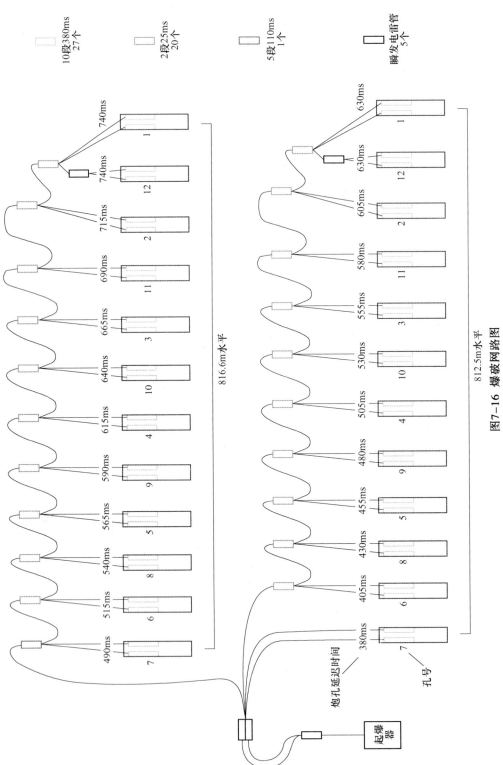

图7-16 爆破网路图

7.3 VCR 采矿法爆破

7.3.1 VCR 采矿法爆破特点和应用范围

VCR 采矿法是在利文斯顿爆破漏斗理论基础上研究创造的、以球状药包爆破方式为特征的新的采矿方法。它的实质和特点是，在上切割巷道内按一定孔距和排距钻凿大直径深孔到下部切割巷道，崩矿时自顶部平台装入长度不大于直径 6 倍的药包，然后沿采场全长和全宽按分层自下而上崩落一定厚度矿石，逐层将整个采高采完，这样下部切割巷道就成为出矿巷道。该法装药的主要特点是垂直炮孔的两端是敞开的，要求采用特殊装置，将药包停留在预定位置上，所以装药就成为直接影响爆破效果的关键作业。可见，当球状药包埋置在采场顶底板之间向下部自由空间爆破，即倒置漏斗爆破，就成为 VCR 法球状药包爆破技术的主要特点。

VCR 法主要用于中厚以上的垂直矿体、倾角大于 60° 的急倾斜矿体和倾角大于 60° 的小矿块等的回采。

7.3.2 球状药包爆破原理

根据理论研究，各种形状的药包，如球状、圆柱状和平面药包在岩体中爆炸产生的球面波、柱面波和平面波对炮孔壁的作用及其效应是不同的。一般认为球状药包爆破时爆破效果好的原因是：

（1）爆炸作用增大。根据爆轰理论，炮孔中药包爆炸，在同样装药密度情况下，当药包直径、形状和起爆方式等条件不同时，孔壁受力状态和吸收的爆炸能量等有较大的差异。地下 VCR 法球状装药一般直径为 165mm，构成一球状药包。当装有雷管的药包或起爆弹起爆时，球状药包所产生的爆轰压力正面冲击孔壁，以同心球状应力波集中向四周岩体作用。这一集中作用的冲击压力，导致在矿岩内形成以同心球状向四周岩体作用的强应力波，它在自由面、弱面处反射成强拉伸波，对破碎临近自由面的矿岩十分有利，可增加破岩效果。

（2）从临近起爆孔传来比柱状药包强的应力波、先起爆的炮孔药包爆炸产生的应力场对后爆矿岩所起的预应力作用，以及破碎矿石在移动过程中相互碰撞、挤压作用等，都会使矿石更好的破碎。

（3）倒置漏斗爆破，对矿石的破碎较好，崩下的矿石量较大。这是在倒置漏斗爆破条件下，破碎带内的矿石因重力作用全部崩落下来；而应力带内的矿石，当相邻漏斗爆破时，受到进一步破坏，并随之崩落，结果漏斗尺寸扩大了。漏斗崩落的总高度可超过药包最佳埋深的几倍，如图 7-17 所示。球状药包爆破，因炸药能量利用率高，和柱状药包爆破比较，对矿石的破碎效果较好，崩矿量较大，炸药单耗较少。砂岩中

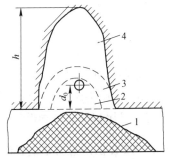

图 7-17 球状药包倒爆破漏斗
1—崩落矿石堆；2—真漏斗；
3—破碎带；4—应力带
d_0—最佳埋深；h—冒落高度

球状和柱状两种药包爆破结果列于表 7-7 中。

表 7-7 球状药包和柱状药包爆破效果对比

对比项目	球状药包	柱状药包
钻孔直径/mm	144	64.1
钻孔深度/m	1.22	1.22
炸药质量/kg	4.54	4.54
埋入深度/m	1.0675	0.7259
装药比（直径：长度）	1：2.7	1：15
爆破漏斗体积/m³	4.34	1.08
爆破漏斗直径/m	1.74	1.464

7.3.3 炮孔布置形式和爆破参数

7.3.3.1 炮孔布置形式

VCR 法深孔布孔采用平行布孔，一般垂直向下，如图 7-18 所示；也可钻大于 60°的倾斜孔，但是在同一排面内的深孔应互相平行，深孔间距在孔的全长上相等。目前在垂直爆破漏斗后退式采矿方法中广泛采用这种布孔。

7.3.3.2 爆破参数

炮孔直径一般采用 160～165mm，个别为 110～150mm；排距一般采用 3～3.5m；孔距 2～3m；炮孔深度一般为 20～50m，有的达到 70m；每次爆破分层的高度一般为 3～4m。爆破时为装药方便，提高装药效率，可

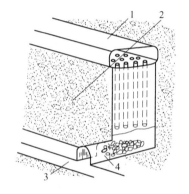

图 7-18 一次分段爆破崩矿示意图
1—顶部平台；2—矿柱；
3—运输巷道；4—出矿巷道

采用单分层或双分层爆破，最后一组爆破高度为一般分层的 2～3 倍，采用自下而上起爆顺序。周边孔与上下盘围岩距离一般为 1.5m 左右。单位炸药消耗量，在中硬矿石条件下，即 $f = 8 \sim 12$，一般平均为 0.34～0.5kg/t。毫秒爆破间隔时间，单一分层爆破时，延时为 25～50ms；多层装药爆破时，层间延时为 75～100ms。

7.3.3.3 装药和起爆

VCR 法大直径深孔爆破，实行分层装高密度 $\rho_0 = 1.3 \sim 1.5 \mathrm{g/cm^3}$ 的浆状炸药或乳化炸药，装药高度一般为 1.0～1.1m。

目前 VCR 法落矿采用的起爆系统有非电导爆毫秒雷管系统、低能导爆索毫秒雷管起爆系统、导爆索—非电导爆管毫秒雷管系统等。

7.3.4 VCR 法爆破方法的优缺点

VCR 法爆破方法的优点：

（1）在采准巷道中作业，工作条件好，安全程度高。

（2）应用球状药包爆破，充分利用炸药能量，破碎块度均匀，爆破效果好。

（3）矿块结构简单，不用掘切割天井和开挖切割槽，切割工程量小。

（4）如果采用高效率凿岩和出矿设备，因爆破矿石块度均匀，可提高装运效率，降低凿岩、爆破和装运成本。

VCR 法爆破方法的缺点：

（1）装药爆破作业工序复杂，难于实现机械设备装药，工人体力劳动强度大。

（2）使用的炸药成本高。

（3）爆破易堵孔，难于处理。

7.4　倒梯段深孔采矿法

倒梯段深孔采矿方法可以看作 VCR 法的变种（图 7-19），其技术要点是：按 VCR 法的工艺完成钻孔，并在适当位置加密钻孔，在加密处通过多次爆破凿出天井，再拉出切割槽，最后以切割槽为自由面，把采区分成几个倒台阶顺序爆破。

这种方法的优点是简化了装药和爆破过程，周边孔可以用不耦合装药结构来维护围岩，可以采用廉价的铵油炸药，加大了每次爆高，改善了通风条件，可以取得更好的经济效益。

【实例】安庆铜矿 5 号矿柱回采，矿柱高 16m，用 ϕ165mm 钻孔，把矿柱的回采分成掏槽区、侧崩区、破顶层（图 7-20）。其回采技术措施是：

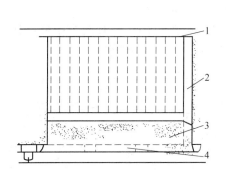

图 7-19　倒梯段爆破法

1—上部切顶；2—切割天井；

3—爆破后矿石；4 拉底巷道

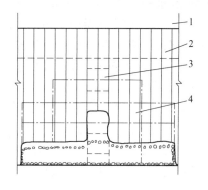

图 7-20　矿柱采场爆破方式示意图

1—凿岩硐室；2—破顶层；3—掏槽区；4—侧崩区

（1）布孔参数。采场中间孔网取 2.8m×3.0m，边孔最小抵抗线 2.0~2.8m，距充填体 1.5~1.7m。

（2）边孔用间隔装药减少药量，并选用爆速较低的炸药，以保护充填体（装药结构见图 7-21）。

（3）起爆顺序安排如图 7-22 所示。

（4）破顶层先多掏出几个槽口，槽口之上的破顶厚度减小到 5~6m，再沿这些槽口布置破顶爆破。

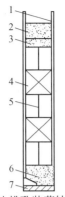

图 7-21　边排孔装药结构示意图

1—导爆索；2—铁丝；3—沙袋；4—药包；

5—竹筒；6—岩碴；7—堵孔塞

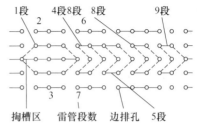

图 7-22　矿柱采场爆破起爆顺序示意图

（5）在爆破过程中下部留矿，补偿空间等于一次崩落高度的 0.5~0.6 倍。全部爆完后，强化出矿，强化充填，以保证充填体的稳定。

7.5　多排同段爆破

铜陵公司狮子山矿为降低大块率和单耗，创造了多排同段爆破工艺（ZT 爆破法）。这种爆破法和当前的许多"理论"是相悖的，但它是有效的，其主要经验和工艺要点如下。

（1）同段雷管之间误差不能太大，要求用 10 段以内的毫秒雷管。

（2）在崩落法、空场法、留矿法和充填法采场都得到应用，但有两个条件：其一是矿岩稳定，不会因爆破振动大而失稳；其二是有不小于 15% 的补偿空间。

（3）炮孔与自由面平行时，自由面最小宽度为 B，同时响的矿块宽度取 $0.6B$~$0.8B$ 可取得良好效果，根据矿块宽度确定同段响的排数（图 7-23）。

（4）炮孔与自由面垂直时（图 7-24），自由面最小宽度为 B，孔深 $0.4B$~$0.6B$，所有炮孔同时响，会取得较好的爆破效果。需要说明的是，

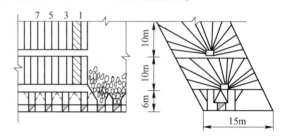

图 7-23　侧帮自由面方向爆破

岩石为中硬岩，自由面最小宽度 B 必须大于 3.5m，$B<3.5$m 时效果不良；对其他岩石，孔深需由试验决定。

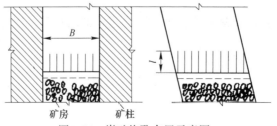

图 7-24　崩矿炮孔布置示意图

思 考 题

7-1 地下矿山浅孔爆破炮孔布孔有几种形式，其特点分别是什么？

7-2 炮孔堵塞对爆破有什么作用？

7-3 地下矿山深孔爆破炮孔布孔有几种形式，分别有什么特点？

7-4 垂直上向扇形孔的优缺点分别是什么？

7-5 简述 VCR 法的优缺点及其应用范围。

8 露天矿中深孔爆破

重点
(1) 台阶要素；
(2) 露天台阶深孔爆破参数计算；
(3) 挤压爆破机理；
(4) 光面爆破特点与设计；
(5) 预裂爆破原理与设计。

8.1　台阶要素、钻孔形式与布孔方式

8.1.1　台阶要素

深孔爆破的台阶要素如图 8-1 所示。H 为台阶高度；W_1 为前排钻孔的底盘抵抗线；l 为钻孔深度；l_1 为装药长度；l_2 为堵塞长度；h 为超深；α 为台阶坡面角；b 为排距；B 为台阶上眉线至前排孔口的距离；W 为炮孔的最小抵抗线。为达到良好的爆破效果，必须正确确定上述各项台阶要素。

8.1.2　钻孔形式

深孔爆破钻孔形式一般分为垂直钻孔和倾斜钻孔两种，如图 8-2 所示。也有个别情况采用水平钻孔。

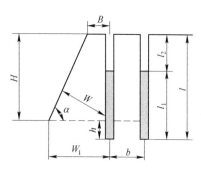

图 8-1　台阶要素示意图

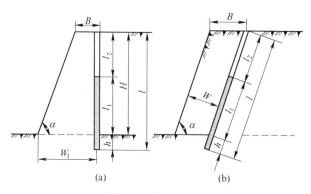

图 8-2　钻孔形式
（a）垂直深孔；（b）倾斜深孔

垂直深孔和倾斜深孔的使用条件和优缺点列于表8-1。

表 8-1 垂直深孔与倾斜深孔比较

钻孔形式	适用情况	优 点	缺 点
垂直钻孔	在开采工程中大量采用	（1）适用于各种地质条件的深孔爆破； （2）钻垂直深孔的操作技术比倾斜孔容易； （3）钻孔速度比较快	（1）爆破后大块率比较高，常留有根底； （2）台阶顶部经常发生裂缝，台阶面稳固性比较差
倾斜钻孔	在软质岩石的开采工程中应用比较多，随着新型钻机的发展，应用范围会广泛增加	（1）抵抗线分布比较均匀，爆后不易产生大块和残留根底； （2）台阶比较稳固，台阶坡面容易保持，对下一台阶面破坏小； （3）爆破软质岩石时，能取得很高效率； （4）爆破后岩堆的形状比较好	（1）钻孔技术操作比较复杂，容易发生夹钻事故； （2）在坚硬岩石中不宜采用； （3）钻孔速度比垂直孔慢

从表中可以看出，斜孔比垂直孔具有更多优点，但由于钻凿斜孔的技术操作比较复杂，孔的长度相应比垂直孔长，而且装药过程中易发生堵孔，所以垂直孔仍然用得比较广泛。

8.1.3 布孔方式

布孔方式有单排布孔及多排布孔两种。多排布孔又分方型、矩形及三角形（或称梅花形）三种，见图8-3。从能量均匀分布的观点看，以等边三角形布孔最为理想，所以许多矿山多采用三角形布孔，而方形或矩形布孔多用于挖沟爆破。目前为了增加一次爆破量广泛推广大区多排孔微差爆破技术，不仅可以改善爆破质量，而且可以增大爆破规模以满足大规模开挖的需要。

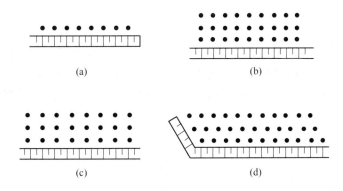

(a)   (b)

(c)   (d)

图 8-3 深孔布置方式

（a）单排布孔；（b）方型布孔；（c）矩形布孔；（d）三角形布孔

8.2 露天深孔爆破参数

露天深孔爆破参数包括孔径、孔深、超深、底盘抵抗线、孔距、排距、堵塞长度和单位炸药消耗量等。

8.2.1　孔径和孔深

露天深孔爆破的孔径主要取决于钻机类型、台阶高度和岩石性质。当采用潜孔钻机时，孔径通常为 100~200mm；牙轮钻机或钢绳冲击式钻机，孔径为 250~310mm，也有达500mm 的大直径钻孔。一般来说钻机选型确定后，其钻孔直径已固定下来。国内采用的深孔孔径有 80mm、100mm、150mm、175mm、200mm、310mm 几种。

孔深由台阶高度和超深确定。

8.2.2　台阶高度和超深

台阶高度主要考虑为钻孔、爆破和铲装创造安全和高效率的作业条件，一般按铲装设备选型和矿岩开挖技术条件来确定。多采用 10~15m 的台阶高度，也有采用 20~30m 或更高台阶高度的高台阶。

超深是指钻孔超出台阶底盘标高的那一段孔深，其作用是克服台阶底盘岩石的夹制作用，使爆破后不残留根底，而形成平整的底部平盘。超深选取过大，将造成钻孔和炸药的浪费，且会增大对下一个台阶顶盘的破坏，给下次钻孔造成困难，并会增大爆破地震波的强度；超深不足将产生根底或抬高底部平盘的标高，从而影响装运工作。

根据实践经验，超深可按式（8-1）确定：

$$h = (0.15 ~ 0.35)W_1 \qquad\qquad (8-1)$$

式中，W_1 为底盘抵抗线，m。

当岩石松软时取小值，岩石坚硬时取大值。如果采用组合装药，底部使用高威力炸药时可以适当降低超深。也有的矿山按孔径的倍数确定超深值，一般取 8~12 倍。国内矿山的超深值一般波动在 0.5~3.6m 之间。在某些情况下，如底盘有天然分离面或底盘岩石需要保护，则可不留超深或留下一定厚度的保护层。

8.2.3　底盘抵抗线

底盘抵抗线是影响露天爆破效果的一个重要参数。过大的底盘抵抗线会造成根底多、大块率高、后冲作用大；过小则不仅浪费炸药、增大钻孔工作量，而且岩块易抛散并产生飞石危害。底盘抵抗线的大小同炸药威力、岩石爆破性、岩石破碎要求以及钻孔直径、台阶高度和坡面角等因素有关，这些因素及其互相影响程度的复杂性，很难用一个数学公式表示。在设计中可以用类似条件下的经验公式来计算，然后在实践中不断加以调整，以达到最佳效果。

（1）根据钻孔作业的安全条件。计算公式为：

$$W_1 = H\cot\alpha + B \qquad\qquad (8-2)$$

式中，W_1 为底盘抵抗线，m；H 为台阶高度，m；α 为台阶坡面角，一般为 60°~75°；B 为从钻孔中心至坡顶线的安全距离，对大型钻孔 $B \geq 2.5~3.0$m。

（2）按台阶高度。计算公式为：

$$W_1 = (0.6 ~ 0.9)H \qquad\qquad (8-3)$$

（3）H. B. 迈利尼科夫公式。在满足所确定的炸药单位耗药量的条件下，按炮孔装药量应等于爆破的岩石体积所需药量的原理导出，H. B. 迈利尼科夫公式见式（8-4）。

$$W_1 = \frac{-q_1(K-\rho) + \sqrt{q_1^2(K-\rho)^2 + 4qmq_1H^2}}{2qmH} \tag{8-4}$$

式中，q 为单位炸药消耗量，kg/m^3；q_1 为每米炮孔装药量，kg/m；K 为堵塞系数，$K = \frac{l_2}{W_1} \geqslant 0.75$；$l_2$ 为堵塞长度，m；m 为钻孔密集系数，$m = \frac{a}{W_1} \leqslant 1.3$；$a$ 为钻孔间距，m；ρ 为超深系数，$\rho = 0.15 \sim 0.35$。

其余符号含义同式（8-2）。

（4）按炮孔孔径。根据调查，我国露天矿山深孔爆破的底盘抵抗线一般为孔径的20~50倍。采用清渣和压渣爆破的 W_1/D 比值如表8-2所示。

表8-2　清渣和压渣爆破的 W_1/D 比值

孔径/mm	清碴爆破	压碴爆破
200	30~50	22.5~37.5
250	24~48	20~48
310	33.5~42	19.5~30.5

以上说明，底盘抵抗线受许多因素影响，变动范围较大，除了要考虑前述的一些条件外，控制坡面角是调整底盘抵抗线的有效途径。此外，尚可通过爆破漏斗与半工业试验，获得具体矿岩条件与使用较匹配的炸药情况下的最佳底盘抵抗线。

8.2.4　孔距与排距

孔距 a 是指同一排深孔中相邻两钻孔中心线间的距离。孔距可以用炮孔密集系数 m 和底盘抵抗线 W_1 来按 $a = mW_1$ 经验取值；密集系数 m 值通常大于1.0，在宽孔距爆破中则为3~4或更大。但是第一排孔往往由于底盘抵抗线过大，应选用较小的密集系数，以克服底盘的阻力。

排距是指多排孔爆破时，相邻两排钻孔间的距离，也即是第一排孔以后各排孔的底盘抵抗线值。因此确定排距的方法应按确定最小抵抗线的原则考虑，在采用正三角形布孔时，排距与孔距的关系为：

$$b = a\sin 60° = 0.866a \tag{8-5}$$

式中，a 为排距，m；b 为孔距，m。

多排孔爆破时，孔距与排距是一个相关的参数。因为在炸药性能一定时对各种矿岩有一个合理的炸药单耗，因此在给定的孔径条件下每个孔有一个适宜的负担面积，即 $S = a \cdot b$ 或 $b = \sqrt{\dfrac{S}{m}}$。当已知合理的钻孔负担面积和钻孔邻近系数 m 值，便可以确定排距。

8.2.5　堵塞长度

确定合理的堵塞长度和保证堵塞质量，对改善爆破效果和提高炸药能量利用率具有重要作用。

合理的堵塞长度应能降低爆炸气体能量损失和尽可能增加钻孔装药量。堵塞长度过长将会降低延米爆破量，增加钻孔费用，并造成台阶上部岩石破碎不佳；堵塞长度过短，则炸药能量损失大，将产生较强的空气冲击波、噪声和个别飞石的危害，并影响钻孔下部破碎效果。一般堵塞长度不小于底盘抵抗线的0.75倍，或取20~40倍孔径，一般不小于20倍孔径。堵塞试验表明，随着堵塞长度的减少则炸药能量损失增大。不堵塞时爆轰产物将以每秒几千米的速度从炮孔口喷出，造成有害效应，因此安全规程中规定禁止无堵塞爆破。

矿山大孔径深孔的堵塞长度一般为5~8m。堵塞物料多为就地取材，以钻孔时排出的岩碴或选矿厂的尾砂做堵塞物料。

8.2.6　单位炸药消耗量

影响单位炸药消耗量的因素很多，主要有岩石的爆破性、炸药种类、自由面条件、起爆方式和块度要求等，因此，选取合理的单位炸药消耗量值往往需要通过试验或长期生产实践来验证。单纯地增加单耗对爆破质量不一定有更大的改善，反而只能消耗在矿岩的过粉碎和增加爆破有害效应上。实际上对于每一种矿岩，在一定的炸药与爆破参数和起爆方式下，有一个合理的单耗。各种爆破工程都是根据生产经验，按不同矿岩爆破性分类确定单位炸药消耗量或采用工程实践总结的经验公式进行计算。冶金矿山的单耗一般在0.1~0.35kg/t之间。在设计中可以参照类似矿岩条件下的实际单耗，也可以按表8-3选取单位炸药消耗量（该表数据以硝铵炸药为参考）。

表8-3　单位炸药消耗量 q 值

岩石坚固性系数 f	0.8~2	3~4	5	6	8	10	12	14	16	20
q 值/kg·m^{-3}	0.40	0.43	0.46	0.50	0.53	0.56	0.60	0.64	0.67	0.70

8.2.7　孔装药量

单排孔爆破或多排孔爆破的第一排孔的每孔装药量按式（8-6）计算：

$$Q = q \cdot a \cdot W_1 \cdot H \tag{8-6}$$

式中，q 为单位炸药消耗量，kg/m^3；a 为孔距，m；H 为台阶高度，m；W_1 为底盘抵抗线，m。

多排孔爆破时，从第二排孔起，以后各排孔的每孔装药量按式（8-7）计算：

$$Q = K \cdot q \cdot a \cdot b \cdot H \tag{8-7}$$

式中，K 为考虑受前面各排孔的矿岩阻力作用的增加系数，一般取1.1~1.2；b 为排距，m。

其余符号含义同式（8-6）。

我国部分露天矿深孔爆破参数见表8-4。国外一些矿山的深孔爆破参数见表8-5。

确定露天深孔爆破参数，除参照上述国内外实际参数外，尚可以通过实验室内模型试验、现场半工业试验或在生产实践中不断摸索，使各项参数逐步接近优化，以达到良好的爆破效果。

表 8-4 我国部分露天矿深孔爆破参数

矿山名称	矿岩种类	坚固性系数 (f)	台阶高度 /m	孔距 /m 前排	孔距 /m 后排	底盘抵抗线 /m	排距 /m	超深 /m	m值 前排	m值 后排	炸药单耗 /kg·m⁻³	堵塞高度 /m
南芬铁矿	矿石	8~10	12	4.0~4.5	5.5~7.0	10~12	5.5~6.5	1~1.5	0.36~0.4	1.0	0.205~0.29①	5~6
南芬铁矿	岩石	6~12	12	4.5~5.0	6.5~7.0	9~10	6.5~7.0	1.5~3	0.45~0.5	1.0	0.25~0.285①	5~6
歪头山铁矿	矿石	12~16	12	7.5	10.0	10~11	4	2.5~3	0.68~0.7	2.5	0.25~0.27①	6~8
歪头山铁矿	岩石	8~10	12	7.5	11.0	11	5	1.5~2	0.68	2.2	0.22~0.25①	7~8
大孤山铁矿	矿石	8~16	12	6.0~7.5	6.0~7.5	8~9	5.5~7.0	2.5~3.5	0.76~0.85	1.04~1.13	0.216①	6~7
大孤山铁矿	岩石	8~16	12	6.5~8.0	6.5~8.0	8~9	5.5~7.5	2~2.5	0.8~0.91	1.07~1.13	0.215①	6~7
齐大山铁矿(南采)	矿石	14~18	12	6.5~6.8	6.5~6.8	8	5.5	2~2.5	0.81~0.84	1.17~1.18	0.7	6
齐大山铁矿(南采)	岩石	1~4	12	8.0	8.0	8~10	6.5~7.0	2~2.5	0.94	1.26	0.66	6
齐大山铁矿(北采)	矿石	10~12	12	7.0	7.0	6~7	6	2~2.5	1.08	1.17	0.5~0.55	6~7
东鞍山铁矿	矿岩	4~18	12	7.0~9.0	7.0~9.0	7~10	6.5~8.0	2~2.5	0.94~1.03	1.13~1.16	0.5~0.6	6~7
眼前山铁矿	矿石	12~17	12	9.0	9.0	8~9	7	3~3.5	0.83~0.94	1.16~1.3	0.6~0.8	6~7
眼前山铁矿	岩石	8~10	12	6.5~7.8	6.5~7.8	7~9	5.5~6.0	3~3.5	0.97	1.35	0.45~0.55	6~7
甘井子石灰石矿	矿石	6~8	12~13	7.7~8.0	7.7~8.0	7~9	5.5~6.0	2.5	1.1	1.68	0.3~0.4	7
南山铁矿(凹山)	矿石	4~7	14~15	11.0	11.0	9~10	6.5	2~3	0.59	1.08	0.32~0.35	8
南山铁矿(凹山)	岩石	2~12	14~15	6.0~7.0	6.0~7.0	9~12	5.5~6.5	1.5~2	0.55~0.68	1.08~1.15	0.28~0.37	8
海南铁矿	矿岩	2~16	12	5.0~7.0	5.0~8.0	<9	4.5~7.0	1.5~2		2.0~3.5	0.16~0.26①	>6
水厂铁矿·东山矿	东山岩	>14	12	7.4~9.7	7.4~9.7	7~9.8	5.3~6.4	1.5~2	0.87~1.2	1.0~1.62*	0.37~0.59	4~7
水厂铁矿·东山矿	南山矿	12~14	12	8.5~8.8	8.5~8.8	7.5~8.6	6.0~6.1	22.5	1.02~1.13	1.42~1.44	0.44~0.56	5~7
水厂铁矿·东山矿	北山矿	12~14	12	8.1~10.0	8.1~10.0	6.9~8.0	5.0~6.4	2.5~3	1.08~1.3	1.33~1.6	0.35~0.55	5~8
德兴铜矿	I类矿岩	10~12	10.9	7.5~8.5	7.5~8.5	10	6.0~7.0	2~3			0.77	装填比
德兴铜矿	II类矿岩	6~8	16.8	7.5~8.5	7.5~8.5	10	6.0~7.0	2~2.5			0.486	1:0.7~0.8

①炸药单耗的单位为 kg/t。

表8-5　国外一些矿山的深孔爆破参数

国家	矿山名称	地质情况	孔径/mm	段高/m	超深/m	底盘抵抗线或排距/m	孔距/m	单位耗药量/kg·t⁻¹	爆破排数/排	延米爆破量/t·m⁻¹
美国	西雅里塔铜矿	辉铜矿，石英闪长岩	310, 250	15	2.7	7.5~9.0	7.8~9.0			
	明塔克铁矿	铁燧岩	310, 250	12	1.2~1.5	6.0~8.5	6.0~8.5	0.294	4	
	希宾铁矿	铁燧岩	380, 310	15	1.5	7.2~10.8	7.2~10.8	0.18, 0.24		
	雷鸟铁矿	矿、岩	240, 250	10.5	1.1	7.8~10.2	7.8~10.2	0.15, 0.23	4~6	
	鹰山铁矿	赤铁、磁铁矿，白云岩，石英岩	228, 170	13.5	4.5	4.2~8.4	4.2~8.4		2~5	
	伊利铁矿	铁燧石	230, 310	10.5	1.5	5.5~5.8	5.5~5.8	0.7, 1.2kg/m³	4~5	
	皮马铁矿		250, 228	12	2.4~3.0	7.2	8.1	0.34		
苏联	南部露天铁矿	磁铁石英岩	220, 320	10.5~32.1	3.0~4.5	7.1~7.7	7.5~7.8	0.67, 0.98kg/m³		48.5~57m³/m
	中部露天铁矿	矿、岩	320	15.0~30.2	2.9~3.1	8.2~8.5	7.9~8.6	0.55, 0.65kg/m³		54~63.8m³/m
	别洛斯尼克铜矿	矿石	250	15.0	3.0	6.6	8.0~8.5	0.42, 0.975kg/m³		54~63.8m³/m
澳大利亚	纽曼山铁矿	矿、岩	200	15.0	1.5	4.5, 6.0	4.5~6.0		10（最大）	
	巴伦铁矿	矿、岩	250	7.5~15.0	0.75~1.5	6.6, 6.0	6.6~7.2		3	
	戈茨沅西山铁矿	矿、岩	228	9.0	2.4	6.0	6.0		1~3	
加拿大	汤姆普赖斯山铁矿	矿石	310, 380	15	3.8	7.6	7.6	0.38	3~5	
	斯卡利铁矿	镜铁矿，石英岩，赤铁矿	310, 250	12	1.2	7.8~8.4	7.5	0.227	6	235
	格里非斯妮铁矿	磁铁矿	228, 250	10.5		7.8	7.8			108~113
	拉克珍妮铁矿	镜赤铁矿	310	12	1.0~1.5	8.7~9.0	8.7~9.0		8	
	卡罗尔铁矿	矿、岩	250	13.5, 19.5		7.0	7.0	0.4		150
	亚当斯铜矿	铁矿石，火山岩	250	12		6.6~6.9	7.2~7.5	0.22		160
	谢弗维维尔铁矿	矿、岩	250	11.5		7.8	8.4	0.16		135
	莱特山铁矿	赤铁矿，石英，闪长岩	310		1.2~2.1	8.5~9.1	8.5~9.1	0.4	5	
	基德湾有色矿	矿、岩	250	12.0		6.0~6.7	7.0~8.5	0.18, 0.27	3	135~165
	铜山铜矿	矿、岩	250	12.0		7.5~8.0	7.5~8.0	0.13		207~241
	杰西铜矿	矿、岩	250	10.0		7.5	7.5	0.14		172
	布达铜矿	矿、岩	310	15.0		7.8	9.0	0.22		180~190
瑞典	斯瓦的瓦拉铁矿	矿石，岩石	114, 89	10.5	1.0~1.2	3.6, 3~4	4.2, 4~5	0.25, 0.33		40~43
	爱迪克铜矿	矿石	250	15.0	2.0~3.0	8	10	0.3		221~284

8.3 大区多排孔毫秒微差爆破技术

8.3.1 微差爆破原理

微差爆破又称为毫秒爆破，是以毫秒时间间隔依次顺序起爆多个炮孔或多排炮孔。一次爆破区域（爆破量）很大的爆破，称为大区微差爆破。由于多排孔一次按顺序起爆，在后排孔起爆时，前排孔的爆碴起到阻挡作用，所以在多排孔微差爆破时必然存在挤压爆破的问题。

实践表明，这种爆破方法与过去普遍应用的单排孔齐爆或秒微差相比，具有降低地震效应、爆下的岩块均匀、大块率降低、爆堆比较集中、炸药单耗量减小等优点。

8.3.1.1 应力波叠加作用

高速摄影资料表明，当底盘抵抗线小于 10m 时，从起爆到台阶坡面出现裂缝，历时约 10~25ms；台阶顶部鼓起历时约 80~150ms；此后爆生高压气体逸出，鼓包开始破裂。在深孔微差起爆中，后爆药包较先爆药包延迟十至数十毫秒起爆，这样后爆药包是在相邻先爆药包的应力、震动作用下处于预应力的状态中（即应力波尚未消失）起爆的。两组深孔爆破产生的应力波相互叠加，可以加强破碎效果。

8.3.1.2 增加自由面作用

在先爆深孔破裂漏斗形成后，它对后爆深孔来说相当于新增加的自由面，如图 8-4 所示。后起爆孔的最小抵抗线和爆破作用方向都有所改变，增多了入射压力波和反射拉伸波在自由面方向的破碎岩石作用，并减少夹制作用。

8.3.1.3 增加岩块相互碰撞作用

当第一响炮孔爆破时，爆破漏斗内的破碎岩石起飞尚未回落时，相邻第二响炮孔已经起爆，此时破碎的岩石也朝刚形成的补充自由面方向飞散，二者相互碰撞。在密集的"岩块幕中"后爆药包的爆生气体不易逸散到大气中，从而又增加了补充破碎机会。接着后排第三响又起爆，在微差适当的时间内，与第一、二响破碎的岩石可能再次碰撞，形成第三次破碎，如图 8-5 所示。在碰撞破碎过程中，岩石中的动能降低，导致抛距减小，爆堆相对集中。

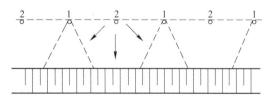

图 8-4　露天台阶单排孔微差爆破
1—第一组起爆；2—第二组起爆

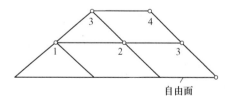

图 8-5　微差爆破引起的岩石三次破碎
1~4—顺序被起爆的炮孔

8.3.1.4 减小爆破地震作用

由于微差爆破显著地减小了单响的药量，即将原来同时齐爆药量在时间上得以分散，因此，爆破地震能量也在时间上和空间上加以分散，使地震强度大大降低。如果微差时间选得适当，两组地震波还可能产生干扰，也会削弱地震波的强度，一般可降低地震强度 $1/3 \sim 1/2$。

8.3.2 微差间隔时间确定

微差起爆的间隔时间，是一个十分重要的技术参数，也是一个涉及面较广的比较复杂的问题。因而许多研究工作者都在探讨这一问题，从不同的角度考虑出发，提出了许多研究成果。

合理的时间间隔，应以达到形成新自由面的时间最合理，破碎质量最佳，减震效果最好为原则。目前，关于微差爆破的理论和假说较多，相应的计算时间间隔公式也较多，极不统一，在此只能将有关公式做一介绍，供读者参考。

8.3.2.1 按有效的（充分的）应力叠加作用确定

颇克洛夫斯基等认为，先爆炮孔产生的压应力波及气楔作用，使自由面方向的岩石发生强烈变形和移动，随着爆炸气体的逸散，孔内空腔压力下降，在岩石弹性恢复力的作用下，自孔壁向周围岩石产生拉伸波，若在此时起爆相邻一组炮孔则为最佳时间，将产生良好的爆破效果。

$$\Delta t = \frac{a}{c_p} + t_1 \tag{8-8}$$

式中，Δt 为微差间隔时间，s；a 为炮孔间距，m；c_p 为压应力波传播速度，m/s；t_1 为爆生气体有效压力作用时间，s，$t_1 = 5 \times 10^{-4} \sqrt{Q_1}$；$Q_1$ 为单孔装药量，kg。

8.3.2.2 按形成补充自由面确定

哈努卡耶夫认为，先爆炮孔刚好形成爆破漏斗，且爆岩脱离岩体，即形成 $0.8 \sim 1.0$ cm 宽的贯通裂缝为宜，如图 8-6 所示。

$$\Delta t = t_1 + t_2 + t_3 = \frac{2W}{c_P} + \frac{R}{u_{TP}} + \frac{s}{u_{CP}} \tag{8-9}$$

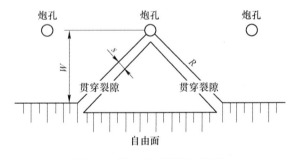

图 8-6 微差时间计算示意图

式中，t_1 为弹性应力波传至自由面并返回所经历的时间；t_2 为形成裂缝的时间；t_3 为破碎的岩石离开岩体距离 s 时间；W 为最小抵抗线，m；c_P 为岩体中声波速度，m/s；R 为裂缝长度（$R \approx W$），m；u_{TP} 为裂缝扩展速度，$u_{TP} \approx 0.05c_P$；s 为裂缝宽度，$s \approx 0.01$m；u_{CP} 为岩石运动平均速度，m/s。

如取 $W = 50$m，$c_P = 4000$m/s，$u_{TP} = 200$m/s，$u_{CP} = 50$m/s，则可近似算出 $t_1 = 2.5$ms，$t_2 = 25$ms，$t_3 = 0.2$ms，$\Delta t = 27.7$ms。

8.3.2.3 按爆生气体膨胀作用确定

伊藤一郎认为不仅应使应力波有效叠加而且还应在前一段爆破所产生的气体膨胀作用正在进行破碎作用时，下一排孔起爆。

$$\Delta t = (2 \sim 5) + \frac{W}{c_2} \tag{8-10}$$

式中，c_2 为岩石裂缝扩展速度，一般 $c_2 = 100 \sim 150 \mathrm{m/s}$。

8.3.2.4 按抵抗线和岩石性质确定

（1）我国长沙矿山研究院提出公式：

$$\Delta t = (20 \sim 40) \frac{W_0}{f} \tag{8-11}$$

式中，f 为岩石普氏系数；W_0 为实际最小抵抗线，m。在清渣爆破条件下，取其为底盘抵抗线；在压渣条件下，为底盘抵抗线与压渣折合抵抗线的和。

（2）兰格弗斯等人提出公式：

$$\Delta t = k \cdot W \tag{8-12}$$

式中，k 为与岩石条件有关系数，坚硬岩石取 $k = 3$，中硬以下岩石 $k = 5$。

（3）苏联矿山部门提出公式

$$\Delta t = K' \cdot W (24 - f) \tag{8-13}$$

式中，K' 为岩石裂隙系数，裂隙不发育的岩石 $K' = 0.5$；中等发育岩石 $K' = 0.75$；裂隙发育岩石 $K' = 0.9$。

由于矿岩条件的复杂性、爆破材料性能指标的离散性、孔网实际参数的不均匀性、实施微差起爆器材的局限性等等，因此，作为工程爆破，其最优微差起爆时间间隔应是一个区间或范围，而不应是一个固定值。

8.3.3 实现大区多排孔毫秒微差爆破技术措施

8.3.3.1 按经济损失最小计算同时爆破区数

考虑露天矿生产能力、电铲工效、爆破引起的停产时间、电铲停产台数、输电线路的拆除和修复等因素，按下式计算经济损失最小的同时爆区数按下式计算：

$$n = \sqrt{\frac{C \cdot T \cdot N^2}{C_1 \left(\dfrac{12 m_3 \cdot Q}{Q_{\mathrm{CP}}} + \dfrac{m_5 \cdot B \cdot t_5}{A_{\mathrm{VP}}} \right)}} \tag{8-14}$$

式中，C 为露天矿平均小时生产能力，t/h；N 为计数采区区段数；T 为由于爆破引起的停产时间和因测试和接通输电线路引起的停产时间之和，h；C_1 为电铲平均小时工效，t/h；m_5 为拆除和恢复输电线路时，电铲停产台数；m_3 为装药时电铲停产台数；B 为在计划期内拆除与恢复的输电线路跨数；Q 为引起电铲停产区段在计划区内必需装填的炸药量，t；Q_{CP} 为爆孔装药的日平均工效，t；A_{VP} 为一次爆破时间内拆除和恢复的输电线路数目；t_5 为拆除和安装输电线路的平均时间，h。

8.3.3.2 预装药爆破技术

预装药爆破技术是一种新的爆破工艺，在国外早已采用。这种新的爆破工艺主要依赖于非电导爆系统本身所具有的特性（即防交直流低压电、静电、杂电、雷电、防火、防水和防撞击等安全性能）。

预装药爆破技术可把集中装药变为分散装药，减轻工人的劳动强度，它不仅解决了推广应用大区爆破时，人工装药工作量大与人力不足的矛盾，而且也解决了矿山炸药厂的均衡生产问题，同时也解决了透孔工作量，降低了废孔率和穿爆成本。更为重要的是降低了大块和根底产出率，使爆破不受雨季的限制，安全可靠。

8.3.3.3　起爆材料

大型露天矿山为了增大爆破规模，近来逐渐推广大区微差爆破技术，并相继从国外引进了现场混装炸药车，期望一次爆破矿岩量达到 100 万吨左右。由于爆破规模的扩大，如何提高爆破效果，降低爆破振动的危害，保护露天边坡的稳定与矿山设备以及工业民用建筑的安全，是工程爆破必须解决的重大问题。同时准爆和防止早爆、拒爆又是一切工程爆破的最基本要求。为了解决这些问题必须从起爆材料上着手加以研究。

例如大区微差爆破，一次起爆多排孔，就必须有高精度多段微差雷管或采取相应措施解决分段起爆技术。又如现场混装药车在现场生产炸药并装填炮孔，炮孔中乳化炸药的温度一般在 80℃ 左右，要求塑料导爆管系统具有耐高温的性能；有些矿山在高寒地区作业，这就同时要求塑料导爆管系统具有耐低温性能；由于采用了大区微差爆破技术，炮孔装药要 3~6 天时间，因此，也要求塑料导爆管起爆系统具有在高温下长时间的耐乳化炸药腐蚀的性能等。

8.3.3.4　异步分区起爆与大规模干扰降震

异步分区起爆与大规模干扰降震技术的实质就是将一个大爆区可以对称地分为 n 个分爆区；在对称位置上的炮孔孔数，装药量和岩性基本上要相同，起爆斜线的斜率要相近；按合理异步分区时间 $\Delta\tau$ 先后起爆各区对称位置上的各段炮孔，即整个爆区都能在后方产生地震波的干扰。

它的基本原理，即对称位置在后方产生干扰的原理，是以某间隔时间先后产生相同的波，于爆区后方测震点都有干扰，在后方中线上的干扰最大。每个炮孔爆炸在测点测得的波形、幅度和相位都有差异，而且段别、同段孔数、每孔雷管数、延时相对离散度、实际延时起爆间隔都对波形有影响。因此，对称位置产生干扰是大规模干扰降震的必要条件。这里的关键是对称分区及其起爆延时的合理性。

$$\Delta\tau = a \cdot (\rho \cdot c)^b \cdot \tau \tag{8-15}$$

或
$$\Delta\tau = k \cdot \tau$$

式中，a，b 为小于 1.0 的系数；$\rho \cdot c$ 为介质波阻抗，$\times 10^6 \mathrm{kg \cdot s/m}$；$k$ 为安全系数，$k = 1.2 \sim 1.5$；τ 为孔间微差时间，ms。

$$\tau = (1.2 \sim 2.0)Q^{\frac{1}{3}} + \left(10.7\frac{\gamma_e \cdot D}{\gamma_r \cdot c_r} - 1.78\right) \cdot Q^{\frac{1}{3}} + \frac{S}{v_a} \tag{8-16}$$

式中，Q 为孔内平均装药量，kg；γ_e、γ_r 为装药密度、岩石容重，g/cm³；D、c_r 为炸药爆速、岩石波速，m/s；S 为孔后部裂隙宽度，取 10mm；v_a 为岩块平均位移速度，4~12m/s。

8.3.3.5　宽孔距小抵抗线毫秒爆破技术

露天矿台阶多排孔微差爆破合理的起爆参数是由炮孔布置及起爆顺序决定的，合理的起爆将为一个炮孔爆破造成合理的自由面形状，如图 8-7 所示。

在炮孔 D 爆破时，若能形成 ADB 平面漏斗，那么当 AB 平面上存在一个三角形带 AFB 时，只要满足于 $DF \leqslant DB$ 的条件，一定可以形成 $ADBF$ 漏斗。由于凸面 AFB 的存在，使

AFB 自由面上各点的阻力与沿着 DB 线方向的最大阻力相接近，可以避免炮孔 D 爆破时，爆炸气体的过早逸散，有利于爆炸能量的充分利用，可加强对漏斗内岩体的破碎作用。自由面上到炮孔中心距离相接近的各点组成的自由面称为等阻力自由面。采用三角形布孔斜线起爆时，可以通过合理的起爆顺序为一个炮孔爆破造成等阻力自由面，它能在不增加穿孔量的条件下，

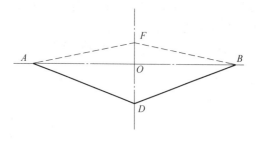

图 8-7 三角形布孔形状图

使炮孔爆破的抵抗线变小，炮孔间距变大，大大增加破碎量和降低大块率。

8.4 挤 压 爆 破

岩石爆破破碎后，其体积一般要比原生状况增大，所以在预爆破岩石自由面前应有足够的补偿空间来容纳爆破碎胀部分的岩石体积。在地下爆破崩矿时，为准备这一补偿空间，所进行的拉底或开凿切割槽工程，工作效率很低，作业条件差，并伴有爆破岩块抛掷和空气冲击波产生，在露天台阶爆破时，为了保护生产设备，还需要在爆破前后拆装轨道和移运大型设备，因此，既影响生产又不利于系统工程技术经济效益的提高。为了提高炸药能量利用率和改善爆破效果，在预爆破岩石自由面前面无须形成足够的补偿空间，而只预留一定厚度和高度的已爆矿岩碴堆，这样的爆破技术称为挤压爆破或压碴爆破。

8.4.1 挤压爆破机理

挤压爆破可以改善爆破效果，提高经济效益，已为公认，但目前就其爆破机理的研究还很不充分。地下采场和露天采场挤压爆破虽然在机理上是一致的，但在实际应用上略有区别，所以无论在设计上还是在施工中应予以充分注意。下面就露天台阶挤压爆破问题来讨论其爆破作用原理。

（1）由于留碴（压碴）的存在，爆破时阻碍了破碎岩块向前运动，从而延长了岩体中应力波和爆炸气体作用时间，提高了爆炸能量利用率。

（2）留碴给予被爆矿岩以强大阻力，允许用提高装药量的方法以增加破碎能量，改善爆破效果。

（3）爆后脱离矿岩体的岩块可直接与前方的松散碴堆冲击碰撞。因其间距很小，高速冲击与碰撞的结果，必将使矿岩进一步破碎（即补充破碎），提高破岩质量。

根据应力波传播理论，药包爆炸在矿岩中引起应力波的传播。当应力波传到自由面（界面）时，一部分入射波能量转化为反射波，其余部分转化为透射波。根据能量守恒原理，在界面处如图 8-8 所示，应有：

$$E_0 = E_1 + E_2$$

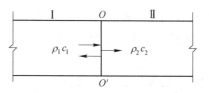

图 8-8 应力波通过不同介质的传播

式中，E_0 为入射波总能量；E_1 为从 OO' 界面透射到介质 II 的能量；E_2 为从介质 I 通过界面 OO' 透射到介质 II 的能量。

根据应力波理论，入射波同反射波和透射波三部分能量间有如下关系。

$$E_1 = \left(\frac{\rho_1 c_1 - \rho_2 c_2}{\rho_1 c_1 + \rho_2 c_2}\right)^2 E_0 \tag{8-17}$$

$$E_2 = \frac{4\rho_1 c_1 \rho_2 c_2}{\rho_1 c_1 + \rho_2 c_2} E_0 \tag{8-18}$$

挤压爆破效果好坏的关键，在于合理确定压碴密度 ρ_2 和厚度以及相应地在压碴中弹性波的传播速度 c_2。挤压爆破与清渣爆破不同，爆破前在自由面前方留有一定厚度的压碴。由于自由面前方松散矿岩的波阻抗大于空气的波阻抗，因而反射波能量将减少（约减小 20%~30%），而透射波能量增大。这部分透射波能量被压碴吸收，不利于矿岩的充分破碎。但从另一方面看，由于松散碴堆的阻挡作用，矿岩会受到充分破碎。

根据界面两侧波阻抗对反射系数 η 的影响，可衡量反射波的程度，反射系数 η 可由下式计算：

$$\eta = \left(\frac{\rho_1 c_1 - \rho_2 c_2}{\rho_1 c_1 + \rho_2 c_2}\right)^2 \tag{8-19}$$

如令压碴的松散系数为 K，则

$$K = \frac{V_y}{V_s} = \frac{\rho_1}{\rho_2} \tag{8-20}$$

式中，V_s 为压渣的松散体积；V_y 为原岩体积。

即 $\rho_1 = K\rho_2$，故可得：

$$\eta = \left(\frac{\rho_1 c_1 - \rho_2 c_2}{\rho_1 c_1 + \rho_2 c_2}\right)^2 = \left(\frac{K\rho_2 c_1 - \rho_2 c_2}{K\rho_2 c_1 + \rho_2 c_2}\right)^2 = \left(\frac{Kc_1 - c_2}{Kc_1 + c_2}\right)^2 \tag{8-21}$$

由上式观察可知，当 ρ_2 变低时（相当于 K 变大），η 值增大，即 η 正比于 K。所以，要根据上述关系来控制留碴的密度，以保证一定的 K 值而得到最佳的 η 值。

在挤压爆破参数中，关于留碴厚度问题，目前主要是采用经验值。从充分利用爆炸能量的观点，也可以建立理论计算公式。其观点为：在选定的矿岩地质条件下（W、q 为定值），应最充分地利用爆炸能量且使破碎的岩块为最优。

原理与公式导出如下。

设单位体积矿岩所获得的爆炸能为 E_1，并以动能表示，则有：

$$E_1 = \frac{\rho \cdot v_{max}^2}{2} \tag{8-22}$$

式中，ρ 为矿岩密度；v_{max} 为质点最大运动速度。

现将炸药单耗 q 和 E_1 建立如下关系：

$$E_1 = k \cdot q \cdot E_0 \tag{8-23}$$

式中，k 为爆炸能用于破岩及其位移的能量系数；E_0 为炸药比能（每 34 炸药具有的能量）。

则：

$$E_1 = \frac{\rho \cdot v_{\max}^2}{2} = k \cdot q \cdot E_0 \tag{8-24}$$

$$v_{\max} = \sqrt{\frac{2k \cdot q \cdot E_0}{p}} \tag{8-25}$$

由应力波理论可知：

$$v_{\max} = \frac{\sigma_{压}}{\rho \cdot c_p} \tag{8-26}$$

式中，$\sigma_{压}$ 为矿岩抗压强度；c_p 为应力波传播速度。

分析以上公式，当用公式（8-25）计算所得的 $v_{\max}$ 若大于用公式（8-26）计算所得的 $v_{\max}$ 时，说明除矿岩被破碎之外，还可使矿岩具有一定的动能。这种动能可视为被一定厚度的留碴所吸收。根据此原理，应以多大的留碴厚度与之相适应呢？根据动量守恒（能量守恒）定律来考虑，不留碴时，单位体积矿岩的动量（矿岩破裂时传给岩块中的动量）应为：

$$I = \rho \cdot v_{\max} \tag{8-27}$$

有压碴时，单位体积矿岩的动量（两侧均为连续介质）应为：

$$I_1 = \left(\rho + v_1 \frac{\delta}{W_1} \right) \cdot v_{1\max} \tag{8-28}$$

式中，δ 为留碴厚度；ρ_1 为留碴密度；v_1 为质点运动速度；W_1 为第一排孔底盘抵抗线。

根据上述分析，如令 $I = I_1$，则得：

$$\rho \cdot v_{\max} = \left(\rho + v_1 \frac{\delta}{W_1} \right) \cdot v_{1\max} \tag{8-29}$$

即

$$\delta = \frac{\rho}{\rho_1} W_1 \left(\frac{v_{\max}}{v_{1\max}} - 1 \right) = K \cdot W_1 \left(\frac{v_{\max}}{v_{1\max}} - 1 \right) \tag{8-30}$$

联立式（8-25）、式（8-26）、式（8-30）可得，$\delta = K \cdot W_1 \left(\dfrac{\sqrt{2k \cdot q \cdot E_0 \cdot \rho \cdot c_p^2}}{\sigma_{压}} - 1 \right)$，因

$c_p = \sqrt{\dfrac{E}{\rho}}$，$E = c_p^2 \cdot \rho$，代入上式得：

$$\delta = K \cdot W_1 \left(\frac{2k \cdot q \cdot E_0 \cdot E}{\sigma_{压}} - 1 \right) \tag{8-31}$$

分析公式（8-31）可知，δ 取决于：（1）炸药类型及单耗 q；（2）矿岩的松散系数 K、$\sigma_{压}$ 及 E；（3）根据国外资料，K 值为 0.14~0.20，其变化范围取决于炸药单耗。

注：以上各公式理论推导没有代入计量单位。

8.4.2 地下深孔挤压爆破

8.4.2.1 概述

地下采场与露天台阶挤压爆破不同，它是在有限空间条件下进行的。无底柱或有底柱分段崩落采矿法的爆破就是地下采场挤压爆破的典型例子，如图 8-9 所示。为了获得良好

的爆破效果，须注意以下几个问题。

（1）为避开前次爆破后裂的影响，每次爆破的第一排孔最小抵抗线要比其他排距大 20%~40%；与此同时，装药量也要相应增大。

（2）一次爆破的排数不宜过多。随着爆破排数的增加，破碎的矿石越来越被压实，最后成为没有补偿空间的爆破。这样，不但影响爆破效果，而且将使最后几排深孔受到破坏。一般中厚矿体一次爆破层厚度以 10~20m 为宜。

（3）需留必要的补偿空间，一般用补偿系数 K_B 表示。补偿系数是补偿空间的容积对崩落矿石原体积之比。K_B 一般取 0.1~0.3。挤压爆破的补偿空间可以通过松动放矿获得。

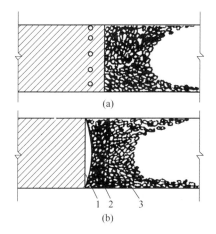

图 8-9　地下采场挤压爆破
（a）爆破前；（b）爆破后
1—空槽；2—位移区；3—挤压区

（4）多排孔挤压爆破的炸药单耗量比普通爆破时要高一些，一般要高出 15%~20%。

（5）多排孔挤压爆破排间微差间隔时间比普通爆破长 30%~60%，以使前排孔爆破的矿石产生位移形成良好的空隙槽，为后排创造补偿空间或充分的自由面。

8.4.2.2　向相邻松散矿岩挤压爆破

爆破时，事先不要开凿专门补偿空间，而是借爆炸应力波强烈压缩和爆炸气体膨胀推力的作用，挤压相邻松散岩石来获得补偿空间。爆破后在工作面处的松散矿石挤压之后形成一道空槽，其最大宽度可达 1m 左右。随着爆破层厚度的增加，工作面的空槽逐渐减小，直到完全消失。

单排孔爆破只有一次挤压作用，爆破效果改变不大。因此，多排挤压爆破毫秒起爆法，是地下深孔爆破常用的挤压爆破方法。

第一排孔的爆破情况和单排孔相似，后面各排以毫秒间隔顺序起爆。由于前后各排深孔间的起爆时间间隔很短，前面爆下的矿石以一定的动能向前挤压，爆破工作面前形成暂时空槽，这时后排深孔起爆，可以充分利用反射波的能量将矿石拉伸破碎，加大飞石速度，而且受碴堆阻挡作用爆炸气体的作用时间延长，有利于破碎。

地下采矿多排孔挤压爆破时，一次爆破孔数、排数较多，崩矿体范围较大。所以，地下采矿深孔多排压爆破的主要参数及工艺与微差相同，除了要严格按照微差爆破的基本要求外，还必须考虑下列参数。

（1）松动系数。爆破后，松散矿石被挤压。为了保证下一次挤压爆破有足够的松散度，必须松动放矿，放出矿量是前次崩矿量的 20%~30%。

（2）补偿系数。挤压爆破可以不开凿专门的"补偿空间"，但是为了容纳爆破后具有一定碎胀系数的松散矿石，仍需要一定补偿空间，其容积以补偿系数 K_B 来表示：

$$K_B = \frac{V_B}{V} \times 100\% \tag{8-32}$$

式中，V_B 为补偿空间的体积；V 为崩落矿体原体积。

一般条件下，$K_B = 10\%~30\%$。

（3）最小抵抗线。它是爆破的主要参数之一，与矿石性质、炸药性能、炮孔直径和爆破层厚度等因素有关。为防止破坏下一次爆破的第一排孔，减少或消除冲入巷道的矿石量，有的矿山采取适当减少每次爆破最后一排炮孔孔口部分的装药量，以及适当加大第一排炮孔最小抵抗线的办法来解决这个问题。同时为了满足第一排炮孔要求加大爆破能量的需要，防止其部分炮孔破坏所带来的不利影响，在第一排孔后 0.4~0.6 排距处增加一排炮孔，称之为加强排。加强排与第一排同时起爆。一般第一排孔的最小抵抗线比排距增加 20%~40%，装药量增加 25%~30%。

（4）一次爆破层厚度。增加一次爆破层厚度，可增大爆破量，减少循环次数，而且因炮孔排数或层数的增加，在一定范围内有利于挤压矿石的位移，有利于矿石补充破碎，更有效地利用炸药能量。但是爆破层太厚，将会产生矿石"挤死"现象，造成矿石难放出，甚至破坏下次爆破的深孔。

（5）装药结构。扇形深孔不装药长度应大于最小抵抗线 1~2 倍；孔口装药端的相互距离应大于相当于 0.8 倍的最小抵抗线长度。

（6）毫秒间隔时间。挤压爆破比一般爆破的毫秒间隔时间长 30%~60%，使前排爆破能形成良好的空槽，以利后排的挤压作用。

8.4.2.3 小补偿空间挤压爆破

地下矿小补偿空间挤压爆破，是要事先开凿专门的补偿空间。但只有崩落矿石的松散系数小于 1.2~1.3 时，才可采用小补偿空间挤压爆破。这种挤压爆破是在被崩落的矿体内，事先开凿一个或几个小补偿空间。由于补偿空间比较小，自由空间爆破时，抛掷矿石的部分能量转化为破碎矿石。当崩落矿石已充满补偿空间后，其继续崩落故石的爆破机理与前述挤压爆破相同，而且不受相邻矿的约束，一次爆破量可以灵活掌握。

小补偿空间挤压爆破可以广泛用于有底部结构强制崩落法的各种回采方案。由于回采方案不同，这种挤压爆破大体可以分为两类：一是利用切割槽（井）作自由面的小补偿空间挤压爆破；二是利用拉底空间作自由面的小补偿空间挤压爆破。

在小补偿空间挤压爆破中，切割槽（井）的位置和数量是一个重要因素。一个槽（井）负担的崩矿厚度，一般可达 10~15m。切割槽（井）的位置应布置在矿体的最厚部位。切割槽（井）的爆破质量和拉底层临时矿柱的爆破质量，具有更为重要的意义，它往往决定整个采场爆破的成败。小补偿空间挤压爆破独立性强，灵活性大，除黏结性大的矿石外，一般都能应用。

8.4.3 露天台阶挤压爆破

露天矿多排孔挤压爆破与自由空间爆破相比具有以下优点：爆堆集中、块度小、没有根底、铲装效率高、矿岩飞散距离小，安全距离大大减小。

露天挤压爆破的主要参数及工艺与大区微差爆破基本相同，现仅将不同的参数介绍如下。

8.4.3.1 单位炸药消耗量

挤压爆破时反射波的应力和能量降低，透射波的应力和能量增大。为了不降低反射波能量，需相应增加挤压爆破的单位炸药消耗量 q_j：

$$q_j = k \cdot q$$

式中，q 为标准条件下的炸药消耗，kg/m^3；k 为挤压系数，与矿体、矿石波阻抗有关，$k = \left(\dfrac{\rho_1 c_1 + \rho_2 c_2}{\rho_1 c_1 - \rho_2 c_2}\right)^2$，一般 $k = 1.0 \sim 1.4$。

其中第一排孔的炸药单耗要比其他各排孔增加 10%~15%；最后一排孔的排距应缩小 10%，炸药单耗增加 30%~40%。

8.4.3.2 留碴厚度

矿山具体条件不同，因而合理的留碴厚度亦不相同，下面介绍几种留碴厚度的计算公式，可供参考使用。

$$B = \frac{K_p W_d}{2}\left(1 + \frac{\rho_2 c_2}{\rho_1 c_1}\right) \tag{8-33}$$

$$B = K_p W_d\left(\frac{\sqrt{2 K_q E \cdot \Delta}}{\sigma_y} - 1\right) \tag{8-34}$$

$$B = K' \frac{D}{(1.7s + W_d) \cdot \gamma} \tag{8-35}$$

式中，B 为留碴厚度，m；K_p 为留碴松散系数，$K_p = \dfrac{\rho_1}{\rho}$；$W_d$ 为底盘抵抗线，m；ρ_1、ρ_2 为矿体、矿碴密度，kg/m^3；c_1、c_2 为矿体、矿碴中纵波速度，m/s，$c_2 = 500(3 + d_n)$；d_n 为矿碴内岩块平均尺寸，m；K_q 为用于破碎矿（岩）的炸药能量利用系数，$K_q = 0.04 \sim 0.2$；E 为矿石弹性模量，$E = \rho_1 c_1^2$；Δ 为炸药比能，$kg \cdot m/kg$；σ_y 为矿石极限抗压强度，MPa；D 为炮孔直径，m；s 为留碴顶部平均厚度，m；γ 为矿石容重，t/m^3；K' 为推力系数，$K' = 2.8 \times 10^3 t/m^2$。

国内一些矿山的留碴厚度 B 一般为 10~15m 左右，个别矿山的留碴厚度达到 20~25m。

8.4.3.3 一次爆破的排数

从提高爆破效果的目的出发，一般不采用单排孔留碴爆破。生产实践表明，露天挤压爆破一次应不少于 3~4 排，多数用 4~7 排。排数过多，势必要增大单位炸药消耗量，而且难以保证爆破效果。

8.4.3.4 毫秒间隔时间

为了有较长时间挤压前面的碴堆，毫秒间隔时间一般要比普通微差爆破的间隔时间长 30%~50%。我国露天矿多排孔挤压爆破的间隔时间常取 50ms 以上。

8.5 光 面 爆 破

8.5.1 概述

光面爆破，就是控制爆破的作用范围和方向，使爆破后的岩面光滑平整，防止岩面开裂，以减少超挖、欠挖和支护的工作量，增加岩壁的稳固性，减少爆破的振动作用，进而达到控制岩体开挖轮廓的一种技术。如图 8-10~图 8-12 所示。

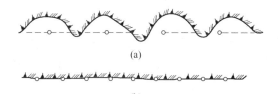

(a)

(b)

图 8-10　普通爆破和光面爆破的效果

（a）普通爆破；（b）光面爆破

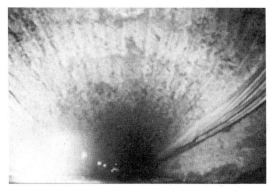

图 8-11　井巷光面爆破的效果

图 8-12　边坡光面爆破的效果

8.5.2 光面爆破的特点

与普通爆破相比较，光面爆破的特点是：

（1）周边轮廓线符合设计要求。

（2）爆破后的岩面光滑平整，通风阻力小，岩面上应力集中现象减少，肉眼几乎看不到爆破裂隙，原有构造裂隙也不因爆破影响而有明显扩展，可保持围岩的整体性和稳定性，有利于施工的安全。

（3）可减少超挖或欠挖，节省因超挖和欠挖而增加的工程量和费用，提高工程速度和质量；光面爆破后通常可在新形成的壁面上残留清晰可见的半边孔壁痕迹。

（4）与喷射混凝土和锚杆支护相配合，正逐步形成一套多快好省的工程施工新工艺。

8.5.3 光面爆破参数

为获得良好的光面效果，一般可选用低密度、低爆速、低体积威力的炸药，以减少炸药爆轰波的击碎作用和延长爆炸气体的膨胀作用时间，使爆破作用为准静压力作用，应尽可能应用光面爆破专用药卷以获得预期的效果。

8.5.3.1 不耦合系数 K

不耦合系数 K 是指炮孔直径 d 和药卷直径 d_0 之比，即 $K = d/d_0$。不耦合系数 $K = 1$，表示炮孔直径和药卷直径完全耦合，炮孔全部被炸药装满，药卷与孔壁之间没有空隙（如图 8-13 所示）。此时，爆轰压力对孔壁作用明显。$K > 1$，表示炮孔直径与药卷直径不耦合，药卷与孔壁之间有空隙。K 越大，则空隙也越大。合理的不耦合应使炮孔压力低于岩壁动抗压强度而高于动抗拉强度。如果 $K_c > K > 1$（K_c 为产生压碎圈的临界不耦合系数），光面爆破的效果就不好。$K > K_c > 1$ 是进行光面爆破时获得良好效果的必要条件。实践证明，$K \geq 2 \sim 5$ 时，光面效果最好。

不耦合系数 K 的取值一般介于 $1.1 \sim 3.0$ 之间，采用最多的是不耦合系数 $K = 1.5 \sim 2.5$。

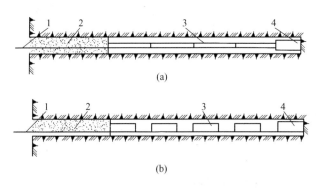

图 8-13　光面爆破炮孔装药结构

（a）环向不耦合连续装药；（b）轴向空气间隔装药

1—导爆索；2—堵塞段；3—中间装药；4—底部增强装药

8.5.3.2 炮孔间距 a

光爆孔的间距 a 比主爆孔小，它与炮孔直径、岩性和装药量等参数有关。孔距过大，难以爆出平整光面；孔距过小会增加凿岩费用。

通常，合理的孔距可按炮孔直径选取，一般为炮孔直径的 $10 \sim 20$ 倍。在节理裂隙比较发育的岩石中应取小值，整体性好的岩石中可取大值。

8.5.3.3 最小抵抗线 W

光面层厚度或周边孔到邻近辅助孔间的距离，是光面孔起爆时的最小抵抗，一般它应大于或等于光面孔间距。

可以采用以下经验公式来确定最小抵抗线（光爆层厚度）W：

$$W = \frac{Q}{q' \cdot a \cdot L} \tag{8-36}$$

式中，W 为最小抵抗线（光爆层厚度），m；Q 为炮孔装药量，kg；a 为孔间距，m；L 为孔深，m。

光爆层的厚度还与岩石的性质和地质构造等因素有关。坚硬完整的岩石，光爆层宜薄一些；而松软破碎的岩石，光爆层宜厚一些。

在井巷掘进中，光爆层的厚度还与巷道开挖断面的大小有关，大断面巷道的顶拱跨度大，光爆孔所受到的夹制作用小，岩体比较容易崩落，此时，光爆层厚度可以大一些。小断面巷道的光爆孔受到的夹制作用大，其厚度宜小一些。

8.5.3.4 炮孔邻近系数 m

炮孔邻近系数 $m = a/W$，m 值过大时，爆后有可能在光面孔间的岩壁表面留下岩石埂，造成欠挖；m 值过小时，则会在新壁面造成凹坑。实践中多取最小抵抗线大于孔距，具有小孔距、大抵抗线的特点，尤其在坚硬岩石中密集系数皆小于 1。这样，可使反射拉伸波从最小抵抗线方向折回之前造成贯穿裂缝，隔断反射拉伸波向围岩传播的可能，减少围岩破坏。实践表明，当 $m = 0.8 \sim 1.0$ 时，爆后的光面效果较好，硬岩中取大值，软岩中取小值。

8.5.3.5 线装药密度 q_{L}

线装药密度是指单位长度炮孔内的装药量（kg/m），又称装药集中度。当采用不耦合装药结构时，光爆孔直径为 $35 \sim 45$mm 时，为了控制裂隙的发育以保持新壁面的完整稳固，一般将线装药密度取为 $0.1 \sim 0.3$kg/m，其中软岩为 $0.07 \sim 0.12$kg/m，中硬岩为 $0.1 \sim 0.15$kg/m，硬岩则为 $0.15 \sim 0.25$kg/m。线装药密度 q_L 也可采用下列经验公式计算。

（1）连续装药结构时：

$$q_{\text{L}} = \frac{\pi}{4} d_0^2 \rho \tag{8-37}$$

式中，q_{L} 为线装药密度，kg/m；d_0 为药卷直径，m；ρ 为炸药密度，kg/m^3。

（2）环向不耦合连续装药结构时：

$$q_{\text{L}} = \frac{\pi d^2 \rho}{4K^2} \tag{8-38}$$

式中，K 为不耦合系数，$K = \dfrac{d}{d_0}$；d 为炮孔直径，m。

8.5.3.6 起爆间隔时间

实验室爆破试验研究结果表明，齐发起爆的裂隙表面最平整，微差起爆次之，秒差起爆最差，如图 8-14 所示。齐发起爆时，炮孔间贯通裂隙较长，抑制了其他方向裂隙的发育，有利于减少炮孔周围的裂隙的产生，可形成平整的壁面。所以，在实施光面爆破时，间隔时间愈短，壁面平整的效果愈有保证。应尽可能减小周边孔间的起爆时差，相邻光面炮孔的起爆间隔时间不应大于 25ms。

8.5.4 影响光面裂缝形成的因素

影响光面裂缝形成的因素很多，主要有装药量和装药结构、最小抵抗线与孔间距的比值、起爆方法、空孔等。

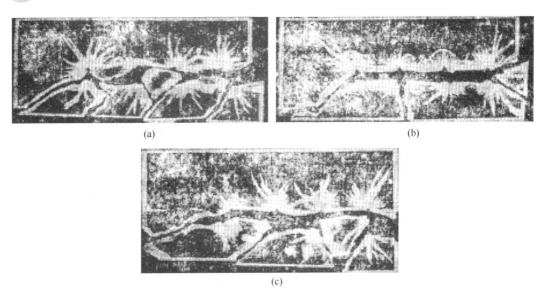

图 8-14　起爆时间对光面爆破效果的影响

（a）不同段秒微差起爆；（b）齐发爆破；（c）微差起爆

8.5.4.1　装药结构

为了不破坏需要保护一侧的围岩，要采用较大的不耦合系数 K，进行环状间隙装药和间隔装药，以及采用低猛度、低爆速（如爆速为 2000~3000m/s）、低密度的炸药。根据岩石的坚固性和炸药特性，合理地确定不耦合系数和装药结构，是光面控制爆破的关键之一。

8.5.4.2　最小抵抗线、空孔与孔距

爆破炮孔要适当加密，才能有效地形成光面裂隙。在模拟实验中可以看出光面孔距不能过大。一块有机玻璃中钻一装药孔，其周围按不同距离钻一些空孔。装药孔起爆后，裂隙明显地只朝距离较近的空孔发展。孔距过大，光面裂隙就不能形成。孔距也不能过小，孔距过小，要增加凿岩工作量，装药偏多，成本上升，且控制爆破效果不好。

最小抵抗线应大于光面孔的孔距。最小抵抗线过小时，孔与孔之间的光面裂隙来不及贯通，各孔就已朝自由面形成爆破漏斗，结果产生凹凸不平的破裂面。相反，最小抵抗线过大时，光面裂隙固然容易形成，但是自由面方向的爆破效果可能要恶化，大块多。根据推算和实验分析，孔距和最小抵抗线的比值最好是 0.8~1.0。在节理、裂隙发育的岩石中以及开挖面的拐角、弯曲部分，要加密炮孔或增加导向空孔。

8.5.4.3　起爆顺序

从模拟爆破的结果看，起爆顺序以同时起爆效果最好，即齐发爆破。

8.5.5　光面爆破设计

光面爆破设计不仅要考虑周边孔，还必须同时严格控制靠近周边孔的主炮孔的装药。设计原理是：任何主炮孔产生的裂隙破坏区均不得超过周边孔的裂隙破坏区。瑞典爆炸研究基金会利用如下爆破振动速度计算的经验公式算法进行控制：

$$v = 70Q^{0.7}/R^{1.5} \tag{8-39}$$

式中，v 为振速，cm/s；Q 为单孔药量，kg；R 为距离，m。

产生危险的振速范围是 $v=70\sim100$cm/s。对于 3m 深的炮孔，不同线装药密度的 ρ_L-v 关系见图 8-15。对线装药密度按 $v=70$cm/s，计算产生裂缝的范围，如图 8-16 所示。由图可以看出，吉利特（$\phi17$mm）光爆炸药裂缝范围 0.25mm，$\phi45$mm 铵油炸药裂缝范围 1.6mm。如果二者相距 1.0m，则铵油炸药炮孔的裂缝范围超出周边孔破裂范围 0.35m，这需调整与周边孔相距 1.0m 的爆破孔装药量，才能保证光面爆破的效果。

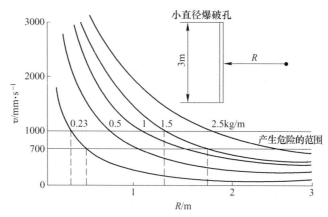

图 8-15 不同装药密度时振速 ρ_L 与距离 R 的函数关系

光面爆破设计的主要参数是：孔径 d，药径 d_0，线装药密度 ρ_L，最小抵抗线 W，孔间距 a。设计方法一般是按经验数据或参照类似矿山数据，根据当地岩石性质、钻孔孔径、光爆药卷的直径及爆炸性能、孔深、雷管可选择范围选择光爆炮孔的最小抵抗线 W 和间距 a，一般 $a/W \leqslant 0.8$，然后进行试验、调整。

光面爆破实例见 6.4.5 小节隧道开挖爆破方案。

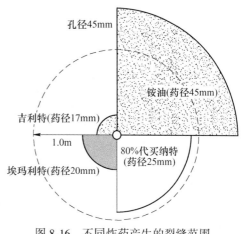

图 8-16 不同炸药产生的裂缝范围

8.6 预 裂 爆 破

8.6.1 预裂爆破的基本原理

早期研究者对预裂缝形成提出两个理论，一是相邻炮孔产生的爆炸应力波相互干扰的理论，即假定两个炮孔同时起爆时，裂缝始于 2 炮孔中心连线的中点；二是爆炸气体高压静力作用，即着重于爆炸气体高压作用的应力分布，强调在不耦合系数适当大时，炮孔壁与两炮孔中心连接面相交处产生应力集中，首先从眼壁开裂。近 20 年来，不少研究者对爆炸冲击波和爆炸气体的作用做了全面研究，揭示其规律，从而提出了应力波和爆生气体压力共同作用的原理，该原理为大多学者所接受。因为目前国内外电雷管的精度达不到同时起爆的要求，同段电雷管误差都在 5ms 以上，若爆破岩石弹性波速为 4000m/s，每毫秒要传 4m，5ms 可传 20m，而坑内光面爆破和预裂爆破的周边眼距一般为 500~600mm，露天矿预裂爆破一般在 2~3m 左右，由于压缩应力波很难正好在两个炮孔中相遇，所以应力波和爆生气体压力的共同作用原理合乎实际。

8.6.2 钻孔直径的选择

一般钻孔直径是根据工程性质及对质量要求，并结合现有的设备条件选择。小直径钻孔对周围岩石破坏范围小，预裂面形状也容易控制。

钻孔直径对预裂孔半边孔出现率的高低有关，孔径愈小，则半边孔出现率愈高，反之孔径愈大，则半边孔出现率则愈差。在矿山上由于所需专用设备缺少，一般只有采用生产用的潜孔钻机进行预裂孔穿孔，这样不但管理维护方便，而且经济上也是合算的。

8.6.3 预裂孔药量控制与装药量的计算

一般说来，预裂爆破装药量合适时，既可造成平整贯通的预裂缝，又可使药包附近的岩体不被破坏。预裂爆破的药量均按线装药量（Q_L）计算。计算 Q_L 的理论公式和经验公式、半经验公式较多，但各考虑的侧重点不同，无适合各种界质的统一公式。对于层状岩体，因各层岩石强度不同，厚度变化大，岩层的产状不相同，每层岩石都对应一个 Q_L，要达到这样的要求是很难的，这就要寻求一个综合各层岩体特征的 Q_L，即要求保证将最硬层岩石预裂成大于 1cm 宽的裂缝的最小 Q_L，使其对较软岩石的破坏减到最低限度。

8.6.3.1 爆破炸药量的控制

要控制爆破规律，使爆破的振动强度不至于破坏边坡基岩，必须严格控制爆破用药量。振动速度能较好地反映振动强度，它与爆破药量和被保护对象到爆区距离的关系为：

$$v = K \cdot \left(\frac{\sqrt[3]{Q}}{R} \right)^{\alpha} \cdot e^{\beta \cdot H} \tag{8-40}$$

式中，v 为建筑物的安全振动速度，cm/s，参照表 8-6 爆破振动安全允许标准；K 为与岩性、地质条件及爆破方法有关的介质系数；R 为爆区至建筑物的最近距离，m；α 为地震波衰减系数；β 为衰减指数的修正系数；H 为爆心与测点间的高程差，m；Q 为最大段装药量（单响）爆破药量，kg。

表 8-6 爆破振动安全允许标准

保护对象类别	安全允许质点振动速度 $v/\text{cm} \cdot \text{s}^{-1}$		
	$f \leqslant 10\text{Hz}$	$10\text{Hz} < f \leqslant 50\text{Hz}$	$f > 50\text{Hz}$
土窑洞、土坯房、毛石房屋	0.15~0.45	0.45~0.9	0.9~1.5
一般民用建筑物	1.5~2.0	2.0~2.5	2.5~3.0
工业和商业建筑物	2.5~3.5	3.5~4.5	4.2~5.0
一般古建筑与古迹	0.1~0.2	0.2~0.3	0.3~0.5
运行中的水电站及发电厂中心控制室设备	0.5~0.6	0.6~0.7	0.7~0.9

保护对象类别		安全允许质点振动速度 $v/\text{cm} \cdot \text{s}^{-1}$		
		$f \leqslant 10\text{Hz}$	$10\text{Hz} < f \leqslant 50\text{Hz}$	$f > 50\text{Hz}$
水工隧洞		7~8	8~10	10~15
交通隧道		10~12	12~15	15~20
矿山巷道		15~18	18~25	20~30
永久性岩石高边坡		5~9	8~12	10~15
新浇大体积混凝土（C20）	龄期：初凝~3d	1.5~2.0	2.0~2.5	2.5~3.0
	龄期：3~7d	3.0~4.0	4.0~5.0	5.0~7.0
	龄期：7~28d	7.0~8.0	8.0~10.0	10.0~12.0

注：1. 表中质点振动速度为三分量中的最大值；振动频率为主振频率。

2. 频率范围根据现场实测波形确定或按如下数据选取：硐室爆破 $f < 20\text{Hz}$；露天深孔爆破 $f = 10 \sim 60\text{Hz}$；露天浅孔爆破 $f = 40 \sim 100\text{Hz}$；地下深孔爆破 $f = 30 \sim 100\text{Hz}$；地下浅孔爆破 $f = 60 \sim 300\text{Hz}$。

3. 爆破振动监测应同时测定质点振动相互垂直的三个分量。

K、α 分别为与爆破点至保护对象间的地形、地质条件有关的系数和衰减指数，应通过现场试验确定。在无试验数据的条件下，可参考表 8-7 选取。

表 8-7 爆区不同岩性的 K、α 值

岩　性	K	α
坚硬岩石	50~150	1.3~1.5
中硬岩石	150~250	1.5~1.8
软岩石	250~350	1.8~2.0

8.6.3.2 预裂孔炸药量计算原理

（1）以炮孔面积确定的装药量：

$$Q = q_s \cdot S + Q_d \tag{8-41}$$

式中，q_s 为坡面单位面积炸药量，g/m^2；S 为每孔负担预裂坡面积，m^2，$S = L \cdot a$；L 为孔深；a 为孔距；Q_d 为每个孔底集中药包药量，一般认为 Q_d 的作用是克服根底，在孔底 1m 高增加 Q_L 的 3 倍左右药量。

根据实践经验，预裂孔底增大药量对预裂效果不利，同时也不能克服根底，采用增大缓冲孔药量或采用缓冲孔底部集中装药能减少根底。

（2）按装药长度计算装药量。

每个孔的装药量可按下式计算：

$$Q = \left(\frac{L - L_1}{l} + Q_1 \right) \cdot g \tag{8-42}$$

式中，L 为钻孔深度，m；L_1 为未装药长度，m；l 为药包长度，m；Q_1 为孔底增加一个加强药包克服根底；g 为药包质量，$g_{上盘} = 0.96\text{kg}$，$g_{下盘} = 0.86\text{kg}$。

8.6.3.3 炸药的选择

爆破理论与技术发展的一个重要方面在于选择合适的炸药，以便将炸药的更多能量用于有用功，因此，建立炸药与岩石之间的数学力学关系，并用来指导放炮，使爆破更具有科学性。事实上（预裂爆破）不耦合装药爆破就是有效利用炸药能量并与力学巧妙结合的产物。

从定向断裂控制爆破的理论来讲，应力波干涉论需要爆速、猛度等较高的炸药。而高压气体理论和断裂力学理论则相反。

炸药的冲击效应由不耦合效应和装药量的多少得到某种程度的调整，达到适合光面、预裂的要求，也可以说不耦合装药起到某些调整炸药性能的作用，以及调整炸药对孔壁的压力。

A. A. 费先柯指出，不同的炸药的最佳装药密度是不同的，对任何一种炸药而言，在轮廓爆破参数为最佳的情况下，用另一种炸药时，对轮廓的影响又有不同。

因此，凡是能进行控制爆破的炸药，都有一个适合于每种岩石的合适的装药量范围，炸药性能改变，这个范围也随之改变，必须重新调整装药量或钻孔间距，如果能在施工中经常对使用的炸药进行性能测定，对于取得良好的爆破效果有极大的好处。

总之，预裂爆破是控制周边炮孔的爆破作用，使之既能完成周边轮廓的切割，又能使围岩所受到的损坏限制到最小。预裂爆破采用低猛度、低爆速、低密度和传爆性能良好的炸药，以消除或缩小炮孔周围形成的岩石粉碎圈。根据这一要求，国外生产的专用炸药有瑞典的古立特炸药、日本的新桂炸药、瑞士的沃鲁迈克斯炸药等。

目前国内地下预裂爆破使用的炸药仍以硝铵类炸药为主，施工中选用直径为 20~25mm 的细药卷。

8.6.3.4 装药密度与装药结构

A 装药集中度

预裂孔的装药，应该是刚好能够克服岩石的抵抗阻力，而又不造成围岩的破坏。通常采用不耦合装药和空气间隔装药，并用装药集中度来表示装药量。装药集中度即是每米炮孔的装药量（kg/m）。

B 装药密度

预裂爆破的装药量国内外都用线装药密度表示，但所指的装药密度含义并不相同，概括有以下几种：

（1）计算装药密度时，包括了孔底增加的装药量。

（2）以全孔长度除全孔总装药量表示线装药密度，称为延米装药量。

（3）扣除底部增加药量的全孔装药量除以装药的那段长度（不包括堵塞长度）的线装药密度。

第三种方法在水工建设中应用比较普遍。

由于孔底夹制作用大，为保证裂缝到底，要在孔底增加装药量。水工建设的经验是：孔深大于 10m 时，底部增加的药量为线装药密度的 3~5 倍，把它们平均分摊在孔底 1~2m 的长度上，3~5m 孔深增加 1~2 倍，5~10m 孔深增加 2~3 倍。坚硬岩石取大值，软弱岩石取小值。为不使表面出现漏斗，也可考虑适当减少顶部 1m 的装药量。

C 装药结构

装药结构形式及其相应的参数是控制爆破最重要、最复杂的问题之一，合理的装药结构与参数必须保证全部装药稳定爆轰，完全传爆，不产生瞎炮、残炮和带炮，保证按炮孔作用产生一定的爆破威力，而且装药工艺简单。

目前，预裂爆破的药包结构有两种形式：一种是药串，另一种是连续装药。药串结构是根据线装药密度的大小，每隔一定间距将标准药包或改小的药包绑扎在传爆线上，由传爆线引爆所有药包。这也是目前使用较多的装药结构。连续装药是一种比较理想的预裂装药方式，根据预裂爆破的理论可知，在装药密度确定之后，炸药沿预裂孔分布愈均匀愈好。但是，目前在我国还没有研制出低爆速、高传爆性能的炸药之前，不用传爆线进行连续装药爆破尚有困难。

D 药包放置位置

根据不耦合原理，药包应尽可能放在孔的中间。普通的方法是将药串绑在竹片上，避免药包与孔壁接触。

8.6.3.5 线装药密度的计算

（1）根据岩石极限抗压强度和炮孔间距计算线装药密度。一般预裂爆破都采用不耦合的装药结构，在浅孔爆破（隧道或巷道）中取不耦合系数为 1.5~4、在深孔爆破中取不耦合系数为 2~4 的条件下，药量计算可采用以下经验公式。

隧道或巷道爆破： $Q_L = 0.034 [a \cdot \sigma_c]^{0.6}$ （8-43）

深孔爆破： $Q_L = 0.042 a^{0.5} \cdot \sigma_c^{0.6}$ （8-44）

式中，a 为炮孔间距，cm；σ_c 为岩石极限抗压强度，MPa。

（2）根据岩石极限抗压强度和炮孔直径计算线装药密度。

$$Q_L = 0.304 \sigma_c^{0.5} \cdot d^{0.86}$$ （8-45）

式中，d 为炮孔直径，cm。

（3）根据岩石极限抗压强度、炮孔直径和不耦合系数等因素计算线装药密度。

$$Q_L = 78.5 d^2 \cdot K_C^{-2} \cdot \rho_0$$ （8-46）

（4）用空气介质不耦合装药预裂爆破经验公式计算允许装药密度。

$$Q_L = 2.75 \sigma_c^{0.53} \cdot \left(\frac{d}{2}\right)^{0.38}$$ （8-47）

（5）根据极限抗压强度、炮孔直径和炮孔间距等因素计算线装药密度。

$$Q_L = 0.16 \sigma_c^{0.5} \cdot r^{0.25} \cdot a^{0.85}$$ （8-48）

（6）根据炮孔直径、岩石普氏系数和炮孔含水量计算炮孔平均线装药密度。

1）当炮孔含水时：

$$Q_L = (281 d^2 - 9825 d) \times 10^{-4} + 8.76 + (-2.1 + 2.71 d) \times 10^{-3} \cdot f$$ （8-49）

2）当炮孔无水时：

$$Q_L = 0.042 d^2 + 1.48 d - 12.27 + 28.004^{1.67} \cdot f$$ （8-50）

式中，f 为普氏系数。

（7）经验数据法。经验数据法见表8-8。

表 8-8　经验数据法

岩石性质	炮孔直径/mm	孔间距/m	单位长度装药量/g·m⁻¹
软弱岩石	80	0.6~0.8	100~180
	100	0.8~1.0	150~250
中硬岩石	80	0.6~0.8	180~300
	100	0.8~1.0	250~300
次坚石	90	0.8~0.9	250~400
	100	0.8~1.0	300~450
坚石	90~100	0.8~1.0	300~700

8.6.4　预裂孔孔距

钻孔间距确定的原则，应能够使裂缝贯通，同时又不出现过度破坏。模型爆破试验以及实际爆破的经验表明，爆破岩面的质量主要取决于炮孔间距 a。由于条件不同，计算依据不一样，因此有多种计算公式。

8.6.4.1　根据爆炸应力波的作用确定钻孔间距

众所周知，预裂缝的形成，可以认为是冲击应力波与爆生气体共同作用的结果，在岩石断裂初期，综合压力 p 作用下的炮孔周围的应力场，由弹性理论可知：

$$a = K_S \left(2r_0 + \frac{2p}{\sigma_t} \right) \cdot R \tag{8-51}$$

式中，a 为炮孔间距，m；r_0 为初始裂纹长度，m；p 为炮孔内的准静态压力，MPa；σ_t 为炮孔周围岩体的静态抗拉强度，MPa。

由于岩体内存在各种结构面，如节理、裂隙等，同时也存在各种内部缺陷，因而初始裂纹形成后，会更容易失稳和发展。同时对原有裂纹也会产生相互作用，更易形成预裂缝，因此，在计算实际孔间距时可采用大于 1 的修正系数 $K_S = 1.1 \sim 1.5$，岩体稳固、均匀时取小值，节理、裂隙等结构面发育时取大值。

8.6.4.2　根据钻孔直径和不耦合系数确定钻孔间距

根据钻孔直径 d 和不耦合系数 K_C 确定钻孔间距是马鞍山矿山研究院实践总结出的。计算公式如下：

$$a = 19.4d \left(K_C - 1 \right)^{-0.523} \tag{8-52}$$

8.6.4.3　浅眼预裂爆破炮孔间距的计算

$$a = \left(\frac{2b \cdot K_f \cdot S_C}{\sigma_1} \right)^{\frac{1}{\alpha}} \cdot 2r_b \tag{8-53}$$

式中，b 为切向应力与径向应力的比值，

$$b = \frac{\mu}{1-\mu} = 0.25$$

K_f 为近爆区岩石处于各向压缩状态下单轴抗压强度增大系数，取 $K_f = 10$；S_C 为岩石单轴抗

压强度，MPa；α 为应力波衰减指数，$\alpha = 2 - b = 1.75$；σ_1 为炮孔周围岩体的最大主应力，MPa；μ 为泊松比，取 $\mu = 0.2$。

8.6.4.4 根据钻孔直径确定钻孔间距

（1）根据药包直径计算公式如下：

$$a = r_c \cdot D \cdot \sqrt{\frac{2\mu \cdot p_0}{(1 - \mu)\sigma_{tg}}} \tag{8-54}$$

式中，σ_{tg} 为岩石的极限抗拉强度；其他符号意义与式（8-53）相同。

（2）经验取值。钻孔间距 a 与钻孔直径 d 的比值称为间距系数，间距系数是一个重要指标，它的大小决定钻孔的数量，与岩性和孔径大小有关，它随岩石抗压强度和孔径的增高而减少，孔径在 70mm 以下，不同岩性间距系数约为 5~10。单就岩性而言，软岩取大值，硬岩取小值。孔距大可以减少钻孔数量，加快施工进度，但钻孔孔距过大却不能保证预裂爆破效果。许多资料说明，孔径与孔间距的比值对于各种岩石应有一个适当的范围，超过此范围预裂爆破效果变坏。一般认为以 8~12 为宜。西方国家水电工程预裂爆破钻孔的间距大多数都小于 10 倍孔径，有的甚至小于 5~6 倍孔径，我国水电系统不论岩石的岩性如何，多数取 9~10。国内其他系统取 10~15 或 15~20，葛洲坝工程部取到 15。日本水电站施工和道路开挖中大多数孔距也小于 10 倍孔径。苏联确定钻孔间距的经验办法是以药包直径做比较，钻孔直径为药包直径的 15~30 倍。

8.6.4.5 装药量与钻孔间距

（1）装药量与钻孔间距。预裂爆破的参数主要是调整装药量和钻孔间距。在同类岩石中，装药量随着钻孔间距的增加而增加。在试验中，当固定某一合适装药量和其他参数，然后改变钻孔间距，发现获得最好的平整壁面和地表裂缝宽度的最佳钻孔间距的界限不够分明，当固定一个合适的钻孔间距和其他参数，然后改变炸药，同样，药量的最佳值也并不一定界限分明，它依然存在一个合乎质量标准的药量变化范围。

（2）最佳线装药密度的周边眼间距。

$$a = \left[3.2 \left(\frac{2p + \dfrac{6p^2}{p + 7}}{\sigma_{tg}} \cdot \frac{\mu}{1 - \mu} \right)^{\frac{2}{3}} - m_a \right]^y \tag{8-55}$$

式中，p 为冲击波压力，$p = 2.5Q \cdot \dfrac{Q_L}{p_C}$，MPa；$\sigma_{tg}$ 为岩石极限抗拉强度，MPa；μ 为岩石泊松系数；m_a 为确定炮孔间距的精度，由表 8-9 可查得 m_a 值。

表 8-9 m_a 值

试验次数	m_a 值		
	$p = 50\text{MPa}$	$p = 100\text{MPa}$	$p = 250\text{MPa}$
5	4.0	2.2	2.0
10	3.0	1.7	1.5
20	2.0	1.2	1.0

（3）核工业总公司华东地勘局对预裂孔间距的选择，经过几种公式的验证后认为加拿大《露天矿边坡手册》中的有关计算较为合理，即：

$$a \leqslant \frac{d_{\mathrm{b}}(p_{\mathrm{b}} \cdot d_{\mathrm{c}} + d_{\mathrm{td}})}{\sigma_{\mathrm{td}}} \cdot f \tag{8-56}$$

式中，d_{b} 为预裂孔直径；$p_{\mathrm{b}} \cdot d_{\mathrm{c}}$ 为不耦合装药孔壁压力，MPa，$p_{\mathrm{b}} \cdot d_{\mathrm{c}} = \frac{1}{8}p_0 \cdot D_2 \cdot \left(\frac{d_{\mathrm{c}}}{d_{\mathrm{b}}}\right)^{2.5}$；$\sigma_{\mathrm{td}}$ 为岩石动态抗拉强度，采用静态抗拉强度乘以一个系数，即 $\sigma_{\mathrm{t}} \times 1.2$；其他符号意义同式（8-55）。

8.6.5　预裂孔的布置

8.6.5.1　布孔方式

A　换向孔布孔

为了保证剥离界线上布孔时底部抵抗线在允许范围内，主炮孔布孔方向与预裂方向互相垂直，如图 8-17（a）所示，因而底部抵抗线很大，若不控制，在该区容易出现根底，影响爆破质量。为了解决这个问题，在潜孔钻机打孔角度为 75°的情况下，采用换向孔来减小底部抵抗线。

B　平行孔布孔

当预裂倾斜方向与边坡台阶面的倾向一致时，可以按照参数进行平行布孔，如图 8-17（b）所示。经验认为，这种布孔预裂孔的半边孔出现率较高。

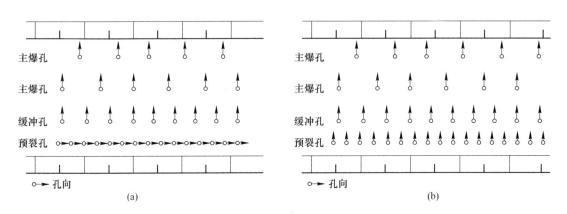

图 8-17　预裂爆破倾斜孔的两种布孔方式示意图
（a）换向孔布孔；（b）平行孔布孔

C　直孔预裂爆破的布孔形式

直孔预裂爆破主要应用于固定帮台阶平盘较宽、坡面要求不严格的临近边坡的地段，如图 8-18 所示。

D　斜孔的预裂布孔

（1）斜孔的预裂孔的布孔方式。预裂孔、辅助孔为倾斜炮孔，缓冲孔、主炮孔均采用垂直炮孔，如图 8-19 所示。

（2）预裂孔、辅助孔的布置方式。预裂孔为倾斜炮孔，而辅助孔、缓冲孔和主炮孔为垂直孔，如图 8-20 所示。

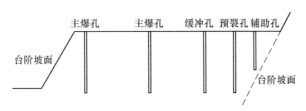

图 8-18　直孔预裂炮孔布置示意图

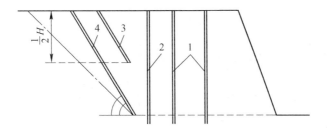

图 8-19　预裂孔、辅助孔为倾斜孔布置示意图

1—主炮孔；2—缓冲孔；3—辅助孔；4—预裂孔

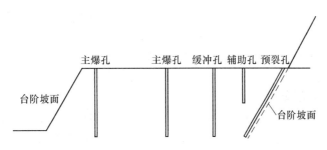

图 8-20　预裂孔为倾斜炮孔布置示意图

8.6.5.2　炮孔布孔间距

预裂孔打在台阶坡底线上，缓冲孔与预裂孔间距要适当，过小时，爆破后可能破坏预裂面，过大时，可能在预裂面和缓冲孔间产生根底。所以预裂孔与缓冲孔的排间距离既影响爆破质量，又与半壁孔痕出现率有直接关系。

矿山实践经验表明，预裂孔与缓冲孔的排间距离 $b_{预}$ 应避免裂缝朝缓冲孔贯通，所以，$b_{预} > a$（预裂孔间距），$b_{预}$ 采用下列公式计算：

$$b_{预} = \frac{a}{0.7 \sim 0.8} \tag{8-57}$$

对预裂孔与缓冲孔排间距，根据岩石性质采用两种参数：在软岩中钻平行孔，即预裂孔与缓冲孔平行，孔口距离与孔底距离一致；在硬岩石中，钻不平行孔。例如，孔口距离为 3m，孔底距离为 1.0~1.5m。

对于主药包为深孔爆破，其经验数据如表 8-10 所示。

表 8-10 预裂孔与主爆孔药包位置的关系

主炮孔药包直径 /mm	主炮孔单段起爆药量 /kg	预裂孔与主炮孔间距 /m
<32	<20	0.8
<55	<50	0.8~1.2
<70	<100	1.2~1.5
<100	<300	1.5~3.5
<130	<1000	3.5~3.6

8.7 缓冲爆破与劈裂爆破

缓冲爆破、预裂爆破和光面爆破是常用的三种用来产生稳定的最后边坡的爆破技术。光面和预裂爆破是常用的来产生稳定边坡的方法。缓冲爆破在设计最后边坡爆破时经常会被忽略，但是它是三种爆破技术中用途最多、最有用的一种技术。

8.7.1 缓冲爆破

8.7.1.1 概述

在缓冲爆破的后排孔的装药量会比普通的炮孔的装药量要少，它钻孔时的布孔也相应地较小。缓冲孔通常与它们前面生产的炮孔的直径相同。装药量通常会减少大约45%，抵抗线和孔距会减少大约25%。能量系数因素基本与边坡爆破相同。

缓冲孔应按顺序延期，在前面的高装药量的生产炮孔之后。每个缓冲孔必须在前面的炮孔引爆后很好地被起爆。

缓冲爆破常需要同时引爆两个缓冲孔，或是它们之间只有一个很短的延期时间。这是因为缓冲孔的孔距比前面的生产孔的孔距更小，要维持生产排和缓冲排引爆时间之间有协调一致的关系。

缓冲爆破只用于岩石很坚硬，或是要求较小的超爆时。即使是在硬岩中，较小的超爆和孔口破裂也总是产生。相应地，缓冲爆破经常与更有效的（但是成本更高）光面爆破技术结合使用，比如说预裂爆破，在这些情况中，缓冲孔的位置位于预裂孔和后排生产孔之间。

两排缓冲可以用在帮助减少超爆现象。在这些情况中，后引爆排比前先引爆的孔产生的爆破更轻微。这种技术在后冲距离超过一个抵抗线的距离时特别有用。

比生产孔更小直径缓冲通常成本更高，但是更易产生出更合理、更光滑的自由面。缓冲孔孔径虽然减少，但是并不是消除了轻装药和相应小的炮孔和孔距。

后排缓冲孔的更小的抵抗线和孔距增加了钻孔、装填、起爆和爆破劳动力成本。

8.7.1.2 缓冲孔的装药

缓冲孔的能量系数必须小心地控制，以避免装药过量，可以采用分段装药或是空气隔层来控制能量的分布。

钻孔的岩渣通常用作分段装药的隔离物，但是多角的碎石是一种更有效的充填物料。

空气间隔比岩渣连续充填更有效地在炮孔中分布能量。炮孔内间隔的空气柱可以使高压的气体在膨胀推动岩石前变成低压的气体。

空气隔层可以通过一个口袋在适当的位置堵住来形成，剩下的炮孔再充填。大孔径的炮孔口可以用一个专门的可充气的口袋来堵塞。

分段装药的炮孔减少了装药量，所以张力波能量和爆炸气体的膨胀体积就相应地减少了。然而，超爆只是在岩石的自由面区域内降低了，同时抵抗线的爆出也减少了。

当药柱的直径小于炮孔的直径时就是不耦合装药。当炮孔与药柱的直径比率增大时，炮孔的峰压会迅速地降低。使用不耦合装药可以降低孔壁上的冲击压力，增加膨胀气体的作用时间（如图 8-21、图 8-22 所示）。

不耦合装药最适合应用在裂缝紧密的岩石中来减少超爆。在后排孔的上部采用高度不耦合装药可以一定程度地减少顶部的破坏。

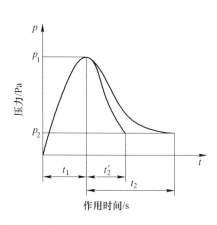

图 8-21　不同岩体爆破压力-时间比较图

t_1—爆轰反应时间；t_2—岩体整体性好的爆炸压力作用时间；t_2'—裂隙发育的岩体爆炸压力作用时间；p_1—爆轰压力；p_2—炸药的爆炸压力

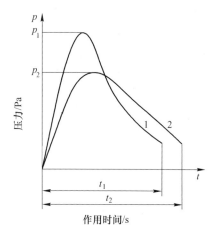

图 8-22　不同装药结构爆破压力-时间比较图

1—耦合装药时间-压力曲线；
2—不耦合装药时间-压力曲线

在孔径大的炮孔（如 229~381mm）中，可以采用将铵油炸药装在 PVC 管中，使它的有效密度减小到 0.06g/cm³。

8.7.2　劈裂爆破（修整爆破）

劈裂爆破中有一排孔是沿边坡平行钻的，它们与边坡的距离很近。这些炮孔装药量轻，装药分布很好，在生产孔爆炸后再起爆。劈裂孔劈开孔间的岩石网来产生一个光滑面，超爆很少。

为了减少成本，劈裂孔的直径与它们前面的缓冲孔和生产孔的直径相等或是稍微小一些。大孔径的炮孔可以改善结果，因为在大孔里的有效偏离比在小孔径的孔中更小。

小孔径和中等孔径的炮孔可以将药卷穿在导爆索上进行装药，药卷之间的间距可以达到 1m 以上。然而，为了达到最佳的装药分布，应采用炸药间耦合很好的连续装药（如用 25mm 的药卷装 89mm 的炮孔）。

劈裂孔的抵抗线和孔距应随孔径的增加而增加，但是抵抗线必须超过孔距（见表8-11）。

表 8-11 劈裂孔的抵抗线和孔距

炮孔直径/mm	装药/kg·m⁻¹	孔距/m	抵抗线
76	0.5	1.2	1.5
89	0.7	1.4	1.7
102	0.9	1.5	1.9
127	1.5	1.8	2.3
152	2.1	2.1	2.7
200	3.7	2.7	3.6
251	5.9	3.4	4.4

8.7.3 结合技术

缓冲爆破通常与劈裂爆破联合使用。改进了的缓冲孔的装药分布有助于减少超爆，以及增加了劈裂爆破的有效性。

在大块的岩石中，劈裂爆破会一定程度地减少超爆，但是在最后面的情况不如用预裂爆破的好。在裂缝很紧密的岩石中，情况相反，劈裂爆破产生的面比预裂爆破产生的好些。劈裂爆破的成本比预裂爆破成本低，因为最适合的劈裂爆破孔距比预裂爆破的孔距大些。

8.8 光面、预裂爆破施工及其质量

8.8.1 光面、预裂爆破施工

光面、预裂爆破的施工流程分钻孔、装药和填塞、起爆网路联结三个环节。

8.8.1.1 钻孔施工

钻孔施工是光面、预裂爆破最重要的一环，尤其是钻孔精度，它直接影响到光面、预裂爆破的成败。为了确保钻孔精度，应严格做好边坡的测量放线，修建好钻机平台，按照"对位准、方向正、角度精"三要点安装架设钻机；挑选技术水平较高、熟悉钻机性能的钻机司机，以保证钻孔的准确性。

钻孔精度是保证壁面质量标准的关键，为此，要求预裂、光面爆破的钻孔精度为：

(1) 预裂孔、光面孔应按设计图纸钻凿在一个布孔面上，钻孔偏斜误差不超过1°。

(2) 孔口坐标误差为±10cm。

(3) 钻孔底部偏差不大于15cm。

(4) 孔深为±0.5m。

8.8.1.2 装药与填塞

光面、预裂爆破采用连续装药和间隔装药两种不耦合装药结构。

在进行光面爆破装药结构设计时，必须根据地形地质情况，选择合理的装药结构。光爆孔装药结构选择不合理，会造成边坡局部破坏较大，超欠挖严重，使得平整度下降。

由于目前小直径炸药规格品种少，现在多数采用间隔装药，即按照设计的装药量和各段的药量分配，将药卷捆绑在导爆索上，形成一个断续的炸药串。为方便装药和将药串大致固定在钻孔中央，一般将药串绑在竹片上，装药时竹片一侧应置于靠保留区一侧。

制作方法一般是按照炮孔深度，先准备一根稍长于孔深的竹片，然后把细药卷按照每米的装药量、间隔一定距离与起爆的导爆索一起用黑胶布或绑线缠紧在竹片上。为了克服炮孔底部的阻力，在底部 1~2m 的区段，线装药密度应比设计值大 1~4 倍；而在接近孔口的区段，线装药密度应比设计值小 1/2~1/3。另一种制作方法是按照设计的线装药密度，选取一定内径的塑料管，将起爆的导爆索先插入塑料管中固定，然后采用连续装药或间隔装药结构方式，其孔底与孔口的装药密度按上述方法控制，如图 8-23 所示。

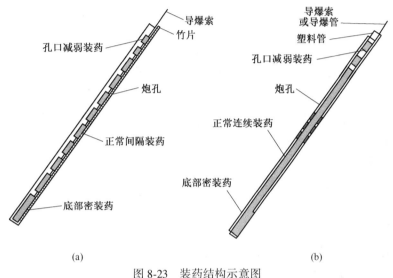

图 8-23 装药结构示意图

(a) 竹片绑扎药包；(b) 塑料管装药结构

在线装药量、装药结构和不耦合系数确定的情况下，堵塞时要保证回填物不会下落至装药段，否则，不耦合系数将会改变，影响光面、预裂效果。装药后孔口的不装药段应使用沙等松散材料填塞。填塞应密实，在填塞前，先用纸团等松软的物质盖在药柱上端。

8.8.1.3 起爆网路的联结

光面、预裂爆破的药串是由导爆索起爆的，在孔外联结导爆索时，必须注意导爆索的传爆方向，按照导爆索网路的联结要求联结。

连续装药可以采取导爆管起爆网路。

预裂爆破应先于主药包起爆，其时间差要保证人造断层的形成，一般应大于 50ms，在保证主药包网路安全准爆的前提下，其间隔时间越大，人造断层层面形成效果越好，其边坡的成型效果也就越好。

主炮孔和缓冲孔微差间隔时间一般为 100~150ms，缓冲孔和光爆孔微差间隔时间为 75~110ms，间隔时间过长或过短都将影响光爆质量。

8.8.2 质量标准

预裂爆破和光面爆破的目的是沿设计轮廓线形成整齐的轮廓面，其质量标准应符合以下条件：

（1）裂缝必须贯通，壁面上下不应残留未爆落岩体。

（2）相邻孔间壁面的不平整度小于±15cm。

（3）壁面应残留有炮孔孔壁痕迹，且应不小于原炮孔孔壁的1/2～1/3。

（4）残留的半孔率，对节理裂隙不发育的岩体应达到85%以上；对节理裂隙较发育和发育的岩体，应达到50%～85%；对节理裂隙极发育的岩体，应达到10%～50%。

8.8.3　实例1——某路堑石方开挖工程光面爆破方案

某路堑底宽40m，中心最大挖深59m，总挖方量为60万立方米，最大的边坡垂直高度为70m，边坡设计为1∶0.75，每隔20m高度设置一个5m宽的平台。基岩主要为熔结凝灰岩，岩石节理裂隙上部挖深10～20m范围较发育，底部不发育。

8.8.3.1　工程施工要求

（1）必须保证边坡的稳定和边坡的坡率。

（2）保证边坡的平整度，超欠挖不大于50cm。

（3）靠近边坡15m范围内必须采用深孔微差爆破，以减少爆破振动对边坡保留侧基岩的扰动，保证基岩的稳定性不受到破坏。

（4）边坡采用光面爆破。

（5）超挖大于50cm的地段要进行砌筑。

8.8.3.2　爆破设计

（1）光爆孔直径 $d=100$mm。

（2）钻孔方向与边坡设计方向一致，与水平面的夹角为53°。

（3）梯段高度 $H=10$m。

（4）钻孔深度与梯段高度相吻合，孔深 $L=12.5$m。

（5）孔间距：对于硬岩 $a=1.2～1.4$m，对于软岩 $a=1.0～1.2$m，风化严重地段不采用光面爆破。

（6）最小抵抗线 $W=1.2a$，一般取 $W=1.2～1.8$m，对于硬岩 $W=1.5～1.8$m，对于软岩 $W=1.2～1.5$m。

（7）当主炮孔与光爆孔平行时，底盘抵抗线 $W_d=W$，当主炮孔与光爆孔不平行时，2.5m$>W_d>1.2$m。

（8）线装药密度：底部2m长为0.7～0.9kg/m，其他为0.4～0.6kg/m。

（9）装药结构为不耦合装药，不耦合系数为3～4。

（10）微差间隔时间：光爆孔比缓冲孔晚起爆110ms。

8.8.3.3　实际操作

（1）测量放样。用仪器精确地测量出上边坡线的位置，做好标记，按设计的光爆参数进行布孔，确定钻孔的位置，用红油漆做标记。

（2）钻孔。按设计的炮孔位置和角度进行钻孔作业，指派专人负责钻孔的定位和确定的角度及方向，制作了带水平和垂直水准的角度测量盘，大大提高了钻孔的精确度。

（3）装药。首先绑扎药卷，本工程使用的炸药为直径32cm、长20cm、每卷重175g的乳化炸药，根据线装药密度和装药长度，将炸药绑扎在竹片上，药卷紧靠导爆索。对于硬岩炮孔底部2m连续捆绑10卷炸药，其他地段平均每米捆3卷炸药；对于软岩炮孔底部 2m 连续捆绑 8 卷炸药，其他地段平均每米捆 2.5 卷炸药；竹片靠向保留边坡侧。

（4）堵塞。光面爆破孔口留有 1.5m 左右为堵塞段，堵塞时先用木棍将塑料袋或纸团送入孔内至装药处，这样可以防止回填物下落至炮孔底部，影响光爆效果，然后再用钻孔粉渣回填。

（5）起爆。主炮孔和缓冲孔采用非电毫秒雷管组成微差复式起爆网路，逐排依次起爆，排与排之间用 6 段毫秒雷管串联，其微差隔时间为 150ms；用导爆索将所有的光爆孔联结在一起同时起爆，光爆孔与其前排的缓冲孔之间用 5 段毫秒雷管串联，其微差间隔时间为 110ms。

8.8.3.4 爆破规模

为了保证安全，每次爆破总装药量不超过 4t，即每次爆破不超过 150 个炮孔，一般为光爆孔 40~60 个、缓冲孔 30~50 个、主炮孔 3~4 排 20~40 个。

整个工程共进行光面爆破 20 多次，光爆总面积 17000m²。

8.8.3.5 爆破效果

（1）沿炮孔连线方向切开，孔口破坏较小，炮孔保留侧岩石完好。

（2）准爆率 100%。

（3）半孔保留率：硬岩 90%，软岩 80%。

8.8.3.6 工程造价

光爆段光面爆破是正常深孔爆破造价的三倍多，风枪小爆破刷坡段造价比正常深孔爆破多近一倍。采用光爆技术可以大大地减少刷坡工作量，以爆破边坡 1000m² 来比较，对于光爆段：本工点光爆孔采用进口全液压钻机钻孔，每台班（8h）钻孔 250m，爆破边坡 1000m² 需钻 13m 深的光爆孔 80~85 个，需 4 个台班，若一天工作两个台班，则需两天半（包括爆破时间）就可完成钻爆作业；对于风枪小爆破刷坡段：按 10 人、两台风枪完成 1000m² 的刷坡任务（包括钻孔、爆破、清渣）至少需要 20 天（每天工作 10h）。

8.8.4 实例2——复杂环境特殊地质条件下高梯段深孔光面爆破方案

8.8.4.1 工程概况

某石方工程位于柳石路 K1+585~K1+772 段，全长 187m，边坡开挖高度 47.6m，开挖石方 13.4×10⁴m³，路堑边坡 5000m² 以上。岩石为白云质灰岩，地形起伏变化大，坡度较陡，地质条件差。鸡山石方周围环境极其复杂，开挖爆破区右侧柳州端 30m 处有莲花加油站，石龙端 50m 处有柳州市食品罐头厂厂房和楼房，15m 处有 10kV 高压输电线，军用通讯光缆及照明线各一条，平行于爆区通过。尤其是有柳石路紧贴爆破山脚下通过，来往车流量大，要求爆破不得中断行车。

8.8.4.2 石方光面爆破的工程特点

（1）周围环境复杂，建筑物均位于光爆飞石方向，且均在光爆飞石影响范围之内，应结合具体情况进行光面爆破参数设计和施工。

（2）地形地质条件特殊多变，岩石上下不同，顶部钻孔困难，且有大小不同溶洞及夹层不规律分布在边坡的坡面上，不仅影响钻孔精度，而且影响爆破安全。

（3）钻孔要求精度高，要保证钻孔方向和角度，以保证光面爆破质量和避免因钻孔误差造成抵抗线太小，产生飞石，危及周围建筑安全。

（4）边坡高，随主体开挖分三个台阶进行光面爆破施工，梯段高度大于15m，属高梯段光面爆破。

8.8.4.3　设计原则

（1）根据工程特点，鸡山石方边坡决定采用三个台阶进行光面爆破施工，梯段高度 $H_1 = 17.6m$，$H_2 = 15m$，$H_3 = 15m$，边坡坡度为 $1:0.2 \sim 1:0.25$，台阶宽度不小于1.5m。

（2）边坡开挖既要保证边坡质量，又要保证施工安全，极大限度地提高钻孔工效。

（3）采用预留光爆层和留准光爆层相结合方法进行光面爆破施工，预留光爆层厚度不小于2.0m，准光爆层厚度3.0m，以便试验控制飞石的光爆参数和光爆方法。

（4）采用 $\phi100$ 型三脚架钻机钻孔，顶部孔距1.2m，底层孔距1.0m，要保证钻孔定位，方向和角度准确性，以保证钻孔精度，控制光面爆破飞石产生。

8.8.4.4　光面爆破的参数选定

A　炮孔直径 D

光面爆破炮孔孔径的确定是一项重要的工作，它的选取是否合理，直接关系到光爆施工的效率和成本，是决定光面爆破抵抗线和炮孔间距大小的依据。本工点主要根据现场已配备的钻机及钻头实际情况，取炮孔孔径 $D = 100 \sim 105mm$。

B　梯段高度 H

合理的梯段高度，应视边坡实际高度和主体石方开挖梯段情况，钻孔机械的钻孔能力和钻孔人员的施工技术水平等综合考虑。鸡山石方工程采用钻机为 QZ-100 型三脚架式潜孔钻机，主体石方梯段 $\geq 15m$，边坡高47.6m，确定光面爆破分三个台阶进行，梯段高度分别为：$H_1 = 17.6m$，$H_2 = 15m$，$H_3 = 15m$，如图8-24所示。

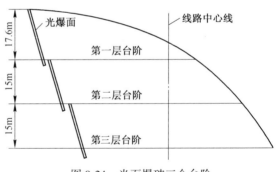

图8-24　光面爆破三个台阶

C　抵抗线 $W_{光}$

光面爆破抵抗线是指光爆层岩体的厚度，光面爆破抵抗线的选取直接影响到光面爆破效果和光面爆破的安全。若 $W_{光}$ 过大，虽然不会产生飞石保证了安全，但爆破后大块较多不易清除，且底部爆破后易留根坎，影响边坡爆破质量。若 $W_{光}$ 太小，不仅不能获得理想的光爆效果，更主要是光爆所产生的飞石将危及对面的重要建筑和设施的安全。

$W_{光}$ 的计算公式为：

$$W_{光} = K \cdot D$$

式中，K 为计算系数，一般取 $K = 15 \sim 25$，本工点从安全角度考虑，取 $K \geq 20$。D 为钻孔直径，取 $D = 100mm$。

根据上式得 $W_{光} = 2.0m$。

D 孔距 a

炮孔间距是光面爆破中很重要的一个参数，是光面爆破能否成功的关键。孔距的经验计算法为：

$$a_光 = mW_光$$

式中，m 为炮孔密集系数，取 $m = 0.5 \sim 0.8$。

取 $W_光 = 2.0\text{m}$，代入上式得：$a_光 = 1.0 \sim 1.6\text{m}$。实际上部台阶取 $a = 1.2\text{m}$，底部台阶取 $a = 1.0\text{m}$。

E 孔深 L 与超钻深度 h

孔深：

$$L = \frac{H}{\sin\alpha} + h$$

式中，α 为钻孔角度。

超钻深度 h：上层取 $h = 1.0\text{m}$，底层取 $h = 1.5\text{m}$。

F 光面爆破的线装药密度 $q_光$ 和单孔装药 $Q_光$

$q_光$ 和 $Q_光$ 由下式经验计算法确定：

$$q_光 = K_光 \cdot a_光 \cdot W$$
$$Q_光 = q_光 \cdot L + Q_底$$

式中，$K_光$ 为光面爆破的单位耗药量，g/m^3，预留光爆层时取 $K_光 = 75\text{g/m}^3$，有准光爆层时取 $K_光 = 90\text{g/m}^3$；$Q_底$ 为光面爆破底部加强装药量，预留光爆层时取 $Q_底 = (3 \sim 5)q_光$，有准光爆层时取 $Q_底 = (5 \sim 8)q_光$。

根据经验实际，预留光爆层时，$q_光 = 160 \sim 180\text{g/m}$；有准光爆层时，$q_光 = 200 \sim 220\text{g/m}$。

G 起爆时间

光面爆破可以和准光爆层一起起爆，其滞后时间 $\Delta t = 100 \sim 150\text{ms}$ 为宜。本工地取 $\Delta t = 150\text{ms}$。

8.8.4.5 光面爆破施工工艺

（1）钻机平台的修建。本工点取平台宽度为 2.0m。

（2）边坡测量放线。

（3）钻孔技术。钻孔精度是光面爆破的重要因素，也是复杂环境下保证光爆安全的关键。按"对位准、方向正、角度精"三要点安装架设钻机，其措施如下：

1）钻机对位要准而牢。

2）钻孔方向要正。

3）钻机钻孔角度要精。

（4）装药。采用人工装药，三人一组按设计药量和设计装药结构，将炸药捆在导爆索和竹片上，慢慢放入孔内。

（5）堵塞。堵塞长度 L 为 1.5~1.8m，堵塞材料为钻孔石粉或黏土。堵塞时，先用纸团或草团堵塞至上部药卷处，再堵石粉并逐层捣固至孔口。

（6）起爆网路。采用导爆索起爆网路，当有准光爆孔时，光爆孔滞后时间为 150ms 左右，复杂环境下高梯段光面爆破的飞石控制。

1）预留一排准光孔（或主炮孔）与光爆孔同批起爆，是防止光爆飞石最简单易行且行之有效的措施。

2）控制光面爆破抵抗线大小是控制飞石距离最好办法。

3）控制装药量将光爆飞石控制在允许范围之内。

4）保证孔口堵塞长度和堵塞质量，是防止爆破冲孔控制光爆飞石的重要环节。

8.8.4.6 光面爆破规模

光面爆破共进行四次，钻孔 292 个，钻孔长 4380 延长米，开挖边坡 5000m²。

8.8.4.7 光面爆破质量评估

（1）光面爆破后边坡壁面上半孔残留率达 95% 以上，超过目前光面爆破评价质量标准。

（2）边坡围岩稳定，没有产生围岩破坏现象，做到了稳定、平整、光滑、美观。

（3）孔壁没有产生爆破裂纹。

（4）中间平台比较平整。

光面爆破质量评估保证了复杂环境下的光面爆破安全。

8.8.5 实例 3——台阶松动爆破方案

8.8.5.1 工程概况

爆破技术要求：爆破后块度大小只要满足装运要求即可，业主对爆破技术的要求较为简单。爆破后，使岩面边坡稳定顺直，边坡形成一定坡度台阶。周围环境状况：爆破区域周围环境比较简单，200m 爆破安全警戒范围内无民房、通信设备等需保护的建筑与设施，安全状况较好。

该料场开采工程采用中深孔台阶爆破开采，生产规模年产量 30 万吨。

8.8.5.2 爆区环境

爆破区域附近无民房、通信设备等需保护的建筑与设施。安全状况较好。工程属一般土岩工程爆破，爆区环境良好。

8.8.5.3 主要设计要求

（1）根据委托方的要求，仅需对爆区岩石进行松动爆破，能满足机械挖运即可，对石渣粒径不做要求。

（2）根据爆区地形、环境、地质情况等因素，设计采用中深孔台阶爆破与露天浅孔相结合的方式。中深孔台阶爆破采用多排布孔，排间微差与孔间微差相结合的露天中深孔台阶爆破方案。

8.8.5.4 爆破参数的选择

A 中深孔台阶爆破

（1）爆破方式：松动控制爆破。

（2）钻孔直径：$D = 90\text{mm}$。

（3）台阶高度：$H = 5 \sim 20\text{m}$。

（4）钻孔深度 L：对于垂直孔，$L = H + h$；对于倾斜孔，$L = H/\sin\alpha + h$，α 为炮孔倾斜角度，根据临空面的坡度而决定孔的倾斜度。本工程中，$\alpha = 80° \sim 90°$。

（5）底盘抵抗线 $W_{\text{底}}$：

$$W_{\text{底}} = (7.85\Delta L/qm)^{1/2} \cdot d$$

式中，$W_{\text{底}}$ 为底盘抵抗线，m；q 为单位炸药消耗量，kg/m^3，查表得 $0.50kg/m^3$；m 为钻孔邻近（密集）系数，经验得 1.20；Δ 为装药密度，kg/m^3，查表得 $1kg/m^3$。

$$W_{\text{底}} = (7.85 \times 1 \times 0.8/0.50 \times 1.20)^{1/2} \times 0.9 = 2.90m$$

（6）孔距：$a = m \cdot W_{\text{底}} = 1.25 \times 2.9 = 3.625m$，取 $a = 3.6m$。

（7）排距：$b = 0.866a = 0.866 \times 3.6 = 3.11m$，取 $b = 3.0m$。

（8）单位炸药消耗量 q：根据岩石的可爆性，设计初选 $q = 0.50kg/m^3$。在实际施工中，应通过爆破漏斗确定，并根据岩石性质的改变进行调整。

（9）单孔装药量。

前排孔装药量：

$$Q = q \cdot a \cdot W_{\text{底}} \cdot H$$

式中，H 为台阶高度。

以 $H = 20$ 计，则 $Q = 0.5 \times 3.6 \times 3.0 \times 20 = 108kg$。

第二排及后排孔装药量：

$$Q = K \cdot q \cdot a \cdot b \cdot H$$

式中，K 为考虑受前面各排孔的岩体阻力作用的增加系数，一般取 $1.1 \sim 1.2$，此取 1.15，则 $Q = 1.15 \times 0.5 \times 3.6 \times 3.0 \times 20 = 124.2kg$。

（10）布孔、装药和堵塞方式。

布孔方式采用梅花形布孔。

装药结构采用线形连续装药结构。用 $\phi70mm$ 的乳化炸药卷做起爆药包，其余用乳化和铵油炸药相结合的方式，每孔装两个乳化炸药起爆体，装药结构图如图 8-25 所示。

堵塞采用砂、黏土，并用炮棍轻轻捣实。对有水炮孔，应进行排水处理或采用防水装药。

B　浅孔爆破参数

（1）孔径 $D = 42mm$。

（2）孔深 $L = 1 \sim 4m$。

（3）底盘抵抗线 $W_1 = (25 \sim 30) \cdot D$。

（4）孔距 $a = (1.0 \sim 1.2) \cdot W_1$。

（5）排距 $b = (0.8 \sim 1.0) \cdot a$。

（6）单耗 q 取 $0.35 \sim 0.50kg/m^3$，根据现场试爆适当调整。

（7）单孔装药量 $Q = q \cdot a \cdot b \cdot l$。

（8）布孔方式为梅花形布孔或矩形布孔。

（9）装药结构为耦合装药。

（10）起爆方式为非电导爆管雷管孔内延时分段起爆，每 5 个炮孔同段起爆。

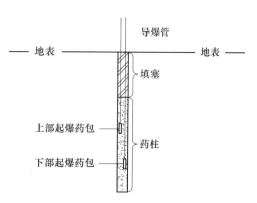

图 8-25　装药结构示意图

（11）堵塞长度为不小于 1/2 孔深。

浅孔台阶爆破参数见表 8-12，这些参数在实际施工中，将根据具体环境情况和爆破效果要求，进行适当调整，以达到最佳的爆破目的。

表 8-12 浅孔台阶爆破参数（$d = 42$mm）

孔径/mm	孔深/m	抵抗线/m	孔间距/m	炸药单耗/kg·m⁻³	单孔药量/kg
42	1.0	0.6	0.9	0.4	0.22
42	2.0	0.9	1.3	0.35	0.82
42	3.0	1.0	1.5	0.32	1.44
42	4.0	1.1	1.5	0.30	1.98

C 爆破网路设计

根据本工程的特点，该爆破网路设计采用非电导爆管起爆网路，并采用孔外微差延期爆破方式，用起爆器起爆。根据多年来的爆破施工经验，微差时间超过 50ms 时，爆破能达到较好的效果，因此，本工程所选取的微差时间间隔为 50~110ms。

根据本工程特点，孔内采用 10 段以上非电毫秒雷管，孔外采用 3、5 段雷管接力传爆，如图 8-26 所示。

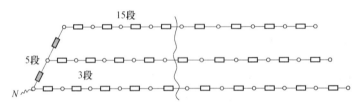

图 8-26 中深孔起爆网路图（采用孔外微差起爆）

孔内采用 10 段以上非电雷管，一般采用 15 段。同排孔与孔之间采用 3 段连接。排与排之间采用 5 段连接。浅眼排炮采用以下网路，如图 8-27 所示。

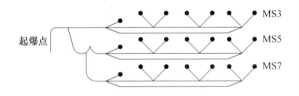

图 8-27 浅孔起爆网路图

8.8.5.5 爆破振动和飞石安全距离

A 爆破振动

按下式计算质点振动速度：

$$v = K \cdot (Q^{1/3}/R)^{\alpha}$$

式中，v 为保护对象所在地面质点振动速度，cm/s；Q 为一次爆破装药量（齐爆时为总装药量），kg；R 为爆心与观测点的距离，m；K、α 为系数和衰减指数。

按每单孔为一个起爆段别（即逐孔起爆），则一次最大起爆药量为 108kg。距离附近建（构）筑物近处采取小直径浅孔台阶爆破，取 $R=200$m，$K=150$，$\alpha=1.8$，$v=(108^{1/3}/200)^{1.8} \times 150 = 0.175$cm/s。

通过计算得出：爆破对距爆心 200m 的一般性建筑不构成破坏。在实际操作中，再采取挖减震沟等措施，可确保建（构）筑物安全。

B 飞石安全距离

根据瑞典德科汤尼研究基金会估算台阶深孔爆破的飞石距离：

$$R_{fmax} = K_\psi \cdot D$$

式中，R_{fmax} 为飞石的飞散距离，m；K_ψ 为安全系数，取 15~16；D 为钻孔直径，cm。

由此得 $R_{fmax} = (15 \sim 16) \times 9.0 = 135 \sim 144$（m）。

由此可见，在靠近建（构）筑物较近时采取小直径浅孔台阶爆破可有效地降低飞石的飞行距离。在实际施工中采取炮孔周围堆沙袋和用废旧轮胎裁条编制的橡胶帘覆盖爆破区即可防止个别飞石飞入居民区内。

8.8.5.6 爆破施工工艺

A 钻孔基本要求

（1）现场布孔。钻孔前必须根据设计方案及待开挖岩体的实际情况，由施工人员根据设计提供的孔网参数进行现场布孔。

（2）钻孔作业。钻孔必须按设计的位置、方向和角度进行作业。钻孔必须钻够设计孔深，保持底面在同一平面上。钻孔完成后，将孔内岩粉吹干净。

（3）钻孔尺寸。精度误差必须符合设计要求，即孔位误差控制在 5% 以内，角度误差控制在 <3°，孔深误差控制在 30cm 以内。

（4）检查。钻孔完毕后，由爆破专职技术人员、爆破员对其孔进行检查，量孔深，不合格炮孔要进行补钻，做好记录，每孔设置记录标签，并在钻孔记录上签字。

（5）成品孔保护。钻孔完成后，经检查符合设计孔深，应进行保护，防止雨水流入孔内或岩块落入孔内，造成塌孔或堵孔。

（6）孔内排水。装药前发现孔内有水，应进行孔内排水工作，排水方法用高压风管插入孔内吹水。

B 装药、堵塞的基本要求

（1）装药前认真检查爆破器材质量，选择一个安全地带对不同段别的雷管进行试验，对起爆网路进行等效模拟试验。

（2）装药前应根据本次爆破所钻米数进行装药量调整，并在图纸上明确每只炮孔的编号、孔深、雷管段别、装药量等，并在装药前对装药炮孔进行检查，当孔内有水时，应进行孔内排水作业，炮孔排水后方可进行装药。孔内积水（渗水）无法排净时，应丈量水的埋深，并采用具有防水功能的胶质炸药，装药另采取具体的操作工艺，确保炸药装到位，以防起爆拒爆。

（3）孔内孔温太高时，不许可即立即装药作业，需待孔温降至正常后方可装药。

（4）装药作业必须依照爆破设计提供的装药密度装药，当炮孔与设计不符时，爆破技术人员应重新计算装药密度。

(5) 装药时严禁使用金属棒捣密炸药并保证雷管脚线不被捣断，装药时应保护好起爆雷管脚线。

(6) 过期失效的火工品，不得用于爆破作业。

(7) 炮孔堵塞长度必须依照爆破设计进行。

(8) 堵塞介质采用黏性塑性黄土或黏土结合物（砂黏土），确保堵塞质量。

C　起爆系统及联网

(1) 浅孔爆破和中深孔台阶爆破作业均采用非电微差爆破网路，起爆器起爆。

(2) 进行起爆网路联线作业时，必须按爆破设计提供的网路图进行联网。

(3) 联网完毕后，要严格认真检查，避免因漏联、错联从而影响准确起爆。

D　爆后检查

(1) 爆破作业结束后，经过规程允许的等待时间后由爆破员、安全员对作业区进行认真检查，危石要排除。爆破作业引起的不良地质现象（如滑坡、断层）要标明位置，设置醒目标志。

(2) 爆破后，爆破作业人员、技术人员要详细填写爆破记录。

E　技术交底有关要求

总体方案经上级主管部门批准后，爆破技术组除口头上进行技术交底外，还必须以书面文字形式向其他有关专业组和有关人员进行技术交底。

8.8.5.7　爆破安全防范措施

A　常规爆破安全措施

(1) 本工程石方爆破，必须按国家《爆破安全规程》及民用爆破物品管理有关规定执行，设立爆破安全小组，负责爆破作业安全工作。

(2) 爆破作业必须统一指挥，统一布置。

(3) 火工品由专人现场保管，专人负责领取，当天没有用完的火工品必须登记入库；爆炸物品到达工地后应放到指定地点存放，场地四周 50m 应放出警戒，禁止无关人员进入；工地上不得吸烟或使用明火。

(4) 所有爆破施工人员必须持证上岗，严禁无证操作，进入施工现场的人员必须戴安全帽，没有戴安全帽的人员一律不准进入施工现场。

(5) 对在坡度较陡或危险的工作面进行钻孔装药或危岩的处理等作业时，必须采取相应的安全措施，以保证工作人员的安全。

(6) 爆破作业不准在夜间、雷雨天、大雾天进行，同一爆区爆破作业严禁边钻孔边装药边联网的作业方式。

(7) 起爆时，在爆破安全区外设置警戒人员，以防飞石击伤过往行人和车辆。

(8) 起爆后，经爆破专职人员对爆破现场检查，确认无盲炮现象时，方可解除警戒。

B　爆破飞石的控制措施

(1) 加强回填堵塞，确保堵塞质量。首先保证堵塞长度，使炮孔堵塞长度大于最小抵抗线；其次，使用的回填土应保证质量，以手攥成团，手捏松散为标准；最后，堵塞时边回填，边捣固，增强堵塞质量。

（2）采取合理的孔网参数，控制装药量。使每个药包的做功能力接近内部作用药包。合理地确定最小抵抗线、爆破作用指数、炮孔间距、排距，使得岩石松动而不飞散；采取微差起爆网路，控制爆破振动。

（3）构筑防护堤坝、防护排架、挖防震沟以及在炮孔周围堆积沙袋，在整个片区用橡胶帘覆盖等措施以达到减震和防飞石的目的。

（4）采取合理的起爆、传爆方向。

（5）实施爆破安全警戒，撤离危险区内的人员和重要设备。

（6）严格按设计装药量和爆破指令进行装药，不得过量装药。

（7）施爆前对每个炮孔进行测量，根据测得数据进行装药设计，如果抵抗线发生变化（比设计值大或小），都必须调整装药量。

C 爆破施工安全防护措施

为了确保本工程的施工安全，必须认真做好以下安全防护措施：

（1）严格按爆破方案设计的参数进行施工，并在爆破试验阶段优化爆破参数。

（2）认真做好各炮孔的堵塞工作，保证每孔的堵塞长度和质量。

（3）爆破网路由爆破员负责联线，确认无漏联、错联时，方准起爆。

（4）爆破作业人员要持证上岗，爆破作业过程中，严格按《爆破安全规程》要求和公安机关要求进行操作。

（5）起爆站（点）设在安全警戒线外。

（6）爆破器材由保管员负责领取、登记，以免丢失，当天未用完的爆破器材及时退回。

D 盲炮的预防和处理措施

a 盲炮的预防措施

（1）对于爆破器材要严格检验，妥善保管，防止使用技术性能不符合要求的和已过期变质的爆破器材。

（2）严格按设计施工，检查炮孔布置、起爆方式、网路敷设、网路连接是否合理可行。

（3）在有水工作面或炮孔有水时，应采取可靠的防水措施，避免爆破器材受潮失效。

（4）操作时要小心翼翼、轻拿轻放，防止导爆管漏接、折断、划破。

b 盲炮残药的处理

在出现盲炮后，立即对爆破区进行现场封锁；组织成立由爆破工程技术人员和爆破员组成的处理小组，进入爆破现场查看和分析出现哑炮的原因，检查起爆网路被破坏情况，并严格按照有关的国家规范和行业的有关规定制定严密的盲炮处理方案；在经爆破安全生产负责人批准后进行处理。

发现盲炮残药要及时处理，不能及时处理的要立即设置明显警示标志，并采取相应措施。在盲炮区域内不得进行与处理盲炮无关作业。应当班原装药的爆破员会同技术人员处理，如本班不能处理或未处理完毕，必须做好交接班，将盲炮数目、炮孔方向、装药数量、起爆药包位置、处理方法和处理意见在现场交接清楚，由下一班继续处理。

盲炮残药可采用以下几种方法处理：

（1）当线路完好时可重新联线起爆。重新起爆时要检查最小抵抗线是否发生变化，若有改变应采取其他措施，并在危险边界设置警戒和采取相应的安全措施。

（2）诱爆法。利用木制、竹制或其他有色金属制成小勺，小心地将堵塞物掏出，重新装起爆药包爆破。

（3）打平行眼装药爆破法。可在距盲炮口不少于 0.3m 处另打平行炮孔，装药诱爆。

（4）用水冲洗法。若使用粉状硝铵类炸药，且堵塞物松散，可用低压水冲洗，使炮泥和炸药稀释，再妥善取出雷管。

（5）所用炸药为非抗水硝铵类炸药，且孔壁完好时，可取出部分填塞物向孔内灌水使之失效，然后做进一步处理。

c　早爆预防措施

（1）不得向孔内投掷已装好雷管的起爆药包，雷管必须插入起爆药卷内。

（2）堵塞时应防止挤压导爆管，不得盘绕或扭曲导爆管。

E　爆破安全措施

a　爆破作业的基本要求

（1）爆破作业要按国家、当地政府及公安机关有关规程、规定和爆破设计书进行。

（2）必须征得当地有关部门同意和公安部门的批准后才能实施爆破作业。所有涉及爆破施工人员都要持证上岗。

（3）爆破作业点有下列情形之一时，禁止进行作业：

1）有边坡滑落危险。

2）爆破参数或施工质量不符合设计要求。

3）危及设备或建筑物安全，无有效防护措施。

4）危险边界未设警戒。

5）未严格按有关规定要求做好准备工作。

（4）在雷雨天、大雾天、7 级以上风天、黄昏和夜晚禁止爆破作业。遇雷雨时应立即停止爆破作业，并迅速撤离危险区至安全地带。

b　起爆药包的加工

（1）起爆药包加工应在爆破作业点附近安全地点进行，起爆药包的加工数量不超过本次起爆所需的数量。若有多余应在现场进行处理，及时将雷管与炸药分开或装入孔内销毁。

（2）在起爆药卷上扎孔时严禁使用金属工具。

（3）雷管必须全部插入药卷中不许外露，并用胶布固定。

（4）在潮湿或有水的地点爆破时，特别注意起爆药包的防水处理或使用具有防水性能的乳化炸药。

c　导爆管起爆的安全操作

（1）联线用的导爆管管壁应无破孔和明显的划痕；管内应无可见的堵药、断药现象。

（2）网路连接所使用的四通使用前必须检查外观。

（3）传爆雷管与簇连的导爆管必须反向连接，传爆雷管与导爆管联结交接处必须使导爆管均匀布在雷管外部，导爆管尾部应留 15cm 以上。导爆管网路中不得有死结，孔内不得有接头。连好后雷管处用塑料袋、纸壳等覆盖，避免雷管爆炸飞片击伤起爆网路。用于同一工作面的导爆管雷管应是同厂同批号产品。

（4）导爆管雷管网路连接后只准一人检查，检查时不得破坏网路，并从爆区一端逐步进行。

8.8.5.8 爆破安全警戒措施

A 组织

工程施工过程设立爆破指挥组，由施工单位负责爆破范围的现场安全及警戒，协调各方面关系，施工人员、设备的进场和撤离，爆破施工全过程的一切指挥均由指挥部统一发出。

B 警戒范围

安全警戒范围为距离爆破点200m范围内。该距离从每次爆破工作面的最边缘向外开始计算，对划入警戒范围内的道路，在爆破时禁止人员和车辆通行。爆破施工开始前，应在危险区域外围设置明显的警示标志。

C 警戒人员

起爆前，在爆区周围根据环境条件，设置能够保证安全的警戒点，对警戒范围内进行戒严，禁止任何人员进入爆区，每个警戒点指派1~2人进行安全警戒。重点警戒点根据实际需要加派人员。

D 安全警戒措施

装药前必须对装药区域进行清场，除爆破员、安全员、保管员和爆破技术人员外，爆破施工现场不得有其他人员在场。

警戒点必须预先设定，由专人负责。警戒点之间要达到互视，通过对讲机保持密切联系。爆破警戒开始后，要同时发出视觉（红旗）和声响（警报）信号，每次爆破施工装药前，施工现场挂红旗以示警告，并通知附近单位、居民和施工人员等不得进入警戒范围。

爆前半小时各警戒点人员必须到位，并向指挥组汇报。由指挥组统一指挥爆区内的人员、设备撤离现场至安全区域。

指挥组和警戒点设在安全隐蔽处。

E 爆破时间规定

根据现场施工状况，具体爆破时间需与有关部门及周边相关单位协商后确定。

F 爆破警报规定

第一次警报：两长音。

第一次警报拉（吹）响后，提示爆区人员、设备开始撤离现场；提示爆破作业人员做好准备；各警戒人员必须到达指定警戒位置，各单位负责场内清场人员开始由内到外清场。

第一次警报拉（吹）响约10min后，各警戒点断隔交通。场内清场人员逐层清场，确认人员、设备撤离至安全区域后，用对讲机向指挥组报告警戒工作完成，准备起爆。

爆破人员和爆破技术人员进行起爆网路检查，经检查无误后向指挥组负责人报告爆破准备工作结束，请示是否可以起爆。

第二次警报：三声短音（起爆信号，开始起爆）。

第二次警报拉（吹）响后，指挥组负责人指挥起爆。

各施工单位必须严格遵守本项规定。

第三次警报：长音（解除警报）。

起爆后，经过必要的等待时间后指挥部安全负责人及爆破结束负责人进入现场进行爆后检查，确认无盲炮后发出解除警报命令。原则规定：起爆后经过必要的等待时间（露天浅孔 5min，露天中深孔及隧道 15min）后方可进入现场检查。

G   爆后检查、处理

（1）检查爆破后边坡围岩稳定性和爆破效果。

（2）检查爆堆状况。

（3）检查是否有盲炮（如有盲炮按盲炮处理规定执行）。

8.8.5.9　事故处理预案

A   现场事故应急救援小组

现场事故应急救援小组成员主要由施工员、安全员、班组长等组成，小组成员接受必要的急救知识培训，工地内备常用急救药品与物质。

B   现场应急救援

事故发生后，现场应急救援小组立即做好以下工作：一方面，立即组织人员协助卫生员对伤员实施紧急抢救，并且及时与附近医院取得联系，做好接纳伤员的准备，边将伤员送往医院；对于仍处于危险区域的伤员，在尽量制止事故不再蔓延的情况下，立即组织人员进行排险解救伤员。另一方面，立即报告项目部领导，并做好现场保护，注意在抢救过程中，拍摄事故现场不同角度的照片，以及做好事故现场标记。

C   项目部应急措施

事故发生后，项目经理应立即召集领导班子召开紧急会议，强调各部门按照各自职责，以便有序地开展工作，同时，发出停工令，做好稳定队伍的工作。

如有意外发生需及时通知员工家属，并做好接待和安抚工作，如实向其家属介绍事故情况，取得谅解和协助。

对于重大伤亡事故，应以最快的方法分别将事故概况向企业主管部门、本行业安全管理部门和当地劳动部门、公安部门报告。

D   妥善处理善后工作

（1）做好接待调查的工作。

（2）根据国家相关处理伤亡事故的规定，做好医疗和抚恤工作。

（3）待调查组基本搞清事故发生的经过、原因和责任后，项目部在调查组参与下，组织事故分析会议，从事故中找出责任者和血的教训，提出改进安全工作的措施，用以提高干部职（民）工的安全意识和自保能力。

（4）在征得有关部门同意复工的批准时，首先必须组织干部、专业人员和职工参加的检查组，对工地进行全面检查，并及时处理安全隐患。另一方面，组织全体参加施工的人员认真学习安全技术知识、规章制度、标准和操作规程，特别应从同类事故中吸取教训，把安全生产工作提高到一个新的水平。

（5）为确保安全生产，防止事故发生，要求认真编制防范措施。

思 考 题

8-1　台阶要素有哪些？

8-2　什么是底盘最小抵抗线？

8-3　超深的意义是什么？

8-4　为什么要堵塞，堵塞长度如何确定？

8-5　如何控制大块率？

9 逐孔起爆

重点：
(1) 逐孔起爆的爆破原理；
(2) 逐孔起爆的微差时间的确定；
(3) 逐孔起爆的网路设计。

9.1 概　述

逐孔爆破技术以高强度、高精度复合导爆管毫秒雷管为起爆及传爆元件进行起爆网路铺设，孔内采用高段位延时毫秒雷管进行起爆，孔外采用低段位延时毫秒雷管连接，起爆顺序采用分散螺旋状，是实现单孔孔间微差起爆的一种先进爆破技术。逐孔爆破技术对降低矿山爆破振动、提高爆破效果作用显著，是近年在我国露天矿中深孔台阶爆破中应用较为广泛的一种爆破技术。

国内逐孔起爆理论在很多年前就已成熟，由于受当时的制造技术所限，高精度导爆管雷管的制造存在困难，逐孔爆破技术最初仅限于电雷管的应用。近年来，随着爆破器材的更新换代，逐孔起爆技术开始应用。国内 140 余家主要矿山企业的推广应用表明，逐孔起爆技术能充分发挥炸药能量，具有爆破效果好、振动小和综合效益显著的特点，并且为更科学的爆破参数优化提供了理论依据，已经成为我国大空间台阶炮孔开挖爆破起爆技术的发展方向。

逐孔爆破技术的主要特点有：一方面，每个爆孔能按照爆破设计的微差时间顺序起爆，为单个爆孔创造多个动态自由面，爆破冲击波径向压缩与反向拉伸的叠加和爆炸气体膨胀极大地改善了岩石的爆破效果，同时增强了爆炸应力波的反射，岩石间碰撞机会增加，爆炸能量得以充分利用，从而改善了爆破效果。通过孔间微差的时间间隔，可控制爆堆形状，以最大程度满足铲装设备作业的需要。另一方面，根据爆破理论，爆破地震波高低与一次起爆总药量无关，而是取决于同段起爆的最大装药量。逐孔爆破技术实现了单孔顺序起爆，将最大一段起爆药量限制在一个炮孔的最大装药量范围内，从而大幅度降低了爆破地震波的危害。

逐孔起爆技术的实现是以新型爆破器材——高强度和高精度导爆管雷管为依托的，爆破器材的高强度、高精度，保证了起爆网路的完美传爆。

逐孔起爆技术应用的关键是孔间和排间、地表和孔内延时的精确性，如果雷管微差精度低于 1%～2%，那么整个爆区的爆破效果就得不到保证。目前在国内市场上用以实现逐孔起爆技术的"双高"非电导爆管雷管产品只有西安庆华、阜新圣诺、北方诺信以及威海711厂与奥瑞凯公司合资办厂的四家化工厂提供，且产品技术参数参差不齐。

表9-1～表9-4列出了一些厂家高精度导爆管的误差范围。

表 9-1　国内普通非电导爆管

段别	标准延期时间/ms	误差值/ms
1	0	<13
2	25	±10
3	50	±10
4	75	±10
5	100	±10
6	150	±20
7	200	±20
8	250	±20
9	310	±20
10	390	±45

表 9-2　山东威海711厂和澳大利亚澳瑞凯公司合资厂高精度导爆管

段别	延期时间/ms	段别	延期时间/ms	段别	延期时间/ms
0	25±5	11	1100±50	22	3500±250
1	100±50	12	1200±50	23	4000±250
2	200±50	13	1300±50	24	4500±250
3	300±50	14	1400±50	25	5000±250
4	400±50	15	1600±100	26	5500±250
5	500±50	16	1800±100	27	6000±250
6	600±50	17	2000±100	28	7000±500
7	700±50	18	2250±125	29	8000±500
8	800±50	19	2500±125	30	9000±500
9	900±50	20	2750±125		
10	1000±50	21	3000±125		

表 9-3　辽宁圣诺高精度导爆管

产品类别	地表延期					孔内延期
标定延时/ms	17	25	42	65	100	400
实测平均延时/ms	17.6	25.4	42.0	66.0	101.8	403.9
实测极差	1～3	1～3	2～4	2～5	2～7	2～11
导爆管颜色	蓝	绿	红	粉	黄	白

表 9-4　北方诺信高精度导爆管

标定延时/ms	9	17	25	42	65	100
实测平均延时/ms	9.5	17.1	24.6	41.9	63.1	100.1
实测极差	2.2	3.5	4.7	2.0	9.1	6.0
标准差	0.6	1.0	1.7	0.9	2.2	1.7

9.2 逐孔起爆的基本理论

9.2.1 逐孔起爆的技术定义

逐孔起爆技术是指爆区内处于同一排的炮孔按照设计好的微差时间从起爆点依次起爆，同时爆区排间炮孔按另一微差时间依次向后排传爆，从而使爆区内相邻炮孔的起爆时间错开，起爆顺序呈分散的螺旋状。

在预爆破区域的布孔水平面内，处于横向排和纵向列上的炮孔分别采用不同的微差时间，但通常位于一排或一列中的炮孔具有相同的地表微差时间间隔。从起爆点开始二维平面内每个炮孔的起爆时间按孔、排间微差时间累加实现，相对于周围炮孔各自独立起爆。这样，爆破过程在时空发展上按某一起爆走时线向前推进，直至爆破过程完毕，如图 9-1 所示。

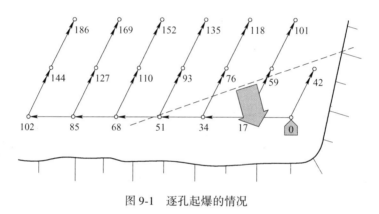

图 9-1　逐孔起爆的情况

9.2.2 逐孔起爆技术的作用原理

逐孔起爆技术是微差爆破的发展。虽然微差爆破在国内外已研究、应用了五十多年，但是由于起爆间隔时间只有几毫秒至几十毫秒，且岩体性质又复杂多变，炸药的爆炸能在岩体中的传递与分布难以定量计算，因此微差爆破原理尚无统一定论，大多只是假设和推断。根据较为公认的四种观点分别对微差爆破和逐孔起爆的作用原理进行比较。

9.2.2.1 微差爆破原理

A　自由面和最小抵抗线原理与岩石相互碰撞作用

在第一炮（先爆）产生的应力波和爆轰气体作用下，自由面处的岩体夹制性和阻力最小，形成径向裂隙和环向裂隙都比别的位置密集，裂隙较长、较宽，以致最小抵抗线方向的破碎范围最大，块度最小，岩块获得的动能最大。所以，在自由面条件下，最小抵抗线方向是岩石易于破坏和发生运动的主要方向。根据这一原理可以认为：第一，微差爆破先后间隔时间非常短促（一般只有数十毫秒），在第一炮的裂隙或破裂漏斗刚刚形成的瞬间，第二炮（后爆药包）立即起爆，充分利用第一炮（先爆）所形成的裂隙或破裂漏斗构成的新自由面（自由面扩大、自由面数增多），有利于后炮的应力波的反射拉伸作用来破碎岩体；第二，相应地缩短了第二炮的最小抵抗线，随之减弱了岩体的夹制性和对爆破的阻力，分离出来的岩块获得的初速度比先爆的大，变动能为机械功；第三，由于最小抵抗线方向的改变，使分离的岩块在运动中剧烈碰撞的机会增多，岩块继续破碎。这一机理既不同于瞬发爆破（齐发爆破），也不同于秒发级的段发爆破，所以，能得到比较好的爆破效果。

B　爆轰气体的预应力作用

先爆药包的爆轰气体使岩体处于准静压应力状态，并对应力波所形成的裂隙起着膨胀和楔子作用。后爆药包起爆，利用了岩体内较大的预应力场以及爆轰气体尚未消失前（裂隙尚未达到自由面）在岩体内的准静压应力场来加强岩石的破碎作用。

C　应力波的叠加作用

在先爆药包在岩体内形成的应力作用尚未消失之前，第二炮立即起爆，造成应力波叠加，有利于岩石的破碎。而且，在先爆药包的应力场作用下岩体内原生裂隙及孔隙缩小，密度增大，加快应力波的传播速度，即使岩石质点速度增加，仍导致岩石处于应力状态的时间增长。应力波的相互作用加剧，减少了不可逆的能量损失，从而改善了爆破效果。

D　地震波主震相的错开和地震波的干扰作用

合理的微差间隔时间，使先后起爆所产生的地震能量在时间上和空间上错开，特别是错开地震波的主震相，从而大大降低了地震效应。此外先后两组地震波的干扰作用，也会降低地震效应。虽然也有人认为，如果主震相重叠和干扰作用的叠加，也会加剧地震效应，实际上只要合理地选取微差间隔时间，即可使地震效应有不同程度的降低。总体来说，微差爆破比普通爆破可降震 30%~70%。必须指出，地震效应的降低在很大程度上与整个爆区的总药量分散为多段起爆有关。微差爆破可控制每一段最大药量所产生的爆炸能，从而减少了爆破地震效应。

9.2.2.2　逐孔起爆技术的作用原理

A　应力波叠加作用

高速摄影资料表明，当底盘抵抗线小于 10m 时，从起爆到台阶坡面出现裂缝，历时约 10~25ms，台阶顶部鼓起历时约 80~150ms，此时爆生高压气体逸出，鼓包开始破裂。在逐孔爆破时，后爆药包较先爆药包延迟数十毫秒起爆，这样后爆药包在相邻先爆药包的应力振动作用下处于预应力的状态中（即应力波尚未消失）起爆，两组深孔爆破产生的应力波相互叠加，可以加强破碎效果。

B　增强自由面作用

在先爆深孔破裂漏斗形成后，对后爆深孔来说相当于新增加了自由面，逐孔微差爆破后爆破孔的自由面由排间微差爆破的 2 个自由面增至 3 个自由面，后爆炮孔的最小抵抗线和爆破作用方向都有所改变，增多了入射压力波和反射拉伸波的反射，增强了岩石的破碎作用，并减少夹制。

C　增加岩块相互碰撞作用

先爆的炮孔起爆后，爆破漏斗内的破碎岩石起飞尚未回落时，后爆的炮孔在先爆炮孔的"岩块幕中"起爆，后爆药包的爆生气体不易逸散到大气中，从而又增加了补充破碎机会。逐孔爆破由于所相邻的两孔都有微差时间，较排间微差爆破提供的补充破碎机会多，因而在碰撞破碎过程中，岩石中的动能降低，导致抛距减少，爆堆相对集中。

图 9-2~图 9-4 比较了三种起爆方式下炮孔的情况，可以看出逐孔起爆形式下先爆炮孔为后爆炮孔多创造一个自由面并且相邻爆炮孔相互碰撞、挤压，增强岩石二次破碎。

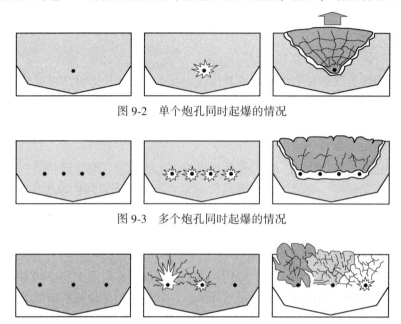

图 9-2　单个炮孔同时起爆的情况

图 9-3　多个炮孔同时起爆的情况

图 9-4　多个炮孔逐孔起爆的情况

D　减小爆破振动

由于逐孔爆破显著减少了同时起爆的药量，因此爆破地震能量也在时间上和空间上加以分散，使地震强度大大降低。根据凹山采场逐孔爆破的爆破振动分析，较排间微差爆破，逐孔爆破振动降低 50%~80%。

9.3　逐孔起爆技术起爆工艺

起爆方式是实现逐孔起爆技术的关键，分为地表微差网路和孔内微差网路两种，如图 9-5 所示。

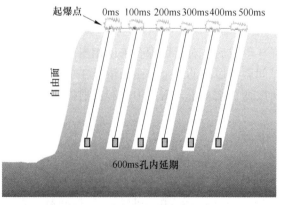

图 9-5　孔内微差和地表微差

逐孔起爆技术是通过孔内和地表微差时间的组合来共同完成的。地表起爆网路是由爆破设计时，根据爆破效果要求选取的炮孔排列，并针对炮孔排列分别计算得到的不同微差时间，使用与之对应的高精度导爆管雷管组合实现。孔内微差采用地表微差时间 4 倍以上的高精度导爆管雷管连接起爆药包实现。

9.4 逐孔起爆网路的设计原则及方法

在大规模的中深孔爆破设计中，为了控制一次起爆最大药量，往往采用分段爆破网路。但是随着爆破规模的增大，起爆段数可能达到数十段，甚至上百段，这时毫秒分段电雷管难以满足要求，只能采用孔间微差和排间微差相结合的网路形式，这就意味着有比较长的爆破持续时间。网路起爆后可能发生三种状态：

(1) 一些炮孔内的炸药被引爆并发生爆轰。

(2) 后续起爆网路被引爆并将爆轰波向后传爆。

(3) 后续起爆网路被先前起爆网路破坏而发生大面积的拒爆。

如何在设计中规避上述大规模中深孔爆破施工中产生的不良状态，尤其是实现逐孔起爆需要更长微差的情况下保证起爆网路安全、可靠、高效地传爆，就需要在爆破设计过程中遵循如下的设计原则。

9.4.1 起爆走时线原则

应用逐孔起爆技术进行爆破作业时，爆破过程的推进（或展开）并不是整排或整列进行，而是与排和列成一定的角度向前推进，位于同一角度上的爆破质点所组成的曲线就是起爆走时线，如图 9-6 所示，图中标出的平行线就是依次为 0ms、600ms、800ms、1000ms、1200ms、1400ms 时刻的爆破走时线。

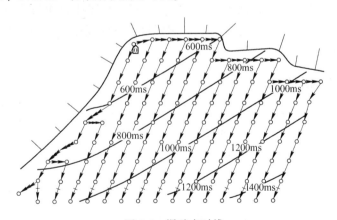

图 9-6 爆破走时线

9.4.2 点燃阵面原则

点燃阵面是指在工程爆破中，当地表延时起爆网路正常引爆、爆轰波依次从炮孔的地表网路向前传播时，由炸药正在爆轰和孔内雷管延期体正在燃烧而尚未引爆的所有孔内雷管所形成的空间几何平面。点燃阵面的大小用点燃阵面的宽度表示，它包括正在爆轰的炮孔以及延期体正在燃烧的炮孔所构成的炮孔排数。当网路引爆以后，爆破区域内的任何一个炮孔的雷管延期体均已被点燃而尚未爆轰，这时点燃阵面内所有的雷管所构成的空间几何平面就称为完全点燃阵面，如图9-7所示。

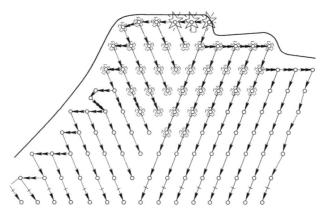

图9-7　爆破点燃阵面

✵—炮孔已被起爆；◎—地表起爆网路已被点燃，但孔内雷管仍在微差之中

　　在爆破网路设计过程中，考虑到点燃阵面时，未爆炮孔内的起爆系统就不会受到已爆炮孔的破坏，从而大大降低或避免爆破网路的拒爆几率，改善爆破效果。尤其对于毫秒延时误差比较大的雷管，在网路设计过程中注意考虑到雷管误差带来的不利影响，从而完全可以应用点燃阵面起爆网路实现大规模区域爆破。

　　点燃阵面又分为局部点燃阵面和全点燃阵面。简单地说，全点燃阵面就是地表起爆网路全部点燃后（传爆完成），孔内起爆雷管才开始起爆孔内炸药。局部点燃阵面是地表起爆网路局部点燃后（传爆完成），孔内起爆雷管才开始起爆孔内炸药，局部点燃的地表起爆网路通常不少于4排。在施工中，因为起爆器材和爆区规模的影响，常常选择局部点燃阵面设计起爆网路。

9.4.3　三角形布孔的原则

　　露天矿台阶多排孔微差爆破合理的起爆参数是由炮孔布置及起爆顺序决定的，合理的起爆将为一个炮孔爆破造成合理的自由面形状，如图9-8所示。

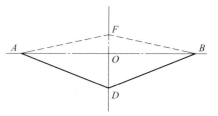

图9-8　三角形布孔形状图

　　在炮孔 D 爆破时，若能形成 ADB 平面漏斗，那么当 AB 平面上存在一个三角形带 AFB 时，只要满足于 $DF \leqslant DB$ 的条件，一定可以形成 $ADBF$ 漏斗。由于凸面 AFB 的存在，使 AFB 自由面上各点的阻力与沿着 DB 线方向的最大阻力相接近，可以避免炮孔 D 爆破时，爆炸气体的过早逸散，有利于爆炸能量的充分利用，可加强对漏斗内岩体的破碎作用。自由面上到炮孔中心距离相接近的各点组成的自由面称为等阻力自由面。采用三角形布孔斜线起爆时，可以通过合理的起爆顺序为一个炮孔爆破创造等阻力自由面，它能在不增加穿孔量的

条件下，使炮孔爆破的抵抗线变小，炮孔间距变大，大大增加破碎量和降低大块率。

9.4.4　夹角大于90°原则

夹角大于90°原则就是指逐孔起爆网路的连接设计时，要使以每个炮孔为节点的排和列的爆破信号传播方向的夹角等于或大于90°，即如图9-9起爆网路的后倾连接所示。

如果设计的时候没有使以每个炮孔为节点的排和列的爆破信号传播方向的夹角等于或大于90°，那么就成为前倾连接，如图9-10所示，会发生起爆孔序的变化，距离自由面远的后排孔会比距离自由面近的前排孔先被传爆，较大的夹持力会导致较差的爆破效果。

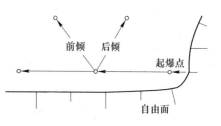

图9-9　起爆网路的后倾连接

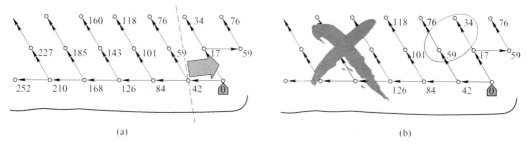

图9-10　起爆网路的前倾连接（图中数据均为延时时间，单位 ms）

9.4.5　增减排原则

逐孔起爆网路设计要保证达到每一个炮孔在起爆网路孔内、地表网路延时累加后分配的被起爆时刻的唯一性和遵循"最小抵抗线"定理下的有序性。

所以，增减排原则就是在进行起爆网路设计时，当设计中所设定的雁行列因为孔数的不一致，不能够直接与控制排直接连接时，需要单独成列与前列相应的孔连接，并保持连线与控制排平行的连接。如图9-11所示，如果不能保持图中后排孔数少的列平行连接，就不能保证这些炮孔的有序被传爆，会发生"跳段"现象，直接破坏爆破效果，甚至会导致盲炮的发生。

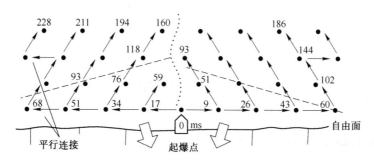

图9-11　起爆网路的增、减排连接（图中数据均为延时时间，单位 ms）

9.4.6　最后排时间延长原则

从前述可知，其实逐孔起爆的实现就现场的施工来说是非常简便的。斜线的起爆网路只用三种不同段别的高精管就能完成全部起爆网路连接的要求。

但是为了满足露天矿临近边坡等特殊要求地段最大限度的降震要求或者需要更加规整、尽可能减少对爆破后续工作面冲击的要求，提出了最后排时间延长的原则，即如图9-12所示，在最后一排适当加大微差时间，就是选择微差时间更长的地表延时雷管作为整个起爆网路每列最后一个孔的连接。最后排时间延长在现场大量的实践中收效明显。

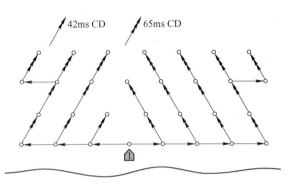

图9-12　最后排时间延长的连接

9.4.7　虚拟孔原则

在实际的现场施工中，会遇到因为种种原因造成的各种各样的不规整的爆破作业面，在进行起爆网路设计时，可能会因为某个孔位的缺失，而导致整个地表起爆网路微差时间混乱。为了解决这个问题，引入了虚拟孔的定义，就是按照理想爆破工作面的情形，假设孔位缺失的位置存在有孔，并按照有孔的样子进行地表起爆网路的设计，实际进行地表网路连接时也以此连接，以达到此处微差时序的正常进行，如图9-13、图9-14所示。如果不假设虚拟孔直接连接，会使炮孔起爆时间出现紊乱。

另外，引入虚拟孔的定义在较为复杂的爆破工作面起爆网路设计时会使设计简单化，易于进行起爆网路时间的校核。

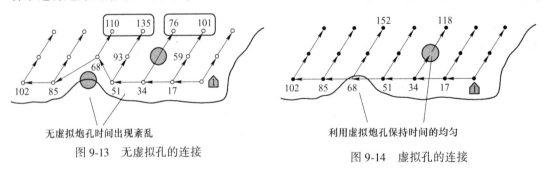

图9-13　无虚拟孔的连接　　　　　　　　　图9-14　虚拟孔的连接

9.5　微差时间的确定

9.5.1　逐孔起爆延期时间对爆破效果的影响

从前面的内容可以知道逐孔起爆延时可分为两部分，即同一排炮孔间的微差时间及排与排间的微差时间。同一排炮孔间的延期时间称孔间延时，排与排间延期时间称排间延时。

（1）孔间延时决定爆堆破碎块度。对于相当坚硬而脆的岩石，由于岩体中动态反映时间短，孔间延时时间必须缩短。对于孔隙多、塑性大的软岩，孔间延时必须加大，如果孔间延时太短，裂隙将首先在炮孔间产生，岩体被推向较远的位置；如果排间延时太长，炮孔单独发挥作用，块度变差。

（2）排间延时决定爆堆抛掷距离。当采用多排孔爆破作业时，为取得最佳抛掷效果，排与排之间的延期时间必须足够长，这样，可以使先爆岩石完全脱离原来位置，为后爆岩石创造自由面，不会阻挡后面将爆岩石的移动。如果排间延期时间低于某一临界值，爆破后，前后排岩石相互阻碍，使爆破后冲加重，爆堆变高，而爆堆底部由于夹制作用大，松散度较差，不利于电铲作业。由于不同岩性岩石的动态反映时间不一，这一临界值变化较大，但低于8ms/m抵抗线会发生爆后岩体阻塞现象，增加排间延时不会对爆破效果产生较大影响，但过大的排间延时会使先爆岩石抛下来后停止，阻挡了后排岩石的移动，不能发挥微差爆破排间炮孔应力波叠加及碎石相互挤压碰撞而改善爆破效果的作用，根据实际情况，最大排间延时不应超过15ms/m抵抗线。

9.5.2 逐孔起爆延期时间的确定

逐孔起爆技术在国外的矿山应用得较为广泛，澳大利亚矿山延期时间的确定方法在国内矿山推广应用，取得较好的实践效果，较为适合我国的实际情况。统计结果表明，地表延期时间分布与爆破效果的关系大致服从正态分布，理论给出的不是一个绝对的数值，而是一个倾向于最佳爆破效果的时间区间，为不同的矿山应用爆破模拟软件确定最佳的延期时间创造了条件。具体时间的确定如图9-15、图9-16所示。

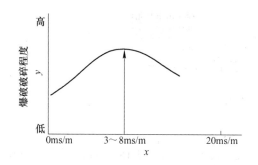
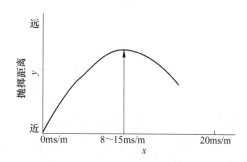

图 9-15 逐孔起爆网路炮孔间的延时确定

（y轴为岩体被破碎指数，沿轴向方向岩体被破碎程度递增；x轴为孔间距每米延期时间的数值，沿轴向方向递增）

图 9-16 逐孔起爆网路控制排间的延时确定

（y轴为岩体被抛掷的距离，沿轴向方向抛掷距离递增；x轴为排间距每米延期时间的数值，沿轴向方向递增）

从图9-15和图9-16可以得出逐孔起爆网路孔、排间延期的时间段范围。理论上讲，软岩应采用低猛度、低爆速的炸药并采用长微差时间以增加应力波及爆炸气体在岩体中的作用时间；硬岩及软弱夹层、裂隙较发育的岩石应采用高猛度、高爆速的炸药，并采用短微差时间使爆破能量依次迅速释放，避免爆破气体泄漏及应力波迅速衰减。

在实际应用的过程中，是先根据上述经验公式计算出一组合适的延期时间范围，然后根据岩性、节理及裂隙情况进一步缩小延期时间段的范围，最后根据实际的生产实验，不断总结、归纳，才能得到一套与生产实践相适应的延期数据。

9.6 逐孔起爆网路的设计

9.6.1 逐孔起爆网路设计原则

9.6.1.1 确定起爆点

通常我们选择起爆点位置是在爆区临近自由面、爆破夹制最小的位置选择一个炮孔为起爆点。如图 9-17 所示，起爆点确定为一排 1 号孔，同时决定了爆堆的移动、抛掷的大体方向为西南。

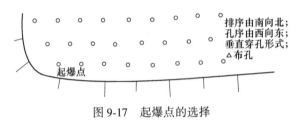

图 9-17 起爆点的选择

但在现场，往往因为设备、道路、输电线路以及我们要保护的建（构）筑物等因素的限制，不能够只单一地考虑爆破夹制的问题来确定起爆点。如图 9-18 所示，因为道路的原因我们综合考虑而选择另外的起爆点一排 5 号孔，将爆堆的移动、抛掷的大体方向决定为南。

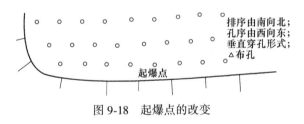

图 9-18 起爆点的改变

9.6.1.2 确定爆区的排与列

这里需要注意的是，起爆网路的排与列的定义与图 9-17 和图 9-18 一致，工作面布孔时的排与列会有不一致的时候，如图 9-19 和图 9-20 所示。

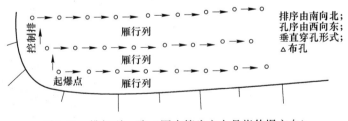

图 9-19 排与列一致（图中箭头方向是指传爆方向）

9.6.1.3 确定排内孔间延期时间及排间延期时间

依照上一小节确定了起爆时的排与列后，可根据前文 9.5.2 小节来计算孔间和排间的延期组合时间，如图 9-21 所示。

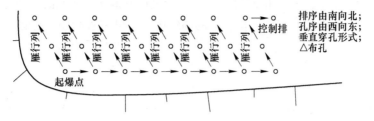

图 9-20 排与列不一致（图中箭头方向是指传爆方向）

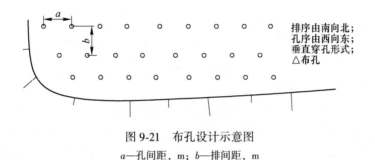

图 9-21 布孔设计示意图

a—孔间距，m；b—排间距，m

延期时间组合的确定应该依据下式经验公式计算：

$$\Delta t(\text{控制排}) = (3 \sim 8) \times a \tag{9-1}$$

$$\Delta t(\text{雁行列}) = (8 \sim 15) \times b \tag{9-2}$$

式中，$\Delta t(\text{控制排})$ 为控制排延期时间（孔间），ms；$\Delta t(\text{雁行列})$ 为雁行列延期时间（排间），ms；a 为孔间距，m；b 为排间距，m。

这里应注意，经验公式计算结果往往是一个取值范围。

根据破岩机理我们知道，炸药爆炸破碎岩石，爆生气体膨胀和爆炸应力波都对岩石起作用，冲击波对岩石的破碎作用时间短，而爆生气体的作用时间长。所以，在延期时间的确定上，对于软弱、破碎和结构面发育的岩体，爆破起主导作用的爆生气体膨胀，其作用时间长，为了增强破碎作用，给它充分的膨胀作用时间，这时 Δt 应在范围内取大值；同理，岩体完整、致密、坚硬，这时 Δt 应在范围内取小值。

Δt 取值后，根据表 9-5 选择高精度导爆管雷管产品。

表 9-5 高精度导爆管雷管起爆系统延期时间

孔外雷管延时/ms	孔内雷管延时/ms		
9	25	250	475
17	50	275	500
25	75	300	
35	100	325	
42	125	350	
67	150	375	
109	175	400	
176	200	425	
200	225	450	

注：孔外雷管和孔内雷管延期时间可以按爆破要求进行组合。

例如图 9-19、图 9-20 所示的起爆方法，假设图中孔间距 a 为 5m，排间距 b 为 4m，岩体地质条件中等，那么它们应该选择怎样的高精度导爆管雷管起爆系统呢？注意下列计算过程。

图 9-19 中：

$$\Delta t(控制排) = (3 \sim 8) \times a = 12 \times 32 \times 25 \tag{9-3}$$

$$\Delta t(雁行列) = (8 \sim 15) \times b = 40 \times 75 \times 42 \tag{9-4}$$

所以延期组合应为控制排-雁行列：25~42ms 组合。

图 9-20 中：

$$\Delta t(控制排) = (3 \sim 8) \times a = 15 \times 40 \times 25 \tag{9-5}$$

$$\Delta t(雁行列) = (8 \sim 15) \times b = 32 \times 60 \times 42 \tag{9-6}$$

所以延期组合应为控制排-雁行列：25~42ms 组合。

9.6.1.4　起爆走时线原则

应用逐孔起爆技术进行爆破作业时，爆破过程的推进（或展开）并不是整排或整列进行的，而是与排和列成一定的角度向前推进，位于同一角度上的爆破质点所组成的曲线就是起爆走时线。如图 9-22 所示，图中标出的平行线依次为 0ms、600ms、800ms、1000ms、1200ms、1400ms 时刻的爆破走时线。

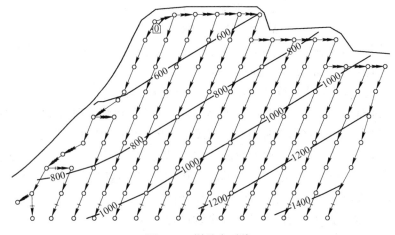

图 9-22　爆破走时线

爆破走时线的垂直方向就是爆破时岩体的抛掷移动方向，如图 9-23（a）所示。

9.6.1.5　地表起爆网路

常用的逐孔起爆地表起爆网路示意图如图 9-23 所示。

注意图 9-23（c）、（d）中，要实现"V"形、掏槽的逐孔起爆顺序，需要使用不同延期（相近）时间的高精度导爆管雷管来使 A、B 两点的延期时间错开，否则就是双孔起爆。

9.6.2　实例 1——隧道明挖逐孔起爆设计方案实例

9.6.2.1　隧道明挖施工

隧道 DK448+555~DK448+660 段明挖长度 105m，最大开挖高差约 30m，路基边坡设

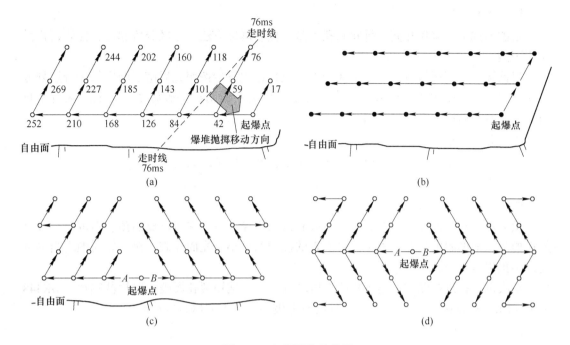

图 9-23　起爆网路示意图

（a）斜线（对角线）连接；（b）平行连接；（c）"V"形连接；（d）掏槽连接

计为 $1:0.75$，地表开挖宽度约为 35m，路基宽度 15.3m，设计开挖路基之上为 4m 立槽，本段路基爆破岩石方量约 9.12 万立方米。明挖路基断面设计如图 9-24 所示。

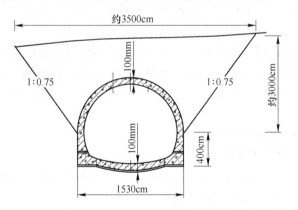

图 9-24　隧道 DK448+555～DK448+660 明挖路基断面示意图

9.6.2.2　明挖微震爆破技术措施

鉴于爆区环境和工程质量要求，以及地质地形特点，工程技术要求较高，必须贯彻安全第一的方针，周密计划，科学安排，在确保安全的前提下尽快完成该部分工程施工。明挖微震爆破拟采取以下技术措施。

A　逐孔起爆技术

采用逐孔爆破技术，将爆破振动、爆破飞石、爆破噪声降低到最低，对周围不产生冲击波危害。

B　分区分段

爆破方式上，采用孔间、排间和孔内微差控制爆破方法，分区分段起爆，使岩石松散而不飞散。

根据爆破施工区域特点，由被保护古建筑物远端开始按照先后施工顺序每个分层划分3~4个爆区，由距古建筑最远端首先进行小规模全断面明挖爆破施工，形成爆区首个自由面，已减弱后续施工爆破夹制。

C　设备选择

选择合适的施工机具，使爆破的次数减少，并对爆破效果有利。

采用 $7m^3/min$ 柴油空压机 1 台，$\phi90mm$ 潜孔钻 1 部，7655 风钻 2 部。

D　预裂和缓冲爆破

预裂爆破和缓冲爆破是拦截应力波最有效的途径之一，它所形成的预裂面可以有效反射掏槽眼和辅助眼的爆炸应力波，对围岩的扰动明显小于光面爆破。对于软弱围岩当尽可能采用预裂爆破。

本次设计在近被保护古建筑物明挖段端部预先实施预裂孔爆破，以拦截隧道（DK448+555~DK448+660 段）105m 长度明挖所有爆破施工产生的爆破振动波。

E　深孔水压爆破

本次爆破施工现场，地下水位较高，炮孔内充水，故设计采取水压爆破。水压爆破是将药包置于注满水的炮孔设计位置上，以水作为传爆介质传播爆轰压力使炮孔周围岩体破坏，且空气冲击波、飞石及噪声等均可有效控制的爆破方法。

（1）基本原理。水压爆破利用了水的不可压缩性质，能量传播损失小。炸药爆炸瞬间水传播冲击波到容器壁使其位移，并产生反射作用形成二次加载，加剧容器壁的破坏，遂使容器均匀解体破碎。此法简便易行，效果良好。

它利用在水中传播的爆破应力波对水的不可压缩性，使爆炸能量经过水传递到炮孔围岩中几乎无损失，十分有利于岩石破碎。同时，水在爆炸气体膨胀作用下产生的"水楔"效应有利于岩石进一步破碎，炮孔中有水可以起到雾化降尘作用，大大降低粉尘对环境的污染。

（2）水压爆破与常规爆破对比。

1）炮孔中增添了水袋和炮泥。

2）利用水的不可压缩特征，无损失传递炸药爆炸能量，利于围岩破碎，产生的"水楔"作用进一步破碎围岩，还可以防止岩爆。

3）炮孔最底部的水袋代替药卷，利用在水中反射波作用，不但爆破作用时间延长，而且"水楔"作用效果更好，更有利围岩破碎。水与炮泥复合堵塞炮孔，有效利用爆破生成的膨胀气体对围岩产生最后破碎作用。

4）炮孔中有水，爆破产生的水雾对降尘起到极其重要的作用，对暗挖隧道可保障地面上环境不被污染。

5）水压爆破相对常规爆破装药量可节省 20% 左右，装药量减少爆破振动相对减弱。炮孔由于采取水袋与炮泥复合堵塞，有效控制冲击强度。

F　振动测试

以往对弱振动爆破多数人首先想到减少装药量，减少单段爆炸药量。通过试验研究认为降低爆破振动应该从多方面考虑，采取综合措施才能奏效。主要的技术措施如下：

（1）爆破振动跟踪监测。在爆破振动敏感区进行爆破作业，若没有必要的振动监测手段则很难保证振动安全通过振动监测。找出爆破振动的规律特点，然后观测一定的调试方案对振动效果的改善情况，根据监测结果才能最终确定综合改进的技术措施。

（2）减小爆破夹制作用。本工程的试验研究中突出了掏槽爆破的振动效应，取后通过改进掏槽方案，减小爆破夹制作用，实现了弱振动爆破，说明了某些情况下通过改善临空面条件、减轻爆破夹制作用，可以大幅度降低爆破振动。

（3）充分利用高段位雷管点火延时分散性。普通毫秒雷管都是通过内置延期药来实现分段延期的，雷管段位越高，延期药柱越长，延期反应时间误差越大，如8段以上段位的雷管同段位延时误差达±25ms以上，从扩槽眼和周边光爆眼的爆破振动波形和峰值特点分析，8段位以上段位雷管多孔同段爆破时振动波分散明显。段位越高、炮孔越多，其振动波分散越明显，爆破振动峰值所对应的单响药量越小。所以安排高段位雷管多孔同段爆破，可适当减小爆破振动峰值的预测值。

（4）减小爆破单响药量。理论和实践证明，减小爆破单响药量对降低爆破振动是成比例的，任何敏感地段的爆破都要控制爆破单响药量。但是若设计的爆破单响药量过小，将会影响一次爆破规模，延长工期或加大控制爆破的成本。

（5）拦截爆破应力波。重复爆破作用的扰动，会导致岩石中已有的裂隙累积性扩展。

岩体中传播的应力波在遇到自由表面时将全部反射（无折射），其初始波射线方向的传播会因此而中断，因此，可以利用这一原理对爆破应力波进行拦截，达到将爆破应力波拦截在单作业循环范围内的目的。

在实际施工中，应使多种控制爆破方法相结合综合运用，做到对安全和质量有十分的把握。

9.6.2.3 明挖微震爆破方案设计

选择采用 ϕ90mm 潜孔钻进行钻孔，垂直穿孔、三角形布孔方式；多排孔微震逐孔起爆松动爆破方案。

A 台阶布置总体规划

台阶坡面角 1：0.75、1：1.25。

B 主爆区爆破参数选择

（1）孔网参数。

孔径：ϕ = 90mm。

台阶高度：H = 10m，现场爆破施工根据地形调整孔深，确保分层爆破工作面平整。

孔深：$L = H + \Delta h = 11.5$m（Δh 为超深，设计取 1.0~1.5m）。

底盘抵抗线：$W_d = 30d$，取 $W_d = 2.7$m。

孔距：$a = (1.1 \sim 1.2) W_d$，取 $a = 3.0$m。

排距：$b = (0.8 \sim 1.0) a$，取 $b = 3.0$m。

布孔方式：三角形。

堵塞长度：$L = (0.9 \sim 1.1) b$，取 $L_T \geq 3.0$m（根据实际情况调整，但不小于 3.0m）。

炮孔倾角：$\alpha = 90°$。

装药结构：连续。

（2）炸药量计算。水压深孔爆破施工（主爆药），采用乳化炸药。

根据表 9-6，爆破设计方案平均炸药单耗 $q = 0.5 \mathrm{kg/m^3}$，通过试验爆破来调整 q 值，前排取小值，后排取大值。

表 9-6　单位炸药消耗量 q 值

岩石单轴抗压强度/MPa	8~20	30~40	50	60	80	100	120	140	160	200
$q/\mathrm{kg \cdot m^{-3}}$	0.4	0.43	0.46	0.50	0.53	0.56	0.60	0.64	0.67	0.70

以 10m 分层高度计算本次方案单孔装药量得 $Q = 45 \mathrm{kg}$。需根据现场实测孔深进行调整。

起爆药采用包装规格 $\phi 120 \mathrm{mm} \times 150 \mathrm{g}$ 乳化炸药药卷，在孔底和孔中段各装 2~3 节起爆药及一发起爆雷管。起爆药药量如表 9-7 所示。

表 9-7　起爆药药量

孔数/个	起爆药/孔	总药量/kg
75	300~450g（规格 $\phi 120 \mathrm{mm} \times 150 \mathrm{g}$ 乳化炸药药卷 2~3 支一捆）	$75 \times (45 + 0.3)$

炮孔打好后，吹孔并清除炮孔周围的杂物，装药前必须进行炮孔的检查验收，尤其要严格检控炮孔的深度和倾角，以及底盘抵抗线（W_{d}）的方向及大小的变化，由此确定每孔的实际装药量。用木棍或竹竿将砂质黏土或岩粉分层充填捣实，保证充填长度和充填质量。

（3）起爆技术与器材。为精确实现逐孔爆破技术，设计起爆网路采用高精度、高强度毫秒非电导爆管雷管。

爆破施工现场周边条件复杂，为了降低爆破施工对周边扰动，设计采用逐孔起爆技术，起爆网路示意图见图 9-25。

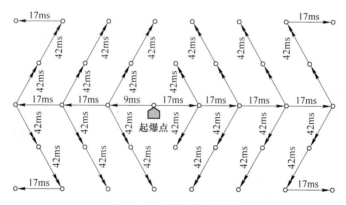

图 9-25　起爆网路示意图

本次设计起爆雷管采用高精度导爆管。

（4）爆破网路设计。爆破采用非电起爆网路。考虑到降低爆破振动和确保每一次爆破的成功，避免出现串段、重段现象，控制单响药量，采用孔外接力、孔内延时等间隔微差起爆。孔内装 400ms 非电雷管，孔外排间和孔间装 42ms 和 17ms 非电雷管连接。

（5）二次破碎。采用 $\phi = 90$mm 的潜孔钻机钻孔爆破，爆后有约 5% 左右的大块需要采取机械式破碎。

C　预裂孔与缓冲孔

预裂爆破的主要参数是不耦合系数、炸药品种、线装药密度以及孔径和孔间距等。影响爆破参数选择的主要因素是岩石的物理力学性质和地质构造。

（1）孔网参数。

孔径：$\phi = 90$mm。

孔深：$H = 11.5$m。

预裂孔孔距：当 $\sigma_c = 30 \sim 80$MPa 时，$a = (25 + r)$；当 $\sigma_c \geqslant 80$MPa 时，$a = (20 + r)$。式中，σ_c 为岩石的抗压强度；r 为钻孔半径。

经计算，$a = 1.2$m。

预裂孔与缓冲孔的排距 b：预裂孔与缓冲孔的排距应避免裂缝朝缓冲孔贯通，采用下式计算。

$$b = \left(\frac{1}{0.7} \sim \frac{1}{0.8} \right) a \qquad (9\text{-}7)$$

经计算，$b = 2.5$m。

最后一排主爆孔至预裂面的距离：最佳距离的大小，与主爆孔的孔径、装药量以及岩体的强度等因素有关。一般情况下，其上限值可取 1.5 ~ 1.8m，下限值大约 0.6m。如果最后一排主爆孔的孔径和装药量都比较大，其值可适当放宽到 6 ~ 7 m。评价这个最佳距离的标准是，预裂缝与最后一排炮孔之间的岩体能够得到应有的破碎，且不能破坏已形成的预裂面。设计取 2m。

（2）炸药量计算。

1）预裂孔装药不耦合系数。采用不耦合装药结构的目的是要降低炸药爆炸的初始压力，使孔壁周围的岩石不受破坏。不耦合系数将随岩石极限抗压强度的增加而下降，其经验计算公式为：

$$K = 1 + 18.32\sigma_c^{-0.26} \qquad (9\text{-}8)$$

式中，K 为不耦合系数，在实际使用中 $K = 2 \sim 5$；σ_c 为岩石抗压强度。

经计算，本设计 $K = 2.4$。

2）预裂孔装药量计算。预裂爆破装药量，即线装药密度。线装药密度是指炮孔装药量对不包括堵塞部分的炮孔长度之比，设计取 0.3kg/m。以 10m 分层高度计算，预裂孔装药量 $Q_{\text{预裂}} = (11.5 - 2.0) \times 0.3 = 2.85$kg，实际药量要根据现场实测验收预裂孔深计算确定。

3）预裂孔装药结构与堵塞。预裂爆破的装药结构有连续装药和间隔装药两种形式。根据预裂爆破原理可知，在装药密度确定之后，炸药沿预裂孔分布愈均匀愈好。由于炮孔底部夹制作用较大，不易造成所要求的预裂缝，故通常需要将孔底线装药密度增大 3 ~ 4 倍。

间隔装药结构药卷之间的间隔控制在 10 ~ 30cm 范围内，爆破沿炮孔作用均匀，能获得满意的效果。间隔超过 30cm 时，爆破后岩壁保留面上药包位置会呈现出孤立的局部爆破效应。

孔口堵塞是保持高压爆炸气体所必需的,堵塞过短而装药过高,有造成孔口成漏斗形状的危险。堵塞过长和装药过低则难以使顶部形成完整预裂缝。因此,堵塞长短通常取炮孔直径的 12~20 倍为好。

4)缓冲孔。缓冲孔孔距取 2.5m,距预裂孔 2.0m,距主爆孔 3.0m。缓冲孔装药量应为主爆孔药量的 0.5~0.7。实际药量要根据现场实测验收缓冲孔深计算确定。

(3)预裂爆破效果评价标准。预裂爆破应达到以下标准:

1)岩体在预裂面上形成贯通裂缝,缝宽大于 10mm。

2)预裂面不平整度小于 15%。

3)壁上孔痕的百分率在硬岩中不少于 80%,在软岩中不少于 50%。

4)减震效应,一般应达到设计和预估对降震百分率值的要求。

(4)预裂爆破的施工。

1)钻孔。钻孔机具根据炮孔的直径和孔深来选用,一般情况下,直径小于 50mm、深度在 5m 以内的钻孔,多用风钻;孔径在 70~80 mm 以上的深孔,则要采用潜孔钻。钻孔时,必须严格控制质量。允许的偏斜度应控制在 1°以内。

2)药包加工。预裂爆破的药包大多需要在现场加工制作,通常采用两种方法:一是将炸药填于一定直径的硬塑料管内连续装药,在整个管内贯穿一根导爆索;另一种方法是采用间隔装药,即按照设计的装药量和各段的药量分配,将药卷绑扎在导爆索上,形成一个不连续的炸药串。若每孔装药量不同,则每一炸药串加工好后,应立即编号,然后对号入座装入炮孔。

3)装药、堵塞和起爆。为使炸药爆炸时能够获得良好的不耦合效应,药柱应置于炮孔的中心。其方法是将药卷串绑扎在竹片上,再插入孔中,并将竹片置于靠保留区的一侧。对大直径的孔,也可不用竹片,直接将药卷串填于炮孔中。

炸药装填好以后,先用纸团等松软物质盖在炸药柱上,然后用干砂等松散材料堵塞密实。

预裂孔同时起爆可以获得平整光滑的预裂带壁面,所以,一般都采用导爆索起爆,效果较好。但是,当同时起爆的预裂孔过多,为防止爆破振动过大,也可采用分组微差起爆,其微差时间不应大于 30~50ms。如果主爆孔和预裂孔一次起爆,预裂孔超前主爆孔的起爆时差至少应为 50ms。

4)本次设计在近古建筑明挖段端部预先实施预裂孔爆破,需进行孔口覆盖沙袋,以确保古建筑绝对安全。

D 段装药量检验

根据质点振动速度公式:

$$v = K \cdot (Q^{1/3}/R)^{\alpha} e^{\beta H} \tag{9-9}$$

式中,v 为建筑物的安全振动速度,取 $v=1.5$cm/s(本次设计的古建筑振动速度按照我国爆破振动安全允许质点振动 1 类保护对象,即土石结构建筑物来进行计算,取 $v=1.5$cm/s);K 为介质系数,取 $K=250$;R 为爆区至建筑物的最近距离,取 $R=20$m(爆区至古建筑的最小距离);α 为地震波衰减系数,取 $\alpha=1.5$;β 为衰减指数的修正系数;H 为爆心与测点间的高程差,30m。

则计算得 $Q = 118\text{kg}$。

设计为逐孔起爆技术，则最大段起爆药量为最大单孔装药量，经计算 $Q_装 = 45\text{kg}$，小于允许起爆最大段装药量。

但考虑由于爆破施工环境复杂，且地质条件影响因素，最靠近古建筑明挖爆区主爆孔孔口设计仍需压覆沙袋防护。

9.6.2.4　爆破施工质量控制

略。

9.6.2.5　施工安全措施

为了保证隧道在该里程段内的施工安全，也为了保证地表和既有建筑物的安全，故有以下几点施工措施：

（1）上述方案中涉及的所有监控、监测和鉴定都应委托第三方完成。

（2）监测和监控数据必须及时进行分析处理，并及时做出合理的判断。

（3）施工单位与第三方应建立健全的联络机制。

（4）建立上报资料的审查机制。

（5）隧道洞口施工爆破安全防护详见图 9-26~图 9-28。

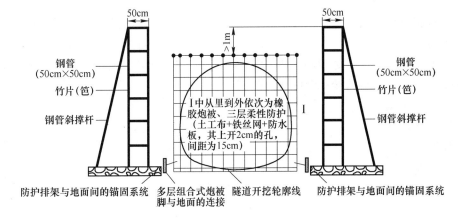

图 9-26　三维立体式防护结构正面示意图

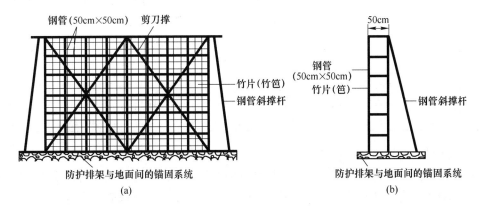

（a）　　　　　　　　　　　　　　　　（b）

图 9-27　防护排架搭建示意图

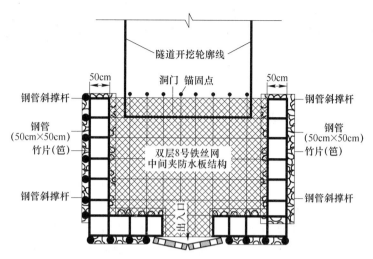

图 9-28　三维立体式防护结构平面示意图

9.6.3　实例 2——露天台阶逐孔爆破优化设计

9.6.3.1　工程概况

永登祁连山水泥有限责任公司大闸子石灰石矿是年采剥总量 260 万吨的山坡露天石灰石矿，采用溜井-平硐开拓系统。矿体总体走向 N80°W，倾向 NE，倾角 75°~80°，境界内矿体总长 1100m，平均宽度 274m。7—7′勘探线将矿体分成东、西两个采区。现东采区采至 2685m 水平，西采区采至 2670m 水平。

（1）采场要素。

台段高度：15m。

工作坡面角：75°。

出入沟宽度：10~15m。

出入沟长度：150m。

电铲工作线长度：120m。

最小工作平台宽度：40~45m。

（2）爆破方法。矿山原来采用导爆索+毫秒电雷管的排间微差起爆系统，爆破效果较差，经常出现根底、后翻、巨型大块等，严重制约采场生产进度。主要爆破参数见表 9-8。

表 9-8　爆破参数

潜孔钻型　号	钻机工作参数			爆破参数		炸药单耗/kg·t⁻¹	导爆索消耗/m·t⁻¹	延米爆矿量/t·m⁻¹
	孔径/mm	钻孔深/m	钻孔倾角/(°)	孔距/m	抵抗线/m			
KQ-150	152	16.5~17.0	75°	5.5	3.0~4.0	0.22	0.026	50

由于排间微差起爆同段起爆药量较大，引起的爆破振动大，爆破后冲较大，产生根底的几率较大，影响采场平整度，且不利于维护后续爆区坡面的完整性，所以采用了较小孔网参数和爆破规模，进而影响穿孔、爆破和采装作业效率。因此该矿引入逐孔起爆技术并对现有爆破参数进行优化的项目。

9.6.3.2 爆破参数选择

根据试验的情况，建议石灰石爆破孔网参数为 4m×6m，穿孔超深不小于 1.5m，并尽量准确定位；压渣爆破炸药单耗：石灰石单耗 0.19kg/t，方解石单耗 0.20kg/t；清渣爆破炸药单耗：石灰石单耗 0.18kg/t，方解石单耗 0.19kg/t。采取连续装药结构，5.5m 的充填高度。

根据采场工作面的实际情况，新参数的爆破工作面尽量保证孔数不少于 40 个、排数不少于 3 排，通过逐孔起爆充分地挤压、碰撞达到最好的块度要求。

9.6.3.3 安全性测算

根据质点振动速度公式：

$$v = K \cdot (Q^{1/3}/R)\alpha \tag{9-10}$$

式中，v 为构筑物的安全振动速度，取 $v = 2\text{cm/s}$（砖式结构）；K 为介质系数，取 $K = 250$；R 为爆区至需保护构筑物的最近距离，取 $R = 300\text{m}$；α 为地震波衰减系数，取 $\alpha = 1.5$。

则 $Q = 1728\text{kg}$。逐孔爆破同段一次起爆药量等于单孔装药量，不会超过此数值。

个别飞石安全半径测算根据：

$$R_\text{f} = 40D \tag{9-11}$$

式中，R_f 为爆破飞石安全距离，m；D 为炮孔直径，cm。

冲击波安全距离验算：

$$R_\text{冲} = K_n \cdot Q^{1/2} \tag{9-12}$$

式中，$R_\text{冲}$ 为冲击波安全距离，m；K_n 为与爆破作用指数和破坏状态有关的系数，取 1.1；Q 为装药量。

9.6.3.4 爆破施工图

爆破优化试验的爆破参数统计如表 9-9 所示。

表 9-9　爆破施工统计

爆破日期	岩石类型	爆破地点	爆破量/万吨	总装药量/t（铵油/乳化）	孔径/mm	段高/m	排距/m	孔距/m	孔深/m	孔数/个	综合单耗/kg·t^{-1}
07-03-20	方解石（压渣）	2685m 水平	4.67	9.380	150	15	4.3	5.3	16.5	52	0.20
07-03-21	石灰石（清渣）	2670m 水平	3.79	6.825	150	15	3.5	6.0	16.5	38	0.18
07-04-06	方解石（压渣）	2685m 水平	6.56	13.475	150	15	4.0	5.5	16.5	59	0.21
07-04-10	石灰石（清渣）	2685m11-12勘探线	6.93	14.000	150	15	3.8	6.0	16.5	72	0.20

爆破优化试验的起爆网路设计如图 9-29~图 9-34 所示。

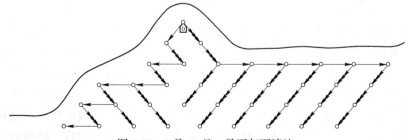

图 9-29　3 月 15 日 1 号石灰石清渣

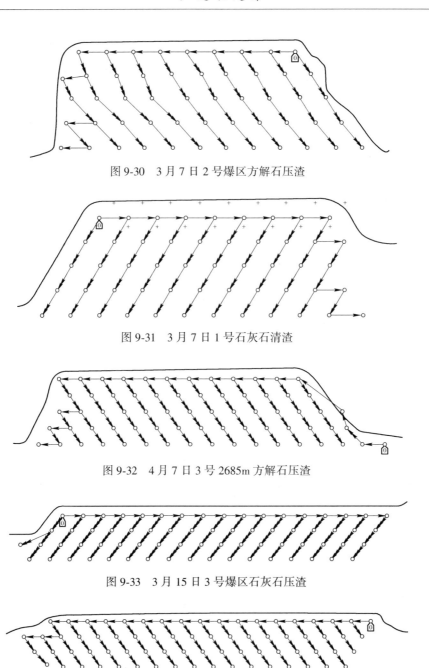

图 9-30　3 月 7 日 2 号爆区方解石压渣

图 9-31　3 月 7 日 1 号石灰石清渣

图 9-32　4 月 7 日 3 号 2685m 方解石压渣

图 9-33　3 月 15 日 3 号爆区石灰石压渣

图 9-34　4 月 13 日 4 号 2685m 石灰石清渣

9.6.3.5　爆破效果

露天台阶逐孔爆破优化后提高了延米爆破量并降低炸药单耗 5%，通过扩大孔网参数提高延米爆破量、降低炸药单耗两项可使矿石穿爆生产吨成本节约 0.067 元；爆破破碎块度符合要求，破碎块度均匀细碎，降低了大块率，减少二次爆破的总量和次数，也减少二次爆破的安全隐患；爆堆集中且有较好的松散度，提高了装载、运输和破碎等后续工序生产效率；爆破时振动强度、飞石距离得到很好的控制，最大程度减弱爆破振动对矿区构建筑物和边坡的影响；规范操作基本可杜绝盲、哑炮，从根本处消除盲、哑炮的安全隐患。

思 考 题

9-1　什么是逐孔起爆？简述逐孔起爆的基本原理。

9-2　简述逐孔起爆网路设计的原则及网路设计的基本流程。

9-3　什么是爆破走时线？爆破走时线对一次爆破的影响是什么？

10 爆破危害与控制

重点

（1）爆破对环境的危害因素；

（2）爆破振动危害及其防治措施；

（3）爆破飞石危害及其防治措施；

（4）爆破空气冲击波危害；

（5）爆破尘毒的防治措施；

（6）爆破噪声的防治措施；

（7）早爆的预防和拒爆的防治。

10.1 爆 破 飞 石

土石爆破时，部分岩块脱离岩体抛掷至远处，称为爆破飞石。个别飞石的产生，主要是因为炸药爆炸破碎土石后，还有较多剩余气体能量继续作用于碎石，使之获得很大动能及初速，如遇有岩体构造上的薄弱面（断层、裂隙、软夹层等），强大的气体能量即从该处集中冲出，使该部分碎石获得极大的动能并以很高的初速（有时大于岩体鼓包运动的速度几倍）向外飞出。

在露天进行爆破作业时，特别是进行抛掷爆破和用裸露装药或炮孔装药进行大块破碎时，个别岩块可能飞散得很远，常常造成人员、牲畜的伤亡和建筑物的损坏。根据矿山爆破事故的统计，露天爆破飞石伤人事故占整个爆破事故的27%。个别飞石的飞散距离与爆破方法、爆破参数（特别是最小抵抗线的大小）、填塞长度和填塞质量、地形、地质构造（如节理、裂缝和软夹层等等）以及气象条件等等有关。由于爆破条件非常复杂，要从理论上计算出个别飞石的飞散距离是十分困难的，一般常用经验公式或根据施工经验来确定。

10.1.1 爆破飞石距离的确定

10.1.1.1 爆破飞石距离的理论公式

飞石抛落距离取决于抛射角、初速、地形和风向等各种因素，飞石本身形状和尺寸也有很大影响。当忽略空气阻力时，飞石最大抛落距离可由下式计算：

$$R_{max} = \frac{v_0^2 \sin 2\alpha}{g} \tag{10-1}$$

山区爆破要考虑地形影响，沿山坡下方抛散时飞石抛落距离为：

$$R_{\max} = \frac{2v_0^2\cos^2\alpha(\tan\alpha + \tan\beta)}{g} \tag{10-2}$$

式中，v_0 为飞石初速度，m/s；α 为飞石抛射角，(°)；β 为山体坡角，(°)；g 为重力加速度，9.81m/s^2。

抛射角 $\alpha = 45°$ 时飞散最远。大量测试数据表明，松动爆破时飞石初速约为 10~20m/s，抛掷爆破时飞石初速约为 30~100m/s。但个别飞石的初速值还难于用理论解析方法确定。

10.1.1.2 集团装药内部爆破飞石距离经验公式

集团装药爆破包括药室（硐室）爆破、药壶法爆破、装药较少且集中的炮孔爆破和拆除控制爆破。虽然拆除控制爆破时多采用炮孔法装药，但其装药量较小，在孔内比较集中，可近似视为集团装药。集团装药内部爆破的飞石距离可按下式进行估算：

$$R_{\mathrm{F}} = 20K_{\mathrm{F}} \cdot n^2 \cdot W \tag{10-3}$$

式中，R_{F} 为个别飞石（土）的安全距离，m；n 为最大一个装药的爆破作用指数；W 为最大一个装药的最小抵抗线，m；K_{F} 为安全系数，一般取 1.0~1.5，根据地形与不同方向上可能产生飞石的条件而定。例如爆破法开挖狭长壕沟时，轴向取 $K_{\mathrm{F}} = 1.0$，壕沟的侧向取 $K_{\mathrm{F}} = 2.0$；爆破法开挖平底坑 K_{F} 亦取 2。

公式（10-3）对于山坡单侧硐室抛掷爆破和最小抵抗线小于 25m 的硐室爆破，计算的结果与实际情况比较接近。而对双侧抛掷爆破或土石爆破时，计算值偏大，K_{F} 可取 0.5~0.8。

由于地形高差的影响，飞石向下坠落后会蹦跳一段距离，这段距离可用式（10-4）来确定：

$$\Delta X = R_{\mathrm{F}}\left[2\cos^2\alpha(\tan\alpha + \tan\beta) - 1\right] \tag{10-4}$$

式中，ΔX 为蹦跳距离，m；R_{F} 为个别飞石的飞散距离，m；α 为最小抵抗线与水平线的夹角，(°)；β 为山坡坡面角，(°)。

在高山地区进行硐室大爆破时，尚须考虑爆破后岩块沿山沟滚滑的范围。例如某地在山区进行松动爆破，岩块沿山坡滚滑的距离达 700m。当山沟坡度较大而又有较厚的积雪时，爆破后的岩块将滚滑很远。例如某矿一次抛掷大爆破，岩块沿两侧山沟滚动形成岩石流，流动的距离达 4km。

总结几次硐室爆破飞石事故后，得出造成飞石抛散过远原因是：（1）装药洞口填塞质量差，冲出的高压气体夹有许多石块，飞散较远；（2）岩体不均质，从软弱夹层方向冲出飞石；（3）装药最小抵抗线不准，因过量装药产生飞石；（4）鼓包破裂后，沿最小抵抗线方向获得较大初速的个别飞石。

10.1.1.3 炮孔爆破飞石距离经验公式

A 按照炸药单耗、炮孔直径和爆破的统计规律给出的公式

根据 Lundborg 的统计规律，结合我们的工程实践经验，深孔爆破飞石距离可由式（10-5）计算：

$$R_{\mathrm{Fmax}} = K_{\mathrm{r}} \cdot q \cdot D \tag{10-5}$$

式中，K_r 为与爆破方式、填塞长度、地质和地形条件有关的系数，垂孔台阶爆破 $K_r=$ 1.0~1.5，水平孔台阶爆破 $K_r=1.5~2.5$；q 为炸药单耗，kg/m^3；D 为药孔直径，mm。

B　露天台阶爆破按照药孔直径给出的公式

瑞典德汤尼克研究基金会对露天台阶爆破的飞石问题进行研究，提出下面的经验公式来估算台阶深孔爆破的飞石距离：

$$R_{Fmax} = K_\varphi \cdot D \tag{10-6}$$

式中，R_{Fmax} 为飞石的飞散距离，m；K_φ 为安全系数，取 15~16；D 为药孔直径，cm。

该经验公式适用于单位炸药消耗量达到 $0.5kg/m^3$ 的爆破条件。

实践证明，正常台阶爆破的飞石一般不会太远，多数小于按式（10-6）计算的距离。但是，当填塞长度过小或最小抵抗线过大而形成爆破漏斗效应，以及岩石中含有软弱夹层，或梯段深孔爆破由于过量装药、穿孔位置错误、工作面局部超挖、介质不均匀性、岩体有薄弱面、起爆顺序错误等种种原因，个别飞石距离可能大于 200m，甚至个别飞石飞散得很远，有时可能飞出 1km。最坏的情况是采用大直径的药孔爆破。

10.1.1.4　露天爆破飞石安全距离经验值

露天爆破时，人员与爆破地点的爆破飞石安全距离的经验值见表 10-1。

表 10-1　爆破飞石安全距离的经验值

爆破方法	人员与爆破地点间最小距离/m
二次爆破、蛇穴爆破	400
浅孔、深孔爆破，药壶爆破	200
深孔扩壶	100
浅孔扩壶	50
药室爆破	按照式（10-3）确定

注：沿坡度大于 30° 的山体向下爆破时，本表所列数据应增大 50%。

10.1.1.5　爆破安全规程规定的爆破飞石安全距离

《爆破安全规程》（GB 6722—2003）规定，除抛掷爆破以及其他爆破的飞石对设备、建筑物的安全距离须由设计确定外，个别飞石对人员的最小安全距离应按照以下数据确定：

（1）露天土岩爆破。

1）破碎大块岩石：裸露装药爆破（同时起爆或毫秒延期起爆的装药量，包括同时起爆的导爆索药量，不应超过 20kg）400m；浅孔爆破法 300m。

2）浅孔爆破：200m（复杂地质条件下或未形成台阶工作面时不小于 300m）。

3）浅孔药壶爆破：300m。

4）蛇穴爆破：300m。

5）深孔爆破：按设计，但不小于 200m。

6）深孔药壶爆破：按设计，但不小于 300m。

7）浅孔孔底扩壶爆破：50m。

8）深孔孔底扩壶爆破：50m。

9）硐室爆破：按设计，但不小于 300m。

说明：对露天土岩爆破，沿山坡爆破时，下坡方向的飞石安全距离应增大50%。

（2）爆破树墩：200m。

（3）森林救火时，堆筑土壤防护带：50m。

（4）爆破拆除沼泽地的路堤：100m。

（5）水下爆破。

1）水面无冰时的裸露装药或浅孔、深孔爆破：水深小于1.5m，与地面爆破相同；水深大于6m，不考虑飞石对地面或水面以上人员的影响；水深1.5~6m，由设计确定。

2）水面覆冰的裸露装药或浅孔、深孔爆破：200m。

3）水底硐室爆破：由设计确定。

说明：对于河道疏浚爆破，为防止船舶、木筏驶入危险区，应在上、下游最小安全距离以外设封锁线和信号。

（6）破冰工程。

1）爆破薄冰凌：50m。

2）爆破覆冰：100m。

3）爆破阻塞的流冰：200m。

4）爆破厚度大于2m的冰层或爆破阻塞流冰一次用药量超过300kg：300m。

（7）爆破金属物。

1）在露天爆破场：1500m。

2）在装甲爆破坑内：150m。

3）在厂区内的空场上：由设计确定。

4）爆破热凝结构：按照设计，但不小于30m。

5）爆炸成型与加工：按设计确定。

（8）拆除爆破、城镇浅孔爆破及复杂环境深孔爆破：由设计确定。

（9）地震勘探爆破。

1）浅井或地表爆破：按照设计，但不小于100m。

2）在深孔中爆破：按照设计，但不小于30m。

（10）用爆破器扩大钻井：按照设计，但不小于50m；当爆破器置于钻井内深度大于50m时，最小安全距离可缩小至20m。

10.1.2 爆破飞石的预防措施

对于爆破飞石效应，可采取以下预防措施：

（1）布孔前详细测量爆体尺寸，确保实际最小抵抗线不小于设计值。

（2）使最小抵抗线方向避开重点保护目标，指向开阔区。

（3）根据岩石性质和具体的地质条件确定合理的装药量、装药集中度和单耗药量。

（4）加强填塞质量，填塞长度应大于最小抵抗线或30倍孔径。

（5）严格执行钻孔测量验收制度；对不利的地质条件应在装药量、装药结构与布孔方面采取相应措施。

（6）尽量避免多药包同时起爆，采用微差起爆方式，并保证前后排延时间隔大于或等于50ms。

（7）当邻近建筑物爆破时，可调整爆破开采的作业面方向及工作面采用有效覆盖等措施。

（8）所有人员撤至设计的或爆破安全规程规定的安全距离以外。

10.2 爆 破 振 动

10.2.1 地震的有关概念

在地底下发生地震的地方，叫震源。地面上与震源相对处，叫震中。地震的大小，在地震学上用震级和烈度来衡量。

10.2.1.1 震级

震级也称地震强度，用以说明某次地震的大小。它是直接根据地震释出来的能量大小确定的。用一种特定类型的、放大率为 2800 倍的地震仪，在距震中 100km 处，记录图上量得最大振幅值（以 1/1000mm 计）的普通对数值，称为震级。例如，最大振幅为 0.001mm 时，震级为 0 级；最大振幅值为 1mm 时，震级为 3 级；最大振幅值为 1m 时，震级为 6 级。

地震震级的能量究竟有多大？可用爆炸能量来说明。在坚硬岩石（如花岗岩）中，用 $(2\sim3)\times10^6$kg 炸药爆炸，相当于一个 4 级地震。一个 8 级地震的功率大约相当于 100 万人口城市的发电厂在 20~30 年内所发出电力的总和。由此可见，虽然地震仅仅发生于瞬时的变化，但地震释放出来的能量却是很巨大的。

10.2.1.2 地震烈度

地震烈度，即地震发生时，在波及范围内一定地点地面振动的激烈程度（或释为地震影响和破坏的程度）。地面振动的强弱直接影响到人的感觉的强弱、器物反应的程度、房屋的损坏或破坏程度、地面景观的变化情况等。因此烈度的鉴定主要依靠对上述几个方面的宏观考察和定性描述，即判断烈度大小是根据人们的感觉、家具及物品振动情况、房屋及建筑物受破坏的情况，以及地面出现的崩陷、地裂等现象综合考虑确定的。因此，地震烈度只能是一种定性的相对数量概念，且有一定的空间分布关系。

衡量烈度用烈度表。中国最新地震烈度表（表 10-2）是 1990 年重新编订的，是在《中国地震烈度表》（1980）的基础上制定的。

表 10-2 天然地震烈度

烈度	地 震 现 象
1 度	人无感觉，仪器能记录到
2 度	个别完全静止中的人能感觉到
3 度	室内少数人在完全静止中能感觉到
4 度	室内大多数人感觉，室外少数人感觉；悬挂物振动，门窗有轻微响声
5 度	室内外多数人有感觉，梦中惊醒，家畜不宁，悬挂物明显摆动，少数液体从装满的器皿中溢出，门窗作响，尘土落下
6 度	很多人从室内跑出，行动不稳；器皿中液体剧烈动荡以至溅出，架上的书籍器皿翻倒坠落；房屋有轻微损坏及部分损坏

烈度	地 震 现 象
7度	自行车、汽车上人有感觉，房屋轻度破坏——局部破坏、开裂，经小修或者不修可以继续使用；牌坊、烟囱损坏，地表出现裂缝及喷沙冒水
8度	行走困难，房屋中等破坏——结构受损，需要修复才能使用；少数破坏路基塌方，地下管道破裂；树梢折断
9度	行动的人摔倒，房屋严重破坏——结构严重破坏，局部倒塌修复困难；牌坊，烟囱等崩塌，铁轨弯曲；滑坡塌方常见
10度	处于不稳状的人会摔出，有抛起感，房屋大多数倒塌，道路毁坏，山石大量崩塌，水面大浪扑岸
11度	房屋普遍倒塌，路基堤岸大段崩毁，地表产生很大变化，大量山崩滑坡
12度	地面剧烈变化，山河改观；一切建筑物普遍毁坏，地形剧烈变化，动植物遭毁灭

10.2.2 爆破地震的有关概念

当装药在固体介质中爆炸时，爆炸冲击波和应力波将其附近的介质粉碎、破裂（分别形成压碎圈和破裂圈），当应力波通过破裂圈后，由于它的强度迅速衰减，再也不能引起岩石的破裂而只能引起岩石质点产生弹性振动，这种弹性振动是以弹性波的形式向外传播，与天然地震一样，也会造成地面的振动，这种弹性波就叫爆破地震波。

爆破地震波由若干种波组成，它是一种复杂的波系。根据波传播的途径不同，可分为体积波和表面波两类。体积波是在岩体内传播的弹性波，它可以分为纵波（P 波）和横波（S 波）两种。P 波的特点是周期短、振幅小和传播速度快；S 波的特点是周期较长，振幅较大，传播速度仅次于 P 波。表面波又分为瑞利波（R 波）和拉夫波（L 波）。R 波的特点是介质质点在垂直面上沿椭圆轨迹做后退式运动，这点与 P 波相似。它的振幅和周期较大，频率较低，衰减较慢，传播速度比 S 波稍慢；L 波的特点是质点仅在水平方向作剪切变形，这点与 S 波相似，L 波不经常出现，只是在半无限介质上且至少覆盖有一层表面层时，L 波才会出现。各种应力波传播过程中引起介质变形的示意图见图 10-1。

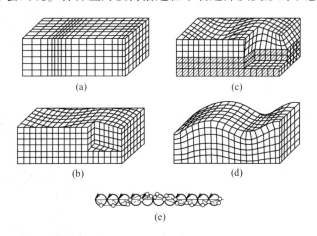

图 10-1 应力波引起的介质变形
(a) 纵波；(b) 横波；(c) 勒夫波；(d) 瑞利波；(e) 瑞利波质点运动方向

体积波特别是其中的 P 波能使岩石产生压缩和拉伸变形。它是爆破时造成岩石破裂的主要原因。表面波特别是其中的 R 波，由于频率低、衰减慢、携带较多的能量，是造成地震破坏的主要原因。

由爆破引起的振动，常常会造成爆源附近的地面以及地面上的一切物体产生颠簸和摇晃，凡是由爆破所引起的这种现象及其后果，叫作爆破地震效应。当爆破地震波的强度达到一定程度时，可以造成爆区周围的地表或建（构）筑物及设施的破坏。因此，为了研究爆破地震效应的破坏规律，找出减小爆破地震强度的措施和确定出爆破地震的安全距离，对爆破地震效应进行系统的观测和研究是非常必要的。

10.2.3　地震效应的仪器观测

采用仪器观测时，观测系统包括拾震器、测震仪和记录仪三部分。

10.2.3.1　拾震器

拾震器是测量地面振动的仪器，将地面的振动转换成电信号输出，一般又叫检波器、地震仪和传感器。拾震器按测量的物理量不同而分为位移计、速度计和加速度计。

拾震器的工作原理是利用"摆"在磁场中运动时切割磁力线，将"摆"的机械运动转换成电信号。而"摆"的机械运动是由地面振动引起的。当爆破地震发生时，地面上所有的物体都要随之运动。要观测出地面运动的大小就要建立起一个相对地面运动来说是一个静止的系统。根据牛顿力学定律，这个问题可以利用重物的惯性来解决。地震发生时，地表振动，地表上的物体受到外力作用也要运动。由于物体的惯性作用，在开始的瞬间，相对于地表为静止的重物仍保持不变。因此可以利用这种瞬时的相对静止来衡量地表运动的大小。

这个重物在拾震器中叫作"摆"。摆的一端装有一个线圈，在摆运动时线圈正好通过永久磁铁中间（图 10-2）。当爆破产生的地震波到达时，地表发生运动，位于地面上的拾震器也随之发生运动。在地震开始瞬间，因摆有惯性，保持相对静止。这时，通过线圈的磁通量发生了变化，产生电动势，在线圈内产生感应电流；感应电流的大小取决于地面运动的大小，也就是说取决于地震的大小。将摆的机械运动能转换成电能的装置称为换能器。当地面运动趋向静止时，摆不会立即停下来。它将以本身固有周

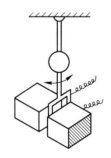

图 10-2　拾震器工作原理

期仍然往复运动，一直到能量完全消失为止。可以想象到，如果摆还在振动时，地表又开始运动，那么地震仪上所记录的振动由于混有摆的固有振动而不能反映出地面运动的真实情况。因此，必须消除摆固有振动的影响。这种装置在地震仪中叫作阻尼器。当然，阻尼作用也会降低地震仪的灵敏度。

拾震器是由摆、换能器和阻尼器三部分组成。我国生产的拾震器性能见表 10-3。

10.2.3.2　测震仪

测震仪分为衰减器和放大器两类，就是将输出的电信号衰减或放大的仪器。若地面的振动强度很大和拾震器的灵敏度较高时，其信号若不经过衰减，将导致部分波形记录超出记录纸的边界；反之，如果爆破后地面运动强度较小或拾震器灵敏度不够高时，输出信号

表 10-3　拾震器的性能

拾震器型号	测量的物理量	测量范围	频率范围/Hz	观测的振动方向	备　注
701 型	位移	0.6~6.0mm	0.5~100	垂直和水平	
65 型地震仪	速度	2.0mm	<40	垂直和水平	
维开克弱震仪	速度	2.0mm	<40	垂直和水平	
CD-1 传感器	位移、速度	1.0mm		垂直和水平	
CD-7 传感器	位移	1.7~12mm		垂直和水平	
RPS-66 加速度计	加速度	2g	1.25~2.0	垂直	
QZY-1V 强震仪	加速度	0.03~1.0g		垂直	GZ-2 测震仪 配传感器
BBΠ-1 速度计	速度	1~200cm/s	1~100	垂直和水平	
AΠT-1 加速度计	加速度	2g	~500	垂直	
电磁式速度计	速度		1.8~250	垂直和水平	

常常需要经过放大器放大以后才能分辨和判读。

10.2.3.3　记录装置

记录装置是将拾震器测出的地面振动信号记录在记录纸、胶卷或磁带上的设备。若采用光线示波器作记录装置时，它将数值记录在记录纸或胶卷上，在读取参数时采用人工方式，既费时间又不够精确。先进的方法是采用磁带记录，然后将磁带直接输入电子计算机系统中进行处理，既精确又省时间。

仪器观测系统方框图见图 10-3。

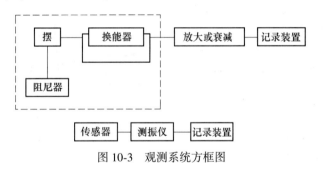

图 10-3　观测系统方框图

10.2.4　测点的布置

测点的布置需要根据观测的目的和要求不同而采取不同的布置方法。例如，为了研究爆破地震波随距离变化的衰减规律或者为了计算爆破振动强度而需要获得某些系数时，则宜沿着爆破中心的辐射方向布置测线，每条测线按 50~100m 的等间距布置测点，一条测线布置 4~6 个测点。如果为了观测爆破地震对建筑物或构筑物的影响从而确定出破坏判据时，测点则宜布置在建筑物或构筑物附近的地表上。如果想摸清高层建筑物不同高度的爆破地震影响，那么测点就应在不同高度的位置上布置。

布置测点时，测点上的拾震器一定要埋没牢固而且要保持水平。

10.2.5　地震波波形图的分析

如果采用磁带记录，将磁带输入电子计算机内，那么波形图的分析计算就能很快得出结果。但是，目前国内很多单位仍然采用光线示波器记录，因此必须对记录的波形图进行分析，然后用尺子在图上量取几个基本物理量（如振幅、频率或振幅和振动持续时间等），若使用光学读数放大器量取，则数据较为准确些。在野外也可用三棱尺直接在图上量取所需的物理量，但精确度较差些。

实际记录的爆破地震波波形图是比较复杂的。爆破地震波不是振幅和振动周期为常量的简谐运动，而是振幅和振动周期随时间而变化的振动（如图 10-4 所示）。在大多数工程爆破应用中，通常需要知道的是振动的最大值，即质点振动的最大位移、振速和振动加速度。因此，在对爆破地震波波形图的分析中主要量取最大的振幅及其相对应的振动周期。此外，还要量取主震相的持续时间和计算波在土岩介质中的传播速度。

振幅是表示质点在振动时离开平衡位置可能达到的最大位移。目前量取最大振幅值时，多数是量取最大单振幅（或称最大半幅值），即零线（或基准线）到最大波峰（或波谷）之间的距离（见图 10-5），它标志地震强度的大小。但是，当波形不对称时也可量取最大波峰和波谷之间的距离，取其一半作为最大半幅值。

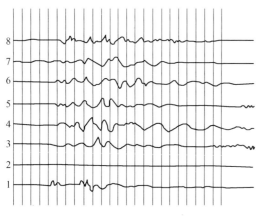

图 10-4　爆破地震波波形图

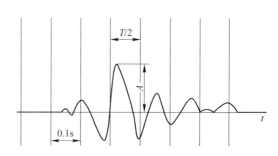

图 10-5　爆破地震波单振幅示意图

由于爆破具有瞬时性，因此读取周期比读取频率更为方便和适宜。周期一般是与最大振幅相对应，其量取方法如图 10-6 和图 10-7 所示。

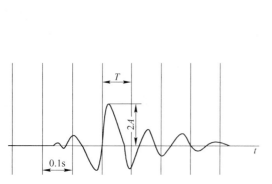

图 10-6　双振幅量取示意图

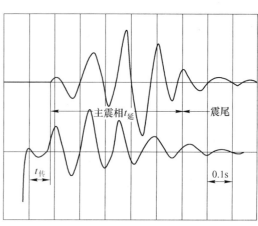

图 10-7　振动延续时间和波速的测定

振动周期的倒数即频率：

$$f = 1/T \tag{10-7}$$

式中，f 为振动频率，Hz；T 为周期，s。

爆破振动持续时间的长短与传播地震波的介质性质、装药爆炸时所释出的能量大小以及传播的距离有关。在读取振动持续时间时，通常将爆震图划分为主震段和尾震段两部分。关于主震段的划分目前有不同意见，其中一种意见认为，从初始波到波的振幅值 $A = A_{最大}/e$（e 为自然对数的底）这一段，称为主震段；主震段相应的历时时间为地震的振动持续时间；主震段的振动次数与该段的历时时间之比称为主震段的平均周期（主周期），主周期的倒数称为主频率（用以反映地震中占优势的频率成分）。其读图方法如图 10-7 所示。

波速是分析波型、波的传播规律和研究岩石性质的一个重要的物理量。一般是在震波图上量取相邻两测点初始波到达之间的时间差。用此时间差去除两测点之间的距离，就得到初始波的传播速度。

10.2.6 爆破地震的特点

爆破地震与天然地震一样，都是由于能量释放，并以地震波形式向外传播，引起地表振动而产生的破坏效应。它们造成的破坏程度又都受地形、地质等因素的影响。但天然地震发生在地层深处，其造成破坏的程度主要决定于地震能量（震级）与距震源的远近。爆破地震的装药则是在地表浅层爆炸的，其造成破坏的程度主要决定于装药量与距震源的远近。

通过对大量爆破地震和天然地震的实测分析，可以得出以下几点认识：

（1）爆破地震振动幅度的数值虽大，但衰减很快，破坏范围并不大，天然地震振幅度的数值虽小，但衰减缓慢，破坏范围比前者大得多。

（2）爆破地震地面加速度振动频率较高（约 10~20Hz 以上），远超过普通工程结构的自振频率。天然地震地面加速度振动频率较低（一般 2~5Hz），与普通工程结构的自振频率相接近。

（3）爆破地震持续时间很短（以万吨爆破为例，在近区仅 1s 左右），天然地震主震持续时间多为 10~40s。

所以，在某处测得的爆破地震参数值（地面振动的速度或加速度值），是不能套用参数相等的天然地震烈度来估计该处破坏后果的。爆破地震的实际破坏效果要比相同烈度的天然地震小得多。例如，万吨爆破时，在某厂房测得参数值相当天然地震烈度 8 度，但宏观调查并未发现房屋结构有任何破坏现象。

10.2.7 爆破振动速度与破坏程度的关系

10.2.7.1 爆破振动强度的衡量标准

爆破地震破坏的强弱程度称为振动强度或振动烈度。振动强度可用地面运动的各种物理量来表示，如质点振动速度、位移、加速度和振动频率等。但是，通过对大量爆破振动量测数据研究后得出，用质点振动速度来衡量爆破振动强度更为合理。理由是：

（1）质点振速与应力成正比，而应力又与爆源能量成正比，因此振速即反映爆源能量的大小。

（2）以质点振速衡量振动强度的规律性较强，且不受频率变化的影响。美国矿业局用回归分析法处理了美国、加拿大和瑞典三国的实测数据，这三组数据是使用不同仪器在不同施工条件下建成的住宅中试验量测所得。结果得出一条质点振速不随频率而变化的等值直线。这充分说明，以质点振速作为安全判据，可适用于不同的测量仪器、不同的测量方法和不同的爆破条件。

（3）质点振动速度与地面运动密切相关。分析大量实测数据表明，结构的破坏与质点振动速度的相关关系比位移或加速度的相关关系更为密切。

（4）质点振动速度不受地面覆盖层类型和厚度的影响，而地面运动的多数参数则都会受到影响。例如在低弹性模量的土壤中，应力波传播速度低；随覆盖层厚度增加，振动频率明显下降，地面质点位移就会增大。在不同类型和不同厚度的覆盖层中进行的试验结果表明，虽然地面运动的多数参数会随着覆盖层厚度的变化而变化，但对于引起结构破坏的质点振动速度却未受到明显影响。因此，将质点振动速度作为衡量爆破振动安全判据是有利的。

目前我国也和大多数国家一样，以质点振动速度作为衡量爆破振动烈度的判据。一般情况下，把爆破振动速度控制在《爆破安全规程》规定的范围内，可以保证正常房屋不致受到破坏。特殊环境下实施爆破时可以根据房屋的实际抗震能力及设计抗震烈度值来确定其爆破振动速度的极限值（表10-4）。

表 10-4　抗震烈度与相应的地面质点运动速度值

建筑物设计抗震烈度/度	5	6	7
允许地面质点振动速度/cm·s^{-1}	2~3	3~5	5~8

10.2.7.2　爆破振动速度与破坏程度的关系

岩石开始破坏的振动速度是 50~100cm/s。我国虽未制定统一规程，但有实测数据可供参考，见表10-5。不同振动速度下结构物的破坏程度见表10-6。

表 10-5　地面最大振动速度与破坏现象的关系

v_{max}/cm·s^{-1}	对建筑物和结构物的破坏现象	对地表的破坏现象
<2.5	无损坏	无变化
2.5~5.0	简易房屋轻微损坏	高陡坡上碎石、砾石、土少量坍落
5~10	简易房屋损坏，一般房屋轻微损坏，地下坑道两帮松动，小石块少量震落	陡坡上孤石悬石位移、滚落、覆盖层中出现小裂缝，堆积层与基岩交界处产生裂缝
10~25	简易房屋破坏，一般房屋损坏，砂浆地面裂缝，地下坑道局部坍方，涵洞伸缩缝地下管道接头可能轻微变位	土夹石边坡轻微坍方，岩石边坡个别坍落，砂土、弃石碴开始坍散，地表出现裂缝，临空面处原有裂缝扩张，节理面轻微错动
25~50	建筑物破坏、严重破坏，地下坑道顶板落石，坍方甚多，涵洞、地下管道挤压变形，混凝土结构开裂	土夹石边坡大量坍方，岩石边坡少量坍方，地表有较多裂缝，陡坡处出现大裂缝，公路路面局部破坏，岩石顺层理、节理面错动、张开、挤压
>50	建筑物严重破坏，地下坑道严重坍方，甚至震垮堵死，涵洞、地下管道毁坏，混凝土结构物破坏	顺层理面大块岩体可能崩落，地面割裂，有很多大裂缝，公路严重破坏，基岩露头产生裂纹，部分岩石破碎，大块坚石位移

表 10-6　不同振动速度下结构物的破坏程度

结构物名称	振速 /cm·s⁻¹	破坏程度	结构物名称	振速 /cm·s⁻¹	破坏程度
土窑洞	0.5	无碎块掉落	岩石稳定的矿山巷道	30.0	轻微损坏
固定安装的水银开关	1.5	跳闸	钢筋混凝土（>C20）涵洞	50.0	无损坏
电视台的建筑物	3.5	无损坏	建筑物	60.0	严重破坏
一般建筑物	5.0	抹灰裂缝	钢筋混凝土（>C20）隧道	100.0	无损坏
工业建筑物、运输栈桥	10.0	无损坏	机械设备（泵、空压机）	100.0	轴不正
单层钢骨架建筑物	20.0	无损坏	混凝土底座上预制金属结构物	150.0	底座破裂
一般房屋	20.0	破坏	建筑物	150.0	全部破坏
混凝土（>C14）支护的隧道	25.0	无损坏	巷道顶壁和混凝土支座	234	严重破坏

10.2.7.3　建筑物允许的爆破振动速度

对于一般的建筑物，许多国家在实际应用中，将"墙壁的抹灰层出现裂缝或脱落"视为"开始破坏"，并以此为标准，规定建筑物允许的振动速度。例如，美国、加拿大、瑞典等国家，将一般建筑物允许的极限振动速度规定为 2in/s（5.1cm/s）、允许的振动加速度为 0.1g；苏联将一般建筑物允许的最大振动速度规定为 10cm/s。这是美国、加拿大、瑞典、苏联等国家的学者据其本国情况早期对完好的砖、石结构房屋进行振动试验的成果。但根据我国房屋建筑的实际情况、建筑材料、结构、新旧状况及破损程度各不相同，抗震能力差别很大，一律采用 5cm/s 进行设防，但实际低于 5cm/s 爆破振动速度仍会破坏某些房屋。这个规定还没考虑爆破振动对电气设备的影响，国内矿山爆破已多次出现爆破振动引起电闸跳闸的事故。这个规定也没有考虑经常爆破的重复振动对结构的影响。在国外，近几十年来对爆破振动安全判据的规定有越来越严格的趋势。例如，美国在规定 2in/s 破坏判据时，还建议一些没有测振仪器的矿山在爆破设计中用比例距离 50in/lb^{1/2} 作为确定允许装药量的依据，在这一比例距离处观察到的最大质点振动速度是 0.4in/s（相当于 1cm/s）。

综上所述，一般情况下把爆破振动速度控制在 1cm/s 以内，可以保证任何正常房屋不致受到破坏。

我国《爆破安全规程》（GB 6722—2003）对主要类型的建（构）筑物及新浇注大体积混凝土的爆破振动安全允许标准作了规定（见表 10-7），并且规定：地面建筑物的爆破振动判据，采用保护对象所在地质点峰值振动速度和主振频率；水工隧道、交通隧道、矿山巷道、电站（厂）中心控制室设备、新浇大体积混凝土的爆破振动判据，采用保护对象所在地质点峰值振动速度。

表 10-7　《爆破安全规程》（GB 6722—2003）规定的爆破振动安全允许标准

序号	保护对象类别	安全允许振速/cm·s⁻¹		
		<10Hz	10~50Hz	50~100Hz
1	土窑洞、土坯房、毛石房屋①	0.5~1.0	0.7~1.2	1.1~1.5
2	一般砖房、非抗震的大型砌块建筑物①	2.0~2.5	2.3~2.8	2.7~3.0

序号	保护对象类别		安全允许振速/cm·s⁻¹		
			<10Hz	10~50Hz	50~100Hz
3	钢筋混凝土结构房屋①		3.0~4.0	3.5~4.5	4.2~5.0
4	一般古建筑与古迹②		0.1~0.3	0.2~0.4	0.3~0.5
5	水工隧道③		7~15		
6	交通隧道③		10~20		
7	矿山巷道③		15~30		
8	水电站及发电厂中心控制室设备		0.5		
9	新浇大体积混凝土④	龄期：初凝~3天	2.0~3.0		
		龄期：3~7天	3.0~7.0		
		龄期：7~28天	7.0~12		

注：1. 表中所列频率为主振频率，系指最大振幅所对应波的频率。

2. 频率范围可根据类似工程或现场实测波形选取。选取频率时亦可参考下列数据：硐室爆破<20Hz；深孔爆破 10~60Hz；浅孔爆破 40~100Hz。

①选取建筑物安全允许振速时，应综合考虑建筑物的重要性、建筑质量、新旧程度、自振频率、地基条件等因素。

②省级以上（含省级）重点保护古建筑与古迹的安全允许振速，应经专家论证选取，并报相应文物管理部门批准。

③选取隧道、巷道安全允许振速时，应综合考虑构筑物的重要性、围岩状况、断面大小、埋置深度、爆源方向、地震振动频率等因素。

④非挡水新浇大体积混凝土的安全允许振速，可按本表给出的上限值选取。

表 10-8~表 10-10 列举了一些其他国家规定的爆破振动安全允许的标准，仅供参考；对于已经损坏的建筑物和坚固的钢筋混凝土结构物，其允许的振动速度见表 10-11；对新浇灌的混凝土，其允许的振动速度分别见表 10-12。

表 10-8 德国规定的爆破质点振动合速度安全标准（BRD-DIN4150）

建（构）筑物类型	振动合速度/mm·s⁻¹		
	<10Hz	10~50Hz	50~100Hz
工业建筑及商业建筑	20	20~40	40~50
民用建筑	5	5~15	15~20
敏感性建筑	3	3~8	8~12

表 10-9 瑞士规定的爆破质点振动合速度安全标准

建（构）筑物类型	振动合速度/mm·s⁻¹	
	10~60Hz	60~90Hz
钢结构、钢筋混凝土结构	30	30~40
砖混结构	18	18~25
砖石墙体、木楼阁	12	12~18
历史性敏感建筑	8	8~12

表 10-10　印度规定的爆破质点振动速度安全标准

建（构）筑物类型	质点振动速度/mm·s⁻¹	
	<24Hz	>24Hz
一般民房	5.0	10.0
工业建筑	12.5	25.0
古建筑物	2.0	5.0

表 10-11　已损坏建筑物和坚固钢筋混凝土结构物的允许振动速度　（cm/s）

建（构）筑物的完好状况	允许振速	建（构）筑物的完好状况	允许振速
接近倒塌的或有历史价值的建筑物	0.2	有轻微陷凹但仍完整未损的建筑物	1.0
泥浆砌筑土坯木结构房屋	0.4	坚固的钢筋混凝土结构（船坞坞壁、机器底座等）	20.0
有可见裂纹的砖砌建筑物	0.5		

表 10-12　新浇灌的混凝土的允许振动速度

混凝土龄期/h	初凝前	72h 前	72~168	168~672	—
允许振动速度/cm·s⁻¹	5.75	1.65	1.65~4.6	4.6~7.0	—
混凝土龄期/d	0~0.5	1.0~3.0	3.0~7.0	7.0~28.0	>28
允许振动速度/cm·s⁻¹	10.0	1.0~2.5	2.5~7.0	7.0~10.0	10.0

10.2.8　爆破振动强度及其安全参数的确定

10.2.8.1　爆破振动速度

大量实测数据表明，爆破振动速度与装药量、距离、土石特性、爆破方法、爆破参数、地形及方向等因素有关。

集团装药爆破振动速度表达式，即著名的苏联学者萨道夫斯基（М. А. Садовский）公式：

$$v = K \left(\frac{Q^m}{R} \right)^{\alpha} \qquad (10\text{-}8)$$

式中，v 为单个集团装药内部爆破质点振动速度，cm/s；Q 为一次爆破装药量（齐爆时为总装药量，延迟爆破时为最大一段装药量），kg；R 为爆心至观测点的距离，m；K 为与爆破方法、爆破参数、地形及观测方法等因素有关的爆破场地系数，一般 $K = 30 \sim 500$；α 为与土石地质因素有关的振动波衰减系数，一般 $\alpha = 1.5 \sim 2.0$；m 为与装药形状有关的指数，国内多采用 1/3，西方国家对深孔柱形药包采用 1/2，对硐室集中药包采用 1/3。

表 10-13 为《爆破安全规程》（GB 6722—2003）给出的爆区不同岩性的 K、α 值；表 10-14 列出了实际工程爆破中取得的系数和指数经验值，可供使用时参考。

表 10-13　爆区不同岩性的 K、α 值（GB 6722—2003）

岩　性	K	α
坚硬岩石	50~150	1.3~1.5
中硬岩石	150~250	1.5~1.8
软岩石	250~350	1.8~2.0

表 10-14　国内工程实测 K、α 值参考

编　号		地 质 简 况	K	α
硐室爆破	1	大理岩、花岗闪长斑岩	21.3	0.88
	2	白云岩、花岗闪长岩	37	1.44
	3	辉长岩	76	1.39
	4	千枚岩	82.5	1.32
	5	风化花岗闪长斑岩	158	1.68
	6	戈壁滩	180	1.47
	7	风化层	206	1.81
	8	流层状辉长岩	630	2.8
	9	流层状辉长岩	721	2.55
露天深孔齐爆	10	石灰岩抛掷前方	130	1.8
		石灰岩抛掷后方	340	1.8
	11	石英闪长岩	136	1.6
	12	透辉石矽卡岩	279	1.6
	13	混合岩	126	1.67
露天深孔毫秒延期爆破	14	石英角斑岩	100	1.61
	15	石英闪长岩	153	1.6
	16	花岗岩、混合岩	374	1.8
	17	混合片麻岩	120	1.43
	18	大理岩（直孔）	273.8	1.6
		大理岩（斜孔）	107	1.5
	19	闪长岩（直孔）	20	0.7
		闪长岩（斜孔）	50	1.0
台阶爆破（几个矿山综合）			302	1.7
掘沟爆破（几个矿山综合）			443	1.74

10.2.8.2　爆破振动的安全距离

在爆破设计时，为了避免爆破振动对周围建筑物产生破坏性的影响，必须计算爆破振动的安全距离，即危险半径。如果建筑物位于危险半径以内，则需将建筑物拆迁，如果建筑物不允许拆迁，则需要减少一次爆破的装药量，控制一次爆破的规模。因此，爆破前必须确定爆破振动的危险半径，同时计算一次爆破允许的安全装药量。

A　爆破振动安全距离的一般算式

爆破振动的安全距离可按式（10-9）计算：

$$R_c = \left(\frac{K}{v_{kp}}\right)^{1/\alpha} \cdot Q^m \tag{10-9}$$

一次爆破允许的安全装药量可按式（10-10）计算：

$$Q_{max} = R^{1/m} \cdot \left(\frac{v_{kp}}{K}\right)^{1/\alpha \cdot m} \tag{10-10}$$

式中，R_c 为爆破振动安全距离，m；Q_{max} 为一次爆破允许的安全装药量，kg；v_{kp} 为被保护建筑物允许的临界安全振动速度，cm/s；其他符号含义同式 (10-8)。

B 其他经验公式

集团装药一次爆破引起的土岩振动对建筑物的安全距离按式 (10-11) 计算：

$$R_c = K_c \cdot \eta \cdot \sqrt[3]{Q} \tag{10-11}$$

式中，R_c 为自爆破地点至建筑物的距离 (爆破振动影响半径)，m；K_c 为根据建筑物的地基土壤而定的系数 (见表 10-15)；η 为取决于爆破作用指数 n 的系数，$\eta = n^{-1/3}$，且当 $n \leqslant 0.5$ 时，均取 $n = 0.5$；Q 为爆破装药量，kg。

当爆破地点至建筑物的实际距离 $R \geqslant R_c$ 时，建筑物为安全；否则不安全。

表 10-15 系数 K_c 值

所保护建筑物地区的地基类型	K_c 值	备 注
坚硬致密岩石	3	装药在水中或含水土壤中爆炸时，系数值应增大 0.5~1.0 倍
坚硬破裂的岩石	5	
砾石和碎石土壤	7	
砂土	8	
黏土	9	
回填土	15	
含水土壤 (流沙和泥煤土层)	20	

10.2.9 降低爆破振动效应的安全措施

为了减小爆破振动对爆区周围建筑物的影响，应根据被保护目标与爆点的相对位置、距离、分布情况，有针对性地采取相应以下一些措施：

(1) 采用多段微差起爆技术，变能量一次释放为多次释放，减小每次爆破的能量 (转化为爆破地震波的能量则相应减小)，将振幅较大的地震波变成多个振幅较小的地震波，从而减小爆破振动的强度。分段越多，振幅越小，爆破振动也越小。实践表明，微差爆破可使爆破地震强度降低 30%~50%；秒差爆破的地震波强度取决于其中最大的一段药量。

(2) 采用分散布药方式，把所有装药同时爆炸产生的大震源分成数个微差延时起爆的小震源，变能量集中释放为分散释放。实践表明，分散装药可降低爆破地震波的振幅，缩短主周期，避免了地震波出现过高的峰值，从而大大削弱爆破振动强度，既达到减震目的，又有利于改善破碎效果和加大一次爆破量。

(3) 合理选取微差起爆的间隔时间、起爆顺序和起爆方案，保证爆破后的岩石能得到充分松动，消除夹制爆破的条件，使爆炸能量及时得到有效的逸散，减小转化为爆破地震波的能量。

(4) 合理选择爆破的方式。采用飞散爆破，爆炸能量中会有更多的一部分形成空气冲击波，使转化为地震波的能量相对减小，爆破振动强度随之减小。在一定场合下 (如地下室内基础爆破) 适当使碎块飞散，既有利于目标的破碎也能降低爆破振动的强度。

例如，爆破作用指数 $n = 1.5$ 的飞散爆破比 $n = 0.81$ 的松动爆破，地震波强度平均降低 $4\% \sim 22\%$。另外，在飞散爆破中，最小抵抗线方向的振动强度最小，反方向最大。

（5）严格按照被保护目标的抗震能力及其与爆点的相对距离等确定的一段（次）最大起爆药量进行装药和分段，把爆破振动引起的地面质点振动速度控制在周围需保护设施所允许的振动速度（即安全振动速度）以下，确保被保护目标的安全。

（6）合理选取爆破参数和单位炸药消耗量。单位炸药消耗量过高会产生强烈的振动和空气冲击波。单位炸药消耗量过低则会造成岩石的破碎和松动不良，大部分能量消耗在振动上。因此，应通过现场的试验来确定合理的爆破参数和单位炸药消耗量。

（7）在露天深孔爆破中，防止采用过大的超深，过大的超深会增加爆破的振动。

（8）利用或创造减振条件。地形和地质条件是影响爆破地震强度的一个重要因素，实践表明，药量、距离和传播介质相同时，低于装药的地面，振动强度小；高于装药的地面振动强度大。爆破地点与被保护目标之间存在的沟、壕、坑以及岩石内部存在的裂隙等都有一定的减振作用。因此，在爆破地点与被保护目标之间可开挖防震沟；在同一爆破体上爆破其中一部分而保留另一部分时，可用预裂爆破首先在两部分之间形成预裂缝；为了防止爆破振动破坏露天的边坡，应采用预裂爆破处理边坡，在进行预裂爆破时，为了防止预裂爆破造成过大的振动，亦应采用分段延时起爆技术，并尽量减少每个分段同时起爆的炮孔数量。

10.3 爆破空气冲击波

近年来随着工程爆破的规模不断增大，爆破冲击波同爆破地震效应等爆破公害一样，直接威胁人员、地面建筑物、地下构筑物以及设备和设施的安全，甚至会造成重大财产损失。所以，有效地控制爆破冲击波的危害，已成为爆破工程技术中重大关注的问题之一。本节就爆破冲击波的形成机理、基本特征参数计算，以及有关爆破冲击波测试技术做系统介绍。

无论是结构物的接触爆破（包括岩土裸露装药爆破），还是非接触爆破，装药都是在空气中爆炸，而且会形成空气冲击波。从理论上讲，装药在空气中爆炸时，约有 90% 的爆炸能量转化为空气冲击波和噪声，留在爆炸产物中的能量不足 10%。实际上，传给冲击波和噪声的能量大约占 70%。对于岩土内部爆破，由于装填在炮孔、深孔和药室中的装药爆炸产生的高压气体通过岩石中的裂缝或孔口泄漏到大气中，冲击压缩周围的空气也会形成空气冲击波。

空气冲击波一般存在于爆源附近的一定范围内，对建筑物、设备和人员等会造成不同程度的危害，常常会造成爆区附近建筑物的破坏、人类器官的损伤和心理反应；而且当空气冲击波传播时，随着距离的增加，高频成分的能量比低频成分的能量更快地衰减，这种现象常常造成在远离爆炸中心的地方出现较多的低频能量，这是造成远离爆炸中心的建筑物发生破坏的原因。因此，爆破作业时必须确定其危害的距离。

10.3.1 爆破空气冲击波的特征

炸药爆炸时，无论药包周围的介质是空气或者是岩土、水，由于爆炸反应迅速释放出大量的能量，从而导致药包邻近的介质被冲击和压缩，进而便产生了空气冲击波。另外高温、高压、高速的爆炸气体产物以极高的速度向周围扩散，就如同活塞在充满气体的无限长的管子中高速运动，强烈地压缩着相邻的气体，使其压力、密度、温度状态参数突跃式升高，形成初始的空气冲击波。

爆炸产物这个"活塞"最初以极高的速度沿爆破中心辐射方向运动。由于传播半径不断增大，能流密度不断减小，单位质量气体的平均能量不断下降以及在传播过程中的能量损耗，它的速度迅速衰减，一直到零为止，即形成压力降低区。由于压力急剧下降，而体积不断膨胀。当爆炸产物膨胀到某一特定体积时，它的压力就降至周围空气未经扰动时的初始压力 p_0。但是，由于惯性作用，此时，爆炸产物并不会停止运动，而是过度膨胀，一直膨胀到某一最大容积。这时，爆炸产物的平均压力已低于周围气体未扰动时的初始压力 p_0，这就出现了负压区。出现负压后，周围的气体反过来又向爆炸中心运动，对爆炸产物进行第一次压缩，使其压力不断增加。同样，由于惯性作用，将产生过度压缩，爆炸产物的压力又会出现大于 p_0 的情况。这就又开始第二次膨胀、压缩的脉动过程。经过若干次膨胀、压缩的脉动过程后，最后停止，达到平衡。由于空气的密度小，惯性也小，有实际意义的只是第一次膨胀-压缩的脉动过程。图 10-8 为典型的爆破空气冲击波 Δp-t 曲线。

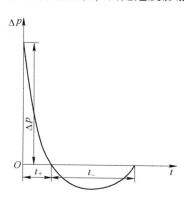

图 10-8 爆破空气冲击波 Δp-t 曲线

10.3.2 爆破空气冲击波的基本参数计算

由图 10-8 可以看出，爆破空气冲击波的能量主要集中在正压区（亦称压缩相）。就对岩石的破坏作用来说，正压区的影响远远大于负压区（也叫稀疏相）。所以，对岩石的破坏作用，一般可不考虑负压区的影响和作用。因此，爆破空气冲击波对目标的破坏作用，常用超压 Δp、正压作用时间 t_+ 和比冲量 I_+ 三个参数来度量。

10.3.2.1 峰值超压 Δp

药包爆炸时形成的空气冲击波波阵面上的超压，根据高速流体力学理论，得出的计算公式为：

$$\Delta p = \frac{7}{6} p_a \left(\frac{v^2}{c_0} - 1 \right) \tag{10-12}$$

$$c_0 = 331 \left(1 + \frac{T_a}{546} \right) \tag{10-13}$$

$$v = c_0 \cdot \sqrt{1 + 0.83 \frac{\Delta p}{p_a}} \tag{10-14}$$

式中，Δp 为峰值超压，kPa；p_a 为未受扰动的空气压力，kPa；c_0 为未受扰动的空气声速，m/s；v 为空气冲击波波阵面质点运动速度，m/s；T_a 为空气的温度，℃。

根据 M. A. 萨多夫斯基等国外学者研究的成果表明：空气冲击波波阵面上的压力不取决于药包的重量，而完全取决于离爆炸地点的距离与药包半径之比值、该炸药爆炸的比能和周围空气的压力。

A 药包在坑道、矿井内爆破

由于炸药爆破过程是瞬时完成的（一般是百分之几到千分之几秒），爆炸所生成的气体在急剧膨胀的同时，并以高达几百万千帕的动力作用于周围介质，对其产生巨大的机械功。一部分能量消耗于对土岩介质的破碎、抛移，另一部分能量则转变为空气冲击波。

矿井炮孔柱状药包爆炸，使岩石破碎是由于冲击波和爆炸生成的气体动压力共同作用的结果，而冲击波的作用是随着药包的传爆而发生，并且在爆轰结束瞬间发展成总的冲击波，因而具有巨大的超压和超声速。研究结果证明：炸药的爆炸能量既转变为冲击波的能量，也转变为爆炸气体的高压能量。

当在矿井内进行爆破时，用于有用功的爆炸能量远比露天矿小得多。其原因是井下柱状药包爆破的夹制性和爆破的阻力要比露天爆破大得多，但井下的爆破条件对空气冲击波强度的影响反而比露天强烈得多。对于爆破工作者的首要任务之一，就是探讨如何将炸药的爆破能量最大可能地利用到有用功上，并最大限度地减小消耗在产生空气冲击波上的能量。

另外，在临近装药附近的巷道内，不仅有入射波，而且有各种反射波、绕射波产生，它们相互叠加，其作用过程是极其复杂的，还有巷道表面的粗糙程度、支护类型、巷道布置形式以及装药形状等，都对爆破冲击波的强度产生很大影响。

对于巷道内爆破空气冲击波的超压计算，一般按照平面波进行计算，即：

$$\Delta p = 7.8\,\frac{\varepsilon_1}{R} + 38.0\sqrt{\frac{\varepsilon_1}{R}} \tag{10-15}$$

式中，R 为测点至爆破地点的距离，m；ε_1 为平面冲击波的能量密度，J/cm^2。

B 覆土药包爆破

由于爆破条件不同，药包爆炸能量转变为空气冲击波的能量也不相同。比如在覆土药包爆破时，有42%的能量转变为空气冲击波。其超压计算公式为：

$$\Delta p = \left(7.8\,\frac{\eta_1\varepsilon_1}{R} + 38.0\sqrt{\frac{\eta_1\varepsilon_1}{R}}\right) \cdot e^{\frac{-aR}{d}} \tag{10-16}$$

$$\eta_1 = \frac{E_c}{E_总} \tag{10-17}$$

$$E_总 = q \cdot Q \tag{10-18}$$

式中，η_1 为能量转换系数，具体选择参见表10-16；ε_1 为巷道表面的粗糙度系数，参见表10-17；a 为巷道的直径，m；$E_总$ 为炸药爆炸产生的总能量，J；E_c 为炸药爆炸转变为空气冲击波的能量，J；q 为药包的重量，kg；Q 为炸药的定容爆热，J/kg。

表10-16 不同爆破条件下的 η_1 值

夹制条件下的深孔爆破（药壶爆破）	爆破条件	能量转移系数 η_1
深孔爆破	全部装药的深孔	0.025～0.03
	1m 不装药的深孔	0.023～0.025
	3m 不装药的深孔	0.015～0.023

夹制条件下的深孔爆破（药壶爆破）	爆破条件	能量转移系数 η_1
深孔爆破	5m 不装药的深孔	0.013 ~ 0.015
	深孔中炮泥长 1m	0.023 ~ 0.027
	深孔中炮泥长 2m	0.014 ~ 0.018
	深孔中炮泥长 3m	0.005 ~ 0.01
巷道掘进时炮孔爆破		0.05 ~ 0.1
硐室爆破	当崩矿空间小于 30000m³	0.05 ~ 0.1
	当崩矿空间大于 30000m³	0.02 ~ 0.05
覆土药包不盖炮泥		0.3 ~ 0.4
覆土药包盖炮泥		0.2 ~ 0.3

表 10-17 巷道壁面的粗糙系数 ε_1

巷 道 情 况		粗糙系数 ε_1
没有支护的巷道	沿岩石走向掘进	0.016 ~ 0.02
	垂直岩石走向掘进，波运动方向	
	与岩石崩落相反	0.033 ~ 0.038
	与岩石崩落相同	0.022 ~ 0.028
	具有不平的底板和溜口的巷道	0.05 ~ 0.065
有支护的巷道	混凝土支架	0.01 ~ 0.015
	不完全的木棚子支架	0.025 ~ 0.034
	拱形支架	0.025 ~ 0.06
	具有出矿溜口的不完全的木棚子支架	0.03 ~ 0.05

应该指出的是，当空气冲击波由小断面巷道向大断面巷道传播或者通过巷道的分岔点和转变处后，则波阵面上的超压将衰减；反之，当空气冲击波由大断面巷道向小断面巷道传播时，其峰值超压必然增强。而超压的变减系数或增加系数均可由试验获得。

工程实践表明：药包形状对爆源附近的空气冲击波场有明显的影响。

10.3.2.2 正压作用时间 t_+

对于矿井内破岩作业，爆炸产生的空气冲击波正压作用时间为：

$$t_+ = 1.5 \times 10^3 \left(\frac{2\pi R^5 q_{\mathrm{T}}}{S} \right)^{\frac{1}{6}} \tag{10-19}$$

式中，t_+ 为空气冲击波正压作用时间，s；S 为巷道的断面积，m²；q_{T} 为梯恩梯炸药的药量，kg。

10.3.2.3 比冲量 I_+

比冲量是由空气冲击波波阵面超压曲线 $\Delta p(t)$ 与正压区作用时间确定，即：

$$I_+ = \int_0^{t_+} \Delta p(t) \, \mathrm{d}t \tag{10-20}$$

式中, I_+ 为比冲量, $N \cdot s/m^2$。

按照式（10-20）计算比较复杂, 有时甚至难以求出, 一般常用经验公式计算。

对于矿井中破岩作业时, 爆破产生的空气冲击波的比冲量为:

$$I_+ = 2.5 \times 10^3 \frac{\eta_1 q_T}{\sum S} e^{0.5 \frac{aR}{d}} \tag{10-21}$$

式中, $\sum S$ 为与药包毗连的巷道总断面积, m^2。当独头巷道时, $\sum S = S$; 当贯通巷道时, $\sum S = 2S$。

应当指出的是, 炸药的品种以及装药密度对比冲量也有一定影响。当空气冲击波由小断面巷道向大断面巷道传播或通过巷道的分岔点及转弯处时, 比冲量将衰减; 反之, 当空气冲击波由大断面巷道向小断面巷道传播时, 则比冲量将增强。其比冲量的衰减或增强系数可由实验获得。

10.3.2.4　空气冲击波的作用规律在刚性地面的反射

A　正反射

当入射角 β 为零时称为正入射。此时, 冲击波在刚性地面上的反射称为正反射, 其反射超压计算式为:

$$\Delta p_{反} = 2\Delta p_{入} + \frac{6\Delta p_{入}^2}{\Delta p_{入} + 7p_0} \tag{10-22}$$

式中, $\Delta p_{反}$ 为反射超压, Pa; $\Delta p_{入}$ 为入射超压, Pa; p_0 为初始压力, Pa。

B　正规反射

当入射角 β 小于某一极限角度时的斜反射叫作正规反射。实验表明: 当入射压力小于 $3 \times 10^5 Pa$ 时, 则反射压力与入射角无关, 仍可按式（10-22）进行估算。

C　马赫反射

当入射角 β 处于 $\beta_{极} < \beta < 90°$ 时, 入射波和反射波在反射表面合成为新的冲击波, 该波称为马赫波。这种反射叫作马赫反射, 其峰值超压可按式（10-23）估算:

$$\Delta p_{马} = \Delta p_1 (1 + \cos\beta) \tag{10-23}$$

式中, Δp_1 为同等药量在地面爆炸时的峰值超压, Pa。

10.3.3　爆破空气冲击波的破坏判据

工程实践表明, 药室大爆破或者井下大爆破, 都会产生强烈的空气冲击波, 对人员或者建筑物以及地下构筑物等产生伤害。科学地制定爆破冲击波的安全判据, 是工程爆破的迫切需要, 也是确定安全距离进行防护设计计算的主要依据。由于人们对爆破空气冲击波的研究历史尚短, 目前一些计算安全距离的公式多半是经验公式, 还有待于进一步研究完善。

10.3.3.1　空气冲击波对人员损伤的判据

空气冲击波对人员、建筑物的破坏作用是一个极复杂的问题。它不仅与作用在目标上空气冲击波波阵面上的压力、冲量、作用时间、波速等参量有关, 而且与目标的形状、本身的强度等因素密切相关。

空气冲击波对人员的伤害，目前是以超压作为判据标准，具体对暴露人员损伤程度参见表 10-18。

表 10-18　超压对人员的损伤程度

等级	损　伤　程　度	超压/×10⁵Pa
轻微	轻微挫伤肺部和中耳、局部心肌撕裂	0.2~0.3
中等	中度中耳和肺挫伤，肝、脾包膜下出血，融合性心肌撕裂	0.3~0.5
重伤	重度中耳和肺挫伤，脱白，心肌撕裂，可能引起死亡	0.5~1.0
死亡	体腔，肝脾破裂，两肺重度挫伤	>1.0

还应指出的是，空气冲击波对人员的伤害，除了波阵面压力外，还有在其后面的爆轰产物气流不可忽视。比如当超压达 $(0.3~0.4)×10^5$Pa 时，气流速度达 $60~80$m/s，这样的高速气流，人员是无法抵御的，加之气流中往往还夹杂碎石等物，更加重了对人员的损害。

10.3.3.2　对建筑物破坏的判据

空气冲击波对建筑物的破坏效应主要是由超压和冲量引起的。试验资料表明：空气冲击波正相作用时间 t_+ 如果远小于建筑物本身的振动周期 T $(\frac{t_+}{T} \leq 0.25)$ 时，空气冲击波对建筑物的作用主要取决于冲量；反之，若 t_+ 远大于 T （即 $\frac{t_+}{T} \geq 10$）时，则空气冲击波对建筑物的破坏主要取决于超压。表 10-19~表 10-21 分别列出了部分建筑物的破坏判据。

表 10-19　部分建筑构件的自振周期及破坏载荷

项　目	砖墙		0.25m 厚钢筋混凝土墙	大梁上的楼板	轻型隔板	装配玻璃
	二层砖	一层半砖				
自振周期/s	0.01	0.015	0.015	0.3	0.07	0.01~0.02
静载荷/×10⁵Pa	0.45	0.25	3.0	0.1~0.16	0.05	0.05~0.10
比冲量/N·s·m⁻²	220	190				

表 10-20　不同超压对建筑物的破坏

超压 Δp /×10⁵Pa	破　坏　情　况
0.15~0.02	房屋玻璃破坏
0.1~0.2	建筑物局部破坏；汽车、土方机械玻璃破坏，车身、驾驶室轻度撞陷
0.2~0.3	建筑物轻度破坏，墙裂缝
0.4~0.5	建筑物中度破坏，墙大裂缝
0.6~0.7	建筑物严重破坏，部分倒塌，钢筋混凝土破坏；汽车驾驶室严重撞陷破坏
>0.7	砖墙倒塌
1.0~2.0	钢筋混凝土建筑物破坏，防震钢筋混凝土破坏
2.0~3.0	钢架桥破坏

表 10-21　建筑物的破坏程度与超压的关系（GB 6722—2003）

破坏等级		1	2	3	4	5	6	7
破坏等级名称		基本无破坏	次轻度破坏	轻度破坏	中等破坏	次严重破坏	严重破坏	完全破坏
超压 $\Delta p/\times 10^5 Pa$		<0.02	0.02~0.09	0.09~0.25	0.25~0.40	0.40~0.55	0.55~0.76	>0.76
建筑物破坏程度	玻璃	偶然破坏	少部分破成大块，大部分呈小块	大部分破成小块到粉碎	粉碎	—	—	—
	木门窗	无损坏	窗扇少量破坏	窗扇大量破坏，门扇、窗框破坏	窗扇掉落、内倒，窗框、门扇大量破坏	门、窗扇摧毁，窗框掉落	—	—
	砖外墙	无损坏	无损坏	出现小裂缝，宽度小于5mm，稍有倾斜	出现较大裂缝，缝宽5~50mm，明显倾斜，砖跺出现小裂缝	出现大于50mm的大裂缝，严重倾斜，砖跺出现较大裂缝	部分倒塌	大部分到全部倒塌
	木屋盖	无损坏	无损坏	木屋面板变形，偶见折裂	木屋面板、木檩条折裂，木屋架支座松动	木檩条折断，木屋架杆件偶见折断，支座错位	部分倒塌	全部倒塌
	瓦屋面	无损坏	少量移动	大量移动	大量移动到全部掀动	—	—	—
	钢筋混凝土屋盖	无损坏	无损坏	无损坏	出现小于1mm的小裂缝，修复后可继续使用	出现1~2mm宽的裂缝，修复后可继续使用	出现大于2mm的裂缝	砖墙承重者全部倒塌，承重钢筋混凝土柱严重破坏
	顶棚	无损坏	抹灰少量掉落	抹灰大量掉落	木龙骨部分破坏下垂	塌落	—	—
	内墙	无损坏	板条墙抹灰少量掉落	板条墙抹灰大量掉落	砖内墙出现小裂缝	砖内墙出现大裂缝	砖内墙出现严重裂缝至部分倒塌	砖内墙大部分倒塌
	钢筋混凝土柱	无损坏	无损坏	无损坏	无损坏	无破坏	有倾斜	在较大倾斜

10.3.4　爆炸空气冲击波安全距离的确定

10.3.4.1　冲击波对建筑物和设施的安全距离

空气冲击波对建筑物和设施的安全距离可采用式（10-24）计算：

$$R = K_B \cdot \sqrt{Q} \tag{10-24}$$

式中，R 为从装药中心到目标的距离，m；Q 为梯恩梯当量的装药量，kg；K_B 为与目标性质有关的系数，见表 10-22。

表 10-22　安全系数 K_B

安全等级	建筑物破坏程度	安全系数（K_B）
I	安全无损坏	50~100
II	玻璃设备偶然破坏	10~30
III	玻璃完全破坏，门、窗局部破坏	5~8
IV	门、窗、隔墙、板棚破坏	2~4
V	不坚固的砖石及木结构建筑破坏，铁路车辆被颠覆，输电线破坏	1.5~2
VI	城市建筑和工业建筑物全破坏，铁路桥梁和路基破坏	1.4

10.3.4.2　露天爆破冲击波对建筑物和设施的安全距离

露天爆破空气冲击波的安全距离按下式计算：

$$R = K_n \cdot \sqrt{Q} \tag{10-25}$$

式中，R 为空气冲击波安全距离，m；K_n 为按爆破作用指数 n 值选取的系数，见表 10-23；Q 为总装药量，kg。

对松动爆破可不考虑空气冲击波的影响。对加强松动爆破，K_n 值可按 0.5~1.0 进行计算。

表 10-23　系数 K_n 值

建筑物破坏程度	爆破作用指数		
	$n = 3$	$n = 2$	$n = 1$
完全没有破坏	5~10	2~5	1~2
偶然损坏玻璃窗	2~5	1~2	破坏限于抛掷漏斗内
玻璃破碎、门窗部分破坏、抹灰脱落	1~2	0.5~1.0	

10.3.4.3　按照冲击波极限超压 Δp 值确定药室爆破安全距离

爆破作用指数 $n<3$ 的爆破作业，对人员和其他保护对象的防护，应首先考虑个别飞散物和地震安全允许距离。地下爆破时，对人员和其他保护对象的空气冲击波安全允许距离由设计确定。

从考虑建筑物和人员允许的冲击波极限超压 Δp 值出发，计算药室爆破空气冲击波安全距离公式是：

当 $n \geqslant 1$ 时

$$R = \frac{2(1+n^2)}{\sqrt{\Delta p}} \cdot \sqrt{Q} \qquad (10\text{-}26)$$

当 $n<1$ 时

$$R = \frac{4n^2}{\sqrt{\Delta p}} \cdot \sqrt{Q} \qquad (10\text{-}27)$$

式中，R 为空气冲击波安全距离，m；n 为爆破作用指数；Δp 为冲击波极限超压，0.1MPa，对建筑物参见表 10-21、表 10-24、表 10-25；Q 为总装药量，kg。

表 10-24　空气冲击波的破坏等级

破坏等级	建筑物破坏程度	超压/×10⁵Pa
Ⅰ	砖木结构，完全破坏	> 2.0
Ⅱ	砖墙部分倒塌或开裂，土房倒塌，土结构建筑物破坏	1.0~2.0
Ⅲ	木结构梁柱倾斜，部分折断；砖木结构屋顶掀掉，墙局部移动和开裂，土墙裂开或局部倒塌	0.5~1.0
Ⅳ	木隔板墙破坏，木屋架折断，顶棚部分破坏	0.3~0.5
Ⅴ	门窗破坏，屋顶瓦大部分掀掉，顶棚部分破坏	0.15~0.3
Ⅵ	门窗部分破坏，玻璃破坏，屋顶瓦部分破坏，顶棚抹灰脱落	0.07~0.15
Ⅶ	玻璃部分破坏，屋顶瓦部分翻动、顶棚抹灰部分脱落	0.02~0.07
Ⅷ	房屋玻璃完全无损	< 0.001~0.05

表 10-25　坑道内冲击波超压和破坏特征

超压 Δp/MPa	结　构　类　型	破　坏　特　征
0.01~0.013	直径为 14~16cm 圆木支撑	因弯曲而破坏
0.014~0.021	24~36cm 厚素混凝土挡墙	出现裂缝
0.015~0.035	风管	因支撑折断而变形
0.035~0.042	电线	折断
0.04~0.06	1t 重设备（通风机、电耙）	翻倒、破坏脱落基础
0.04~0.075	机车侧面朝向爆破中心	脱轨、车厢变形
0.14~0.17	机车尾朝向爆破中心	脱轨、车厢变形
0.14~0.125	提升机械	翻倒、部分变形零件损坏
0.28~0.35	25cm 厚钢筋混凝土挡墙	强烈变形，混凝土脱落，出现大裂缝

10.3.5　爆破空气冲击波的测量

从上述可知，描述冲击波的特征参数主要有：峰值超压 Δp_m（或峰值压力 p_m），比冲量 I_+ 和正相作用时间 t_+。完整地测量并记录冲击波 $p(t)$ 曲线，对于研究冲击波的特征来说，是很必要的。但是，要直接、完整、精确地测量和记录下 $p(t)$ 曲线比较困难，一般只需要峰值压力的资料。峰值压力可直接测量，也可以通过测量冲击波的速度 D，由式（10-28）换算获得：

$$D = 340 \sqrt{1 + 0.83 \frac{\Delta p}{p_0}} \qquad (10\text{-}28)$$

因此，爆破空气冲击波测量系统大致分为两大类：速度测量系统和压力测量系统。

10.3.5.1　爆破空气冲击波速度测量系统

爆破空气冲击波速度测量系统通常都是走时系统，即测量冲击波通过两确定点所需要的时间。使用这种测量系统去表征冲击波瞬时速度的方法有两种：其一是以冲击波在两确定点的平均速度来表征该两点的中点的瞬时速度。但是，由于冲击波在传播过程中，压力和速度不断衰减，特别是近爆区，速度变化率很大。若 L 较大，用平均速度表征该两确定点中点的瞬时速度，将造成比较大的误差，除非该两确定点的间距 L 趋于 0。这样对长度的测量精度和时间间隔测量的精度都提出了十分苛刻的要求。其二采用测定距爆心不同距离各点的冲击波到达时间，然后经过一定的数学处理，得到冲击波的走时曲线 $t(r)$。一般冲击波速度测量系统常常选用第二种方法。图 10-9 所示为冲击波走时测量系统方框图，

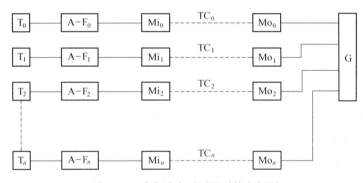

图 10-9　冲击波走时测量系统方框图

$T_0 \sim T_n$—传感器；$A\text{-}F_0 \sim A\text{-}F_n$—放大和整形电路；$Mi_0 \sim Mi_n$—始端匹配网络；

$TC_0 \sim TC_n$—传输电缆；G—时间间隔测量装置；$Mo_0 \sim Mo_n$—终端匹配网络

T_0 一般安装在药包中心或安放在药包表面，它的输出信号用来作为爆破冲击波真实产生的时间，即冲击波的零时信号。图 10-10 为冲击波走时曲线 $t(r)$。

10.3.5.2　爆破空气冲击波压力测量系统

测量爆炸空气冲击波的仪器分电子测试仪和机械测试仪两大类。前者的测量精度较高，灵敏度较好。后者的结构简单，使用方便，但测量精度较低。

电子测试仪系统一般包括传感器、记录装置和信号放大器。

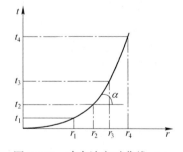

图 10-10　冲击波走时曲线 $t(r)$

传感器是接收空气冲击波信号的元件，它又分为压电式、电阻应变式和电容式三种。

记录装置是把信号记录下来的装置。可以采用阴极射线示波器、记忆示波器和瞬态波形记录仪。信号放大器是将传感器输出的信号放大，无泄漏地传输给记录装置的元件。它装置在传感器和记录装置的中间。

下面主要介绍应变式压力传感器测量系统、压电式压力传感器测量系统和机械式测量系统。

A　应变式压力传感器测量系统

a　应变式压力传感器

应变式压力传感器是在测量技术中使用最早、应用最广泛的一类传感器。但是，由于受到二次仪表和记录装置的限制，其高频响应较差，测量高频时失真比采用压电式传感器组成的测量系统大。

目前，在爆破空气冲击波测量中，我国常用的为 BPR-2 型和 BPR-3 型应变式高频压力传感器，其主要性能如表 10-26 所示。

表 10-26　BPR-2 型和 BPR-3 型压力传感器主要性能[①]

性　　能	型号与指标	
	BPR-2	BPR-3
量程/×10⁵Pa	10, 15, 30, 50, 70, 100, 150, 200, 250	30, 50, 70, 100, 150, 200, 250
固有频率/Hz	>25000	>25000
工作温度/℃	−10~+30	−10~+100
输出灵敏度	0.5	0.5
非线性滞后误差（小于额定压力分数）/%	1	1
供电电压/V	10	10
允许过载能力（额定压力的百分比）/%	120	120
敏感元件	膜片（应变圆筒式）	膜片（应变圆筒式）
冷却方式	风	水
连接螺纹/mm	M20×1.5	M20×1.5
外形尺寸/mm	φ25×45	52×65×32

①本资料引自华东电子仪器厂生产的产品性能指标。

b　应变式压力传感器测量系统原理

应变式压力传感器测量系统根据电桥电路的不同，可分为载波调制—放大—解调系统、直流供电的电桥系统和直流供电的电位计电路系统三种组合方式。在爆破空气冲击波压力测量系统中，常见的为载波调制—放大—解调系统。图 10-11 所示为该系统方框图。目前国内广泛使用的应变式压力测量系统是由 BPR-2 型或 BPR-3 型高频压力传感器、Y6D-3 型动态电阻应变仪、SC 型光线示波器组成。该系统频响低，工作频带不太宽，因此只适应大药量的爆破试验，对于远爆区冲击波压力测量更为适宜。

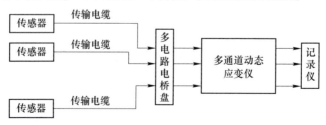

图 10-11　多通道调制型应变仪组成的应变式压力测量系统

B　压电式压力传感器测量系统

压电式压力传感器测量系统由压电式压力传感器、高输入阻抗的放大器、记录装置三大部分组成。高输入阻抗放大器有电压放大器和电荷放大器两类，故压电式测压系统又分为采用电压放大器的测压系统和采用电荷放大器的测压系统。

a　压电式压力传感器

压电式传感器一般由压电元件、弹性元件、结构件（如壳体等）三大部件组成。压电元件是传感器的"心脏"。压电元件按照受力和变形方式的不同，大致可分为厚度承载（变形）、长度承载（变形）、体积承载（变形）和厚度受剪（剪切变形）四种。按上述四种受力和变形的方式，也相应的有四种结构的传感器。目前，最常见的是厚度承载的压缩式。下面介绍两种在空气冲击波测量中常用的压电式压力传感器的结构特征。

（1）普遍压缩型压电式压力传感器。这类传感器的压电元件安装在一个刚性基座上。如果基座为金属材料，则在基座和晶片之间设计有一个绝缘垫片或喷涂一层绝缘薄膜，以保证压电元件和基座之间的电绝缘，不出现断路。外来压力通过膜片或其他传压元件加至晶体片组件上，使之受一个单轴的压缩荷载。因此，这类传感器对动态荷载的响应可以近似地用一个单自由度的二阶系统来描述。

图10-12所示是一种通用的压缩型压电式压力传感器的结构图。圆盘形的压电元件位于膜片和传感器底座之间。膜片一方面作传压元件，另一方面也是个密封元件，使晶片组件与外流场介质隔离，防止它被污染。膜片与底座用螺纹连接，安装时施加一定的预紧力，以减小膜片与压电元件之间的初始气隙，从而提高传感器的线性性能，并使传感器的固有频率有所提高。除了平膜外，目前大多数使用链状膜片或波纹膜片，它们的动态荷载响应比平膜好，但加工工艺稍为复杂。

（2）自由场冲击波压力传感器。所谓"自由场"是指未受外界扰动的流场。在空气和水中爆破试验，自由场压力的测量是一个重要方面。在自由场压力测量中，要求传感器对冲击波波阵面后的流场不产生严重的扰动，不使原有的流场产生畸变，因此，对传感器的外形以及它和支撑物的尺寸都有特殊的要求。

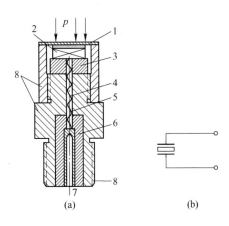

图10-12　压缩型压电式压力传感器
结构图和电路简图

（a）结构图；（b）电路简图

1—膜片；2—圆盘形压电元件；3—绝缘座；
4—环氧树脂；5—导线；6—尼龙绝缘套；
7—小型高频插座；8—壳和底座

根据上述要求，自由场冲击波压力传感器都有一个共同的特点：传感器的压电元件安装在一个细长的流线型壳体的顶端，压电晶片面向两侧以保持一个流线型的整体，在测量时，应将流线型传感器的轴线平行于冲击波的传播方向，压电元件工作在"掠入射"状态，以确保不干扰原流场，正确地获得自由场冲击波测量结果。

压电式传感器属于发电型传感器，在不需要外界供电的情况下，传感器受力后即有电荷输出。与其他类型的传感器比较，压电式传感器还具有体积小、重量轻、结构简单、工作可靠、灵敏度高、高频响应好、线性应用范围宽等突出的优点。但是，其缺点是输出阻抗大、功率小等。值得指出的是：由于一般仪表的输入阻抗都在 $10^3\Omega$ 数量级以下，因此，在压电式传感器配接的测量电路中，必须要加阻抗匹配电路，如电荷放大器、射线跟随放大器等。由于压电式传感器是一个高内阻的信号源，因此它的抗电磁干扰能力差，静态和低频测量性能较差。

b 采用电压放大器的测压系统

高输入阻抗电压放大器与普通电压放大器的区别在于输入级、中间放大和输出级与普通电压放大器无区别。高输入阻抗电压放大器通常是根据测量要求及现场条件，由测试者自己设计。图 10-13 是采用电压放大器的爆破空气冲击波压力测量系统的三种常见组合方式。

图 10-13（a）是常见的模拟信号测量系统。记录器可采用宽频带磁带记录器，也可使用阴极射线示波器。使用阴极射线示波器时，一般工作在单次触发扫描状态，因而需要触发传感器和单次触发电路。

图 10-13（b）采用了瞬态记录仪作为测量和数据贮存装置。这是一种很有前途的方案，它为实验数据的自动采集和处理创造了条件。

图 10-13（c）是针对某些只要求得到冲击波峰值压力资料的试验而设计的。该系统大多用于爆破远区的冲击波压力测量。

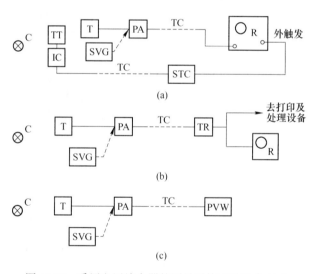

图 10-13 采用电压放大器的测量系统三种组合方式

C—药包；T—压力传感器；TT—触发传感器；PA—前置放大器；IC—阻抗变换器；SVG—标准电压信号发生器；
STC—单次触发电路；R—宽频带记录器；TR—瞬态记录仪；PVM—峰值电压表；TC—传输电缆

c 采用电荷放大器的测压系统

电荷放大器的定型产品，如表 10-27 所示。采用电荷放大器的测压系统同样有三种组合形式，它们的基本结构与电压放大器测压系统相似，不同之处在于：电荷放大器通常安置在测量室，而不在测点附近；传感器至放大器之间的信号传输采用低噪声电缆；测量基准信号可采用标准电荷信号（施加在电荷放大器输入端），或者采用电压信号（施加在记录器输入端）；当电荷放大器本身具有标定电路时，可利用其本身的标准信号源。

表 10-27　国产部分电荷放大器的主要技术性能[1]

型　号	FDH-1A	FDH-2	FDH4	FDH-3B
测量范围/pC	$\pm(0.1\sim5)\times10^4$	$\pm(0.1\sim1)\times10^6$	$(0.1\sim1)\times10^6$	$(1\sim5)\times10^3$
灵敏度调节增益	0.1, 0.3, 1, 3, 10（mV/pC）五挡	三位数十进可调	三位数十进可调	$1\sim10$mV/pC 连续可调
		$0.1\sim1$mV/pC	$0.1\sim1$mV/pC	
频率范围/Hz	$0.05\sim10^5$	$3\times10^{-6}\sim10^5$	$0.3\sim10^5$	$1\sim10^4$
最大输出电压/V	$\pm5_{P\text{-}P}$	$\pm10_{P\text{-}P}$	$\pm10_{P\text{-}P}$	$\pm5_{P\text{-}P}$
电流/mA	10	100	100	10
输入电阻/Ω	$>10^9$	$>10^{12}$	$>10^9$	$>10^8$
输出阻抗/Ω	<1	≤1	≤1	<2
噪声	$300\mu\cdot V_{P\text{-}P}$[2]	$\leq30\mu\cdot V_{RMS}$	$\leq30\mu\cdot V_{RMS}$	$\leq50\mu\cdot V$
线性度/%		<0.5	<0.5	<3
电源/V	AC220	AC220	AC220	DC27

①本资料摘自扬州无线电二厂产品目录。

②折合到输出端的噪声电压值。

d　电压放大器系统与电荷放大器系统的比较

采用电压放大器的优点是：电路结构和工艺比较简单，一般可自制；工作频带较容易扩展，特别对于交流放大器来说，频率上限达兆赫量级，在技术上也容易实现。因而在小药量爆破试验或室内模拟实验中，常采用高输入阻抗的电压放大器的测压系统。但电压放大器的输入端电压及输出端电压随着放大器与传感器之间的连接电缆长度增加而衰减。故在野外试验中，传感器与电压放大器之间也不宜用长电缆。

采用电荷放大器的优点是：传感器与电荷放大器之间的传输电缆的长度无关；电荷放大器通常放置在测量室，省去了防护问题。但是，电荷放大器是个带电容负反馈的高增益直流放大器，零点飘移不可忽视。为了解决这个问题，电荷放大器的电路结构及工艺都比较复杂，同时工作频带也受到限制。

C　机械式测量系统

机械式压力传感器在早期爆破试验测量中得到广泛应用。但是，由于机械惯性的存在，使它不能响应快速变化的压力，因而研制和生产了各种其他形式的压力传感器。但机械式传感器结构简单，使用方便可靠，抗震性能好，抗电磁干扰能力强，因此，它在化学爆炸、特别是大药量（几十吨级以上）和核爆以及井下空气冲击波测量中，仍得到广泛的应用。

目前，用于爆破空气冲击波测量的机械式压力传感器主要是压力自记仪。压力自记仪是集传感、传输和记录为一体的机械式空气冲击波测量系统。它主要由壳体、承压交换系统和记录系统组成。图 10-14 是压力自记仪典型结构示意图。

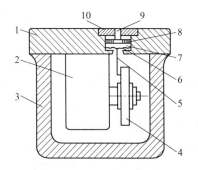

图 10-14　压力自记仪结构示意图

1—面板；2—传动机构；3—壳体；
4—记录玻璃片；5—记录钢针；
6—玻纹膜片；7—空腔；8—阻尼板；
9—阻尼孔；10—压盖

压力自记仪的工作原理：爆炸发生时，利用同步（触发）信号或通过指令控制开关接通电源，使仪器在冲击波到达之前提前运转，仪器的转动机构带动记录玻璃片转动。当冲击波到达测点处，冲击波通过阻尼孔，阻尼板（阻尼系统的作用是使仪器的动静特性趋于一致，使问题简化）作用在波纹承压膜片上，使膜片产生变形。在膜片的另一侧焊有记录钢针，钢针随膜片的变形而产生位移，因而在玻璃片上刻画出膜片变形随转角变化的曲线。通过事先的标定试验，上述曲线就可换算成压力随时间变化的曲线。

这种测试系统的最大优点是简单、使用方便、可靠，但频响差，标定方面也存在一些问题。

10.4　爆　破　尘　毒

炸药不良的爆炸反应会生成一定量的一氧化碳和氮的氧化物。此外，在含硫矿床中进行爆破作业，还可能出现硫化氢和二氧化硫（本节不做重点介绍）。上述四种气体都是有毒气体，凡炸药爆炸以后含有上述四种中的一种或一种以上的气体叫作炮烟，或称之为爆破毒气。人体吸入炮烟，轻则中毒，重则死亡。据我国部分冶金矿山爆破事故统计，炮烟中毒的死亡事故占整个爆破事故的 28.3%。

10.4.1　爆破毒气的组分与毒性

炸药一般是含有不同成分的氧、氮、氢、碳原子为基础的化合物，按理想的爆炸反应是：碳氧化为二氧化碳，氮还原为单体氮。但实际反应并非如此简单，而是产生一定数量的氮氧化合物和一氧化碳，这就是主要的爆破毒气。

10.4.1.1　一氧化碳

A　一般性质

一氧化碳（CO）是在供氧不足情况下产生的无色无味气体，标准状态下密度为 $1.185g/dm^3$（是空气密度的 0.967 倍），比空气轻些。故 CO 总是游离在坑道顶部，易用加强通风驱散。在相同条件下它在水中的溶解度比氧小。

B　毒性

一氧化碳的毒性在于它与血液中的血红蛋白能合成碳氧血红蛋白，达到一定浓度就会阻碍血液输氧，造成人体组织缺氧而中毒。血液吸收一氧化碳达到 20% 饱和状态就发生昏迷、呼吸短促与困难；达到 50% 饱和状态就很难站立，稍用力即昏迷，接近死亡。在含有一氧化碳成分的空气中呼吸中毒致命的情况，因人而异。在低浓度下短暂接触，会引起头昏眼花、四肢无力、恶心呕吐等，吸入新鲜空气后症状即可消失，也不致产生慢性后遗症。长时间在一氧化碳含量达 0.03% 环境中生活就极不安全，大于 0.15% 是危险的，达到 0.4% 就会很快死亡。必须注意的是，一氧化碳的毒性有累积作用，它与血球结合的亲和力要比氧与红血球的亲和力大 250 倍。已中毒的人通常并未觉察，但在走进新鲜空气中时忽然倒下。含有一氧化碳的血液呈淡红色，饱和程度愈大，红色愈深，且继续加深直至死后，这是判断一氧化碳中毒的主要症状。

10.4.1.2　氮的氧化物

A　一般性质

爆破气体中氮的氧化物主要包括 NO、N_2O_3、NO_2/N_2O_4 等，一般假定以 NO_2/N_2O_4 为代表。

NO_2/N_2O_4 对空气的比重分别为 1.59 和 3.18，故爆后可长期渗于碴堆与岩石裂隙，不易被通风驱散，出碴时往往挥散伤人，危害很大。

N_2O_3 是一种带有特殊化学性质的气体或混合气体，其物理性质和 NO 与 NO_2 的等分子混合物类似，对空气的比重是 2.48，能被水或碱液吸收产生亚硝酸或亚硝酸盐。

B　毒性

NO_2/N_2O_4 与 N_2O_3 易溶于水，当吸入人体肺部时，就在肺的表面黏膜上产生腐蚀，并有强烈刺激性。这些气体会引起刺鼻、辣眼睛、咳嗽及胸口痛。低浓度时导致头痛与胸闷，浓度较高时可引起肺部浮肿而致命。这些气体具有潜伏期与延迟特性，开始吸入时不会感到任何征候，但几个小时（常达 12h）后剧烈咳嗽并吐出大量带血丝痰液，常因肺水肿死亡。

NO 难溶于水，故不是刺激性的，其毒性是与红血球结合成一种血的自然分解物，损害血红蛋白吸收氧的能力，导致产生缺氧的萎黄病。最近的研究表明，NO 毒性虽稍逊于 NO_2，但它常常有可能氧化为 NO_2，故认为两者都是具有潜在剧毒性的气体。

据有关资料，离巷道工作面 5~10m 范围内、爆破后尚未通风的条件下，爆破气体中氮氧化合物浓度约为 0.1%，在这样高浓度下呼吸，很短时间即可致命。浓度超过 0.01% 时，只要呼吸几小时，对人体就很有害。

由于氮氧化合物的刺激作用，其含量浓度虽低于毒性水平，但若长期呼吸，也可造成慢性中毒。

大量事实证明，呼吸带有硅尘的氮氧化合物气体能加速产生硅肺病；反复呼吸微量氮氧化合物会产生一种黏膜炎病症，它会由于矿尘的存在而加剧，或使已存在的硅肺病加速发展。

爆炸气体除对肺的刺激作用外，大量吸收还能使细胞组织中微发状运动停止，从而破坏了由肺部清除尘埃的防护功能。

10.4.2　爆破尘毒监测

我国《爆破安全规程》（GB 6722—2003）明确规定，地下爆破作业点的爆破有害气体浓度，不应超过表 10-28 的标准。

表 10-28　地下爆破作业点有害气体允许浓度

名　称	符　号	最高允许浓度	
		体积/%	毒气含量/mg·m^{-3}
一氧化碳	CO	0.0024	30
氧化氮（换算成 NO_2）	NO_2	0.00025	5
二氧化硫	SO_2	0.00050	15
硫化氢	H_2S	0.00066	10
氨	NH_3	0.00400	30

露天药室爆破在爆区附近有坑道或药室靠近坑道时，必须警惕毒气沿坑道或爆破裂隙向地下扩散的可能性。爆后应对空气取样监测，确认安全后才准人员进入。炮烟监测应遵守下列规定：

（1）应按 GB 18098 测定的方法来监测爆破后有害气体的浓度。

（2）露天硐室爆破后，重新开始作业前，应检查工作面空气中的爆破有害气体浓度，且不应超过表 10-28 的规定值；爆后 24h 内，应多次检查与爆区相邻的井、巷、硐内的有毒有害物质浓度。

（3）地下爆破作业面炮烟浓度应每月测定一次；爆破炸药量增加或更换炸药品种时，应在爆破前后测定爆破有害气体浓度。

此外，药室爆破用药量较大时，爆破后的岩堆内常含有高浓度毒气，如岩堆与涵管、坑道相连，就可能向内扩散毒气，通风不好就会积聚不散，未经检查，不准入内，以防发生中毒事故。

10.4.3　预防措施

在实际爆破作业中，单位质量炸药爆后生成的气体约为 $300 \sim 500 L/kg$，其中有毒气体约占 $20 \sim 100 L/kg$。根据以上所述，降低有毒气体的危害程度，可采用以下措施。

（1）使用合格炸药或选定炸药合理配方。从理论上设计接近零氧平衡的炸药，供地下爆破专用。根据我国相关研究资料提出，矿用炸药的有毒气体含量不能超过 80L/kg。表 10-29 列出对我国现产矿用岩石硝铵炸药、煤矿硝铵炸药 113 种样品的检验结果，认为这些炸药爆后有毒气体含量未超过规定，符合矿用爆破要求。研制新品种炸药时，必须坚持通过实验室及工业性试验，得出结论才能推广使用。用户对所用炸药的性能与规格必须完全掌握，有条件时应按工业试验要求检验炸药各项指标（包括有毒气体成分及数量）是否符合要求。

表 10-29　炸药有毒气体检验结果

炸药品种	数量/个	有毒气体总量/$L \cdot kg^{-1}$
岩石硝铵	39	21.4~49.13
煤矿硝铵	74	14.38~66.73
水胶、乳化油	39	15.0~76.0
胶质	5	15.96~24.6
高安全	9	43.59~111.74
铵松蜡	9	38.0~98.8
其他	23	

（2）增大起爆能。起爆能不足会产生大量有毒气体，故选用感度较高、威力较大的炸药作为起爆药包，对感度较低的炸药（如铵油类、不含梯恩梯或含梯恩梯较少的硝铵类炸药等）尤为重要。同时，做好爆破器材防水处理，确保装药和填塞质量，避免半爆和爆燃。

（3）选定合理装药形式。装药前必须将药孔内水及岩粉吹干净。根据情况采用散装药（耦合系数为1），将会显著降低有毒气体浓度。此外，装药密度、起爆药包的位置、填塞物种类、堵塞质量等，对有毒气体的产生都有一定影响。

（4）加强通风与洒水。爆后通风，可驱散密度较小的 CO。因此，爆破后要加强通风，一切人员必须等到有毒气体稀释至爆破安全规程中允许的浓度以下时，才准返回工作面。井下爆破前后加强通风，应采取措施向死角盲区引入风流。

洒水一方面可将溶解度较高的 NO_2/N_2O_4 和 N_2O_3 转变为亚硝酸与硝酸；另一方面可将难溶于水的氮氧化合物（如 NO）从碎石堆或裂隙中驱赶出来便于随风流出工作面。在水中加入一定浓度的碱液，如加入 $Ca(OH)_2$、Na_2CO_3 等则效果更好。

（5）加强炸药的质量管理。定期检验炸药的质量，注意防水和防潮，不要使用过期变质的炸药；避免炸药产生不完全的爆炸反应而产生过多的毒气。

（6）点火站和观测站。露天爆破选定点火站和观测站时，应考虑爆破当天的风向和地形条件，点火站和观测站要尽量避免设在下风方向。若须在有毒气体影响范围内工作时，应采取有效的个人防护措施。

10.5　爆　破　噪　声

10.5.1　爆破噪声的概念

爆破噪声是爆破空气冲击波衰减后继续传播形成的一种声波，是指各种不同频率、不同强度的声音无规律地组合在一起所形成的声音。也就是随着空气冲击波传播距离的增加，其强度逐渐下降而变成噪声和亚声。噪声和亚声是空气冲击波的继续，与空气冲击波的区别在于超压和频率。根据美国矿业局的观点，超压大于 $7×10^3$ Pa 的为空气冲击波，超压低于此值的为噪声和亚声。按频谱划分，噪声的频率位于 20～20000Hz 的可闻阈内，亚声的频率低于20Hz。日本学者明和小太郎解释：冲击波压力小于 180dB 时为声压。

TNT 炸药在空气中爆炸，由冲击波过渡到声压的临界距离与药量的关系见表 10-30。在一般的爆破作业中，噪声主要是炸药的爆炸声。

表 10-30　临界距离与药量的关系

装药量/kg	1	10	100	1000
临界距离/m	3.3	7.5	15	33

描述声音强弱的物理量是声压。声波在弹性介质中的传播所引起介质变化的稳态压力称为声压。一般人耳能感觉到的声压范围是 0.00002～20Pa。为便于计算和使用，声音的强弱通常不用声压来表示，而采用声压级（SPL）表示：

$$SPL = 20\log_{10}\frac{p_c}{p_{ref}} \tag{10-29}$$

式中，SPL 为声压级，dB；p_e 为待测声压有效值，0.1Pa；p_{ref} 为参考声压，取 $2×10^{-5}$Pa。

在空气中参考声压 p_{ref} 一般取为 $2×10^{-5}$Pa，这个数值是正常人耳对 1kHz 声音刚刚能觉察其存在的声压值，也就是 1kHz 声音的可听阈声压。一般讲，低于这一声压值，人耳就再也不能觉察出这个声音的存在了。显然该可听阈声压的声压级即为零分贝。

10.5.2　爆破噪声的测量

噪声可用仪器测量。测量噪声所用的仪器有声级计、频率分析仪、自动记录仪和优质磁带记录仪。

声级计是由传声器、放大器、计权网络和指示器组成。传声器又叫话筒（麦克风），它是把声信号转换成电信号的声电换能器。放大器是解决声级计内部电压放大的装置。

计权网络是根据人耳对声间的频率响应特性而设计的滤波器，它参考等响曲线设置A、B、C三种频率。测量爆破噪声时，多采用A、C频率。

指示器是声级计的表头，其读数是声压的有效值。

测量瞬时噪声时要采用脉冲声级计。但是测量约束药包产生的爆破低频噪声时，应采用线性或非计权的测量仪器。

10.5.3　爆破噪声的危害作用及安全标准

爆破噪声会对人体健康产生危害作用，它主要是使人产生不愉快感觉，妨碍日常生活，使听力减弱。频繁的噪声使人的交感神经紧张，心脏跳动加快，血压升高，影响睡眠和激素的分泌。在100dB噪声的环境下长期工作，听力将会减弱；在150dB噪声的情况下，能使人耳聋；当噪声大于130dB时，即使持续时间很短，对人体健康也会产生危害。为对噪声的大小进行概略地比较，联合国世界保健组织规定了一个标准：距离音源10m测定的噪声大小（见表10-31）。

表 10-31　距离音源 10m 测定的噪声大小　　　　　　　　　　（dB）

耳语		2人交谈	2辆汽车	混凝土搅拌机	10辆汽车	讲话困难	飞机	喷气式飞机
无耳塞	<20	25~30	60~70	70~80	80~90	90~100	130~150	150
有耳塞	<30	30~50						

国外多数国家对于听力和环境噪声的允许标准都做出了规定。我国国家劳动总局和卫生部于1980年也公布了工业噪声的卫生标准（听力保护标准），见表10-32。

表 10-32　我国制定的听力保护标准　　　　　　　　　　（dB）

噪声暴露时间	8h	4h	2h	1h	30min	15min	8min	4min	2min	1min	30s
老企业	90	93	96	99	102	105	108	111	114	117	120
新企业	85	88	91	94	97	100	103	106	109	112	115

噪声对听觉及人体的影响，主要取决于噪声级、频率和工作时间。国际标准化组织（ISO）1961年的规定是：连续噪声暴露时间8h为90dB；1971年又改为85dB，暴露时间减半，允许的噪声级可提高3dB，但最高不得超过115dB。

因爆破噪声属于间歇性脉冲噪声，要求每一个脉冲声可小于120dB。

关于环境噪声的允许标准，国际标准化组织（ISO）对不同地区、不同时间的环境噪声都有明确的要求：对于工业地区要求最低，白天为60~70dB，晚上为55~65dB，深夜

为 50~60dB。对于爆破噪声，在城市内的人口密集区和工业区，有的国家将其限制在
90dB 以下。目前，我国《爆破安全规程》（GB 6722—2003）已明确规定：爆破噪声为间
歇性脉冲噪声，在城镇爆破中每一个脉冲噪声应控制在 120dB 以下，复杂环境条件下，
噪声控制由安全评估确定，即一无明确规定其标准，二是还难以达到准确的定量控制，通
常是采取一定的措施将其减弱。

爆破噪声不仅对人员产生危害效应，而且与空气冲击波类似，对建筑物也会产生一定
的破坏作用（见表 10-33）。

表 10-33 声效应的破坏情况

声级差/dB	建筑物破坏程度	超压/×10⁵Pa
171	大多数窗玻璃破坏	0.07
161	玻璃部分破坏，屋顶瓦部分翻动，顶棚抹灰部分脱落	0.02
151	一些安装不好的窗玻璃破坏	0.007
141	某些大格窗玻璃破坏	0.002
128	美国矿业局暂时规定的噪声安全值	0.0005
120	美国环境保护机构推荐的亚声安全值	0.0002

10.5.4 爆破噪声的预防措施

在城镇拆除及岩土爆破时，宜采取以下措施控制噪声：

（1）不用导爆索起爆网路，在地表空间不应有裸露导爆索。

（2）不用裸露爆破。

（3）严格控制单位耗药量、单孔药量和一次起爆药量。

（4）实施毫秒爆破。

（5）保证填塞质量和长度。

（6）在爆炸气体易于逸散的部位和方向上实施覆盖或遮挡。

（7）放炮时间尽量避开早晨、傍晚、云层较低的雨天或雾天。

（8）对暴露在外的雷管、导爆索等爆炸品，用松散的土壤进行掩埋等。

（9）选择合理的爆破方式。实验表明，装药内部爆破时，传给空气的爆炸能量受到
限制，爆破噪声强度将随装药比例埋深的增加而减少。标准梯段爆破时，同一比例距离的
条件下将降低 30~40dB。几千克量级的猛炸药爆破时，覆盖土 1m 厚，噪声可降低 20dB。

（10）爆区周围有学校、医院、居民点时，应与各有关单位协商，实施定点、准时
爆破。

10.6 早 爆 预 防

爆破作业中，产生早爆的原因很多，主要是爆破器材质量不合格、杂散电流、静
电、雷电、射频电、化学电等的影响，以及高温或高硫介质引起的炸药自燃自爆和误
操作等。

10.6.1　杂散电流的危害与预防

杂散电流是存在于电流电路以外的杂乱无章的分散电流，其大小、方向随时变化。

金属矿区或厂区内都或多或少存在杂散电流，威胁着电爆破作业的安全。杂散电流有直流杂散电流和交流杂散电流两种。杂散电流主要来自架线式电机车牵引网路的漏电、动力线路或照明线路的漏电，以及大地自然电流、化学电和电磁波辐射等杂散电流源。

实测表明，杂散电流主要分布在导电物体之间，如矿岩、水管、风管和铁轨之间可能有较大的杂散电流存在，有时可达几安培到十几安培，电力机车停运后可降至 1A 以下。这就给电爆网路带来早爆事故的危险性。这类早爆事故在国内外都曾经发生过，因此，采用电起爆方式时，必须预测爆区的杂散电流值及其分布规律，并应采取可靠的技术措施以防杂散电流引起早爆事故。

在测定爆区内的杂散电流时，如果爆区较大，测点比较分散时，一定要设置固定测点和临时测点。对于固定测点，装药前必须在爆区两端、中部以及耗电量较多的地点或直流网路的回馈点附近，进行定期观测，以掌握杂散电流的变化和分布规律。此外，重点测定对象是金属管道、矿体、岩石和钢轨等物。爆破前的测定时间不得小于爆破作业时间，只有掌握了该时间内杂散电流的变化规律，才有可能设法避开高峰，或在杂散电流高峰期间采取可靠的保安措施。当杂散电流值超过 30mA 时，应采取如下预防措施：

（1）减少杂散电流源，如拆除爆区内的金属物或在钢轨接头处引焊铜线以减小架空线回路电阻，清除散落在积水中的炸药等。

（2）局部或全部停电。

（3）采用抗杂散电流雷管或非电起爆网路。

10.6.2　静电的危害及预防

10.6.2.1　静电的产生

装药过程的机械化改善了爆破工艺技术和作业条件，使劳动生产率提高 2~5 倍。但是，在使用装药器对粉状炸药进行压气装药时，如果环境空气湿度低而炸药和输药管之间的绝缘程度高，则高速运动的炸药颗粒在输药管内运动过程中便产生静电积累，有时静电电压高达数万伏特。此时，静电泄漏形成的火花放电会使炸药浮尘爆燃而导致早爆事故。例如，1970 年苏联某矿山在向深孔压气装填 AC-8 型粒状炸药时，由于静电放电发生深孔中的电雷管早爆事故，致使两人死亡。

试验研究表明，即使静电放电的电流小到几微安，由于其能量的瞬时释放，火花放电对雷管也会有一定的引爆能力。压气装药时，静电火花放电的引爆能力取决于带电体的电场能量，而电场能量由式（10-30）确定：

$$E = \frac{1}{2}CV^2 \tag{10-30}$$

式中，E 为电场能量；V 为静电电压；C 为静电系统的电容量。

由此可见，电场能量同系统的电容和静电电压的平方成正比。静电电压高低是决定电场能量和放电能量的主要参数，也是评价静电对电雷管危险程度的主要依据。因此，为了掌握装药过程中的静电积聚情况和保证安全，在压气装药时应进行静电测定。测定静电的方法有网测法和箱测法两种，以 Q3-V 型静电电压表或 KS-325 型集电式电位测定仪测定装药部分的静电电压。

10.6.2.2 静电积聚的影响因素

在空气与炸药混合物的运动过程中和空气由装药分离出来的过程中，静电积聚明显，输药管等部件静电效应显著。其主要影响因素有：

（1）空气湿度。一般空气湿度与静电电压成反比。

（2）喷药速度。静电电压与喷药速度成正比，喷药速度达 5m/s 以上时，管壁表面产生静电荷，喷药速度为 20m/s 时可能产生火花。

（3）矿岩的导电性。

（4）输药管材质以及装药器和药包的对地电阻对输药管上静电电荷的积聚有一定的影响。

10.6.2.3 静电早爆的预防

防止静电早爆的有效技术措施是设法减少静电源和将已产生的静电电荷导入大地或使用抗静电的起爆器材。例如提高空气湿度或炸药的含水率；采用半导体输药管或在输药管中加入石墨、烟黑、金属屑等掺料；限制炸药在输药管中的输送速度不超过 20m/s；装药设备部件的有效接地，装药系统的接地电阻不得大于 $1 \times 10^5 \Omega$；压气装药结束以后，才将起爆药包放入炮孔中；采用抗静电雷管或其他非电起爆系统。这些措施都能较好地抑制静电的产生或使静电荷疏散与流失。

10.6.3 雷电引起的早爆及其预防

在露天爆破作业中，遇有雷雨天气时，雷电可能引起电爆网路的早爆。例如 1992 年 6 月 9 日，东北某露天铁矿在爆破施工过程中发生一起雷击引起的早爆事故；1992 年 8 月 27 日，深圳市盐田港某工地在一次硐室爆破的装填过程中，因雷击引起炸药早爆。雷电引起电爆网路早爆的原因有：直接雷击、雷电磁场感应和带电云块的静电感应，尤其雷电磁场的磁力线切割电爆网路而感生的电流，是引起早爆事故的主要原因。

为了防止雷电引起电爆网路的早爆，可采取如下措施：雷雨天气禁止使用电力起爆；爆区附近设置避雷装置系统；尽量缩短联线爆破时间，装药后一旦遇有雷雨，电雷管脚线或支线应开路，并充分绝缘起来，人员撤离至安全地点；在雷雨季节采用非电起爆系统。

10.6.4 射频电流引起的早爆及预防

当爆区附近有广播电台、电视台、中继台、无线电通信台或转播台射频电源时，应充分注意射频感应电流引起电爆网路早爆的可能性，因为发射台的功率一般较大，频率低，特别是 535~1605kHz 波段，射频能量在爆破网路中衰减慢，有引起早爆的潜在危险。

预防射频电引起早爆的措施有：查清爆区附近有无射频电源，如有并在危险范围之内时，应采用非电起爆系统；保持爆破网路稍贴地面敷设，避免形成大的圈形回路。

10.6.5 化学电及高硫矿床引起的早爆与预防

在金属矿山爆破作业过程中，由于大地电或含硫矿床的化学电及高硫化矿高温等有引起早爆的危险。例如在硫化矿床中采用硝铵炸药爆破，当矿石中的水分在 3%~14%、黄铁矿（FeS_2）的含量大于30%、硫酸亚铁与硫化亚铁的铁离子之和大于0.3%时，可能会引起炸药早爆。这主要是由于硝铵炸药与矿粉直接接触，生成的不稳定的硫酸亚铁进一步氧化成硫酸铁，进而与黄铁矿再反应形成铁离子促使其自爆。其实质是上述反应生成的硫酸与硝酸铵作用生成二氧化氮（NO_2）并放出热量的结果，最终导致药包早爆。

预防高硫矿床早爆的措施有：预先测定硫化矿粉的铁离子浓度和含硫量；避免硝铵炸药与矿粉接触；吹干炮孔；改用其他种类炸药；炮孔灌泥浆或降温；缩短装药时间或采用耐高温的爆破器材等。

10.7 拒 爆 处 理

10.7.1 电雷管为主起爆器材的拒爆

10.7.1.1 产生的原因

A 雷管方面的原因

雷管是起爆元件，连接方式采用串联或串并联形式连接在爆破网路中，一发雷管不响就可能产生全部拒爆或部分拒爆。

（1）电雷管质量不合格，电雷管在出爆破材料库前虽然经过全电阻导通检验合格，但经过运输受到振动，有可能使雷管桥丝或脚线脱落或虚接，在工作面使用前，不可能再次进行导通检测，使用了不合格的电雷管造成拒爆。

（2）选用了不同厂家、不同品种、不同批次的电雷管或选用的电雷管的电阻差值大于0.3Ω以上。起爆时，由于电雷管的起爆冲能、发火电流及发火时间不同，在同一爆破网路中敏感度高的电雷管先起爆，炸断了网路，而有些还没有发火的雷管就会拒爆。

（3）电雷管起爆能力不足。雷管受潮或因密封不严造成防水失效，或超过了雷管有效储存期造成了雷管的起爆能力不足。起爆能力不够会造成雷管响后炸药没有被引爆，产生拒爆或残爆。

B 起爆电源的原因

目前使用的发爆器均是防爆型电容式发爆器。

（1）通过电雷管的起爆电流值太小或通电时间过短。通过雷管的电流值太小没有达到雷管的准爆电流或因通电时间过短，雷管得不到所必须的引燃冲能而导致雷管拒爆。

（2）发爆器内电池电压不足、充电时间过短，未达到规定的电压值便放电起爆。国产防爆型发爆器多为电容式，靠的是高压脉冲电流起爆电雷管，大都采用机械式毫秒开关或电磁继电器限时6ms放电以满足煤矿井下爆破安全方面的要求。发爆器长期不停使用，发爆器内的电池电压值降低，实现不了充电电压，或者发爆器充电时间过短，未达到额定的电压值就放电起爆，这样都可能造成网路中的雷管全部或部分拒爆。

（3）发爆器的输出功率不足，起爆能力不够。不同规格的发爆器都有其额定起爆能力（发），虽然设计计算无误，但实际上由于爆破网路实际电阻远高于计算电阻，这就造成了发爆器的输出功率满足不了实际要求（输出引燃冲能小于雷管的最大额定引燃冲能）产生拒爆。因此发爆器的实际起爆能力与额定起爆能力有一定差别，有时甚至很大。

（4）发爆器管理保养不当。长期使用会使发爆器主电容容量降低，充电时达不到规定的额定电压值，使用过程中发爆器也会受潮，受潮后氖灯提前起辉，使人误认为已达额定电压，另外，发爆器开关触点熔蚀，接触不良等都会使发爆器的输出引燃冲能降低，起爆能力也就自然降低。

C 电爆网路方面的原因

电爆网路有串联、并联、串并联和并串联，使用发爆器时多采用串联。爆破网路问题造成拒爆的原因主要有爆破母线不合格，电阻过大；网路短路；错接或漏接；接头不牢、不洁净，有水或油腻等导致网路电阻增大，这些都能造成全部和部分雷管拒爆。爆破网路漏电是另一产生拒爆的主要原因，煤矿井下作业环境较为潮湿、多有积水或泥浆，一旦与接头裸露部分接触，网路电阻值就会增大很多，在通电起爆瞬间，水（此时可视为电解质水溶液）的导电能力远比一般情况大得多，易造成爆破网路漏电严重，降低了通过电雷管的电流值，当小于雷管的最小发火电流时，雷管拒爆。

10.7.1.2 拒爆预防

针对以上拒爆产生原因的分析，可从以下几个方面预防拒爆的产生：

（1）优选爆破材料。特别是应使用合格的电雷管，禁止不同厂家生产的不同品种和不同性能参数的电雷管掺混使用，禁止使用过期失效和变质的雷管和炸药，定期抽查检测雷管的起爆能力。

（2）加强雷管检测。雷管在出库发放前，必须使用专用的电雷管检测仪逐个进行电阻检查，并且按照电雷管电阻值的大小编组，将阻值一样或相近的编在同一个电爆网路中，禁止将电阻值相差过大的电雷管混用。

（3）正确地选用发炮器。煤矿井下爆破作业必须选用防爆型的发炮器，其额定功率必须满足一次放炮总个数的要求，考虑到环境条件和连线质量，有资料介绍，一般情况下起爆雷管的数目以不超过额定值的80%为佳。同时，对放炮器强化实行统一管理，做到统一收发，统一检测维修，定期更换电池，保持完好的工作状态，安全可靠。

（4）进行爆破网路准爆电流的计算，注重电爆网路的连接质量。电爆网路的连接要符合设计要求，防止错联和漏联，接头要拧紧，要保持清洁，防止被油污和泥浆污染而使接头电阻增大，储存时间较长的雷管还需刮去线头的氧化物、绝缘物、露出金属光泽，各裸露接头彼此应相距足够距离并不得触地，潮湿或有水时，应用防水胶布包裹，放炮母线要有较大的抗拉强度和耐压性能，电阻值要小以减少线耗。每次放炮前，放炮员都必须用电雷管检测仪对电爆网路进行电阻检查，实测的总电阻值与计算值之差应小于10%，检查确认无误后，方可起爆。

10.7.2 非电雷管为主起爆器材的拒爆

10.7.2.1 拒爆原因

采用导爆索起爆法产生拒爆的原因主要有：导爆索质量差，或因贮存时间长，保管不良而受潮变质；装入炮孔（或药室）后，铵油炸药中的柴油渗入药芯中，使其性能改变，造成拒爆；在充填过程中打断或受损；多段起爆时，被前段爆破冲坏；以及网路连接方法错误等。

导爆管网路产生拒爆的原因主要有：导爆管质量差，有破损、漏洞或管内有杂物；在联结过程中有死结；有沙粒、气泡、水珠进入导爆管；导爆管与联结元件松动、脱节；起爆雷管不能完全起爆网路，以及网路在装药填塞过程中受损等。

10.7.2.2 预防措施

A 导爆索起爆网路预防措施

（1）切割导爆索应使用快刀，不应用剪刀剪断导爆索。

（2）导爆索起爆网路应采用搭接、水手结等方法连接；搭接时，两根导爆索搭接长度不得小于15cm，中间不得夹有异物和炸药卷，捆扎应牢固，支线与主线传爆方向的夹角应小于90°。

（3）连接导爆索中间不应出现打结或打圈；交错敷设时，应在两根交叉导爆索之间放一厚度不小于10cm的木质垫块。

（4）起爆导爆索的雷管，与导爆索端头的距离不小于15cm，雷管的聚能穴应朝向导爆索的传爆方向。

B 导爆管起爆网路预防措施

（1）导爆管网路应严格按设计进行连接，导爆管网路中不得有死结，炮孔内不得有接头，孔外传爆雷管之间应留有足够的间距。

（2）用雷管起爆导爆管网路时，起爆导爆管的雷管与导爆管端头的距离应不小于15cm，应有防止雷管聚能穴炸断导爆管和延时雷管的气孔烧坏导爆管的措施；导爆管应均匀地敷设在雷管周围并用胶布等捆扎牢固。

（3）用导爆索起爆导爆管时，宜采用垂直连接。

硐室爆破和其他A、B级爆破工程，应进行起爆网路试验。电起爆网路应按设计网路进行实爆试验或等效模拟试验；起爆网路实爆试验按设计网路联线起爆；等效模拟试验至少用一条支路按设计连接雷管，其他各支路可用等效电阻代替；大型导爆索起爆网路或导爆管起爆网路试验应按设计联线起爆，或至少选一组（对地下爆破是选一个分区）典型网路的起爆进行实爆；对重要爆破工程，应考虑在现场条件下进行网路实爆。

预防导爆管起爆网路的早爆，应检查导爆索或导爆管起爆网路有无漏接或中断、破损，有无打结或打圈，支路拐角是否符合规定，雷管捆扎是否符合要求，线路连接方式是否正确，雷管段数是否与设计符合，网路保护措施是否可靠。

10.7.3 由于炸药因素发生的拒爆

对于工业炸药，爆轰状态在实际爆破中要受到种种复杂因素的影响，起爆能量、含水率、密度、药卷直径、爆破约束条件等对其稳定爆轰状态影响甚大。

由于炸药因素造成拒爆的主要原因及预防措施：

（1）采用过期、变质、失效的炸药、雷管和爆破器材。在爆破作业中，禁止采用上述爆破器材。

（2）爆破作业中常用的铵油炸药不抗水，因此，在多雨或地下水发育的爆破工地，要做好炸药、起爆药包、导爆管、导爆索的防水、防潮工作，将炮孔中的积水排干，或采用浆状炸药、水胶炸药。乳化炸药等抗水类炸药进行爆破。

（3）装药直径小于该种炸药的临界直径时，爆轰波不能稳定传播。因此在光面、预裂爆破等场合需自制小直径药卷时应特别注意。

（4）装药密度对爆轰状态也影响很大，对硝铵类炸药，最佳装药密度是 1.0～1.1g/cm³，密度过大、过小，都可造成药包的拒爆。

10.7.4　处理拒爆的方法

每次爆破作业完成后，都要认真检查现场是否有拒爆，可以采用装药时同时装入阻燃彩带。爆破后，若完全爆破，彩带能够完全被炸碎；若有瞎残炮存在，彩带仍在，从视觉上能够快速而准确地找出瞎残爆的位置。如果发现拒爆，首先要科学地分析拒爆产生的原因，并根据原因有针对性地采取正确的方法及时处理。

处理拒爆、残爆时，必须在班组长指导下进行，并应在当班处理完毕。如果当班未处理完毕，当班爆破工必须向下一班爆破工交接清楚。处理拒爆时，必须遵守下列规定：

（1）处理拒爆前应由爆破领导人定出警戒范围，并在该区域边界设置警戒，处理盲炮时无关人员不准许进入警戒区。

（2）应派有经验的爆破员处理盲炮，硐室爆破的盲炮处理应由爆破工程技术人员提出方案并经单位主要负责人批准。

（3）电力起爆发生拒爆时，应立即切断电源，及时将盲炮电路短路。

（4）导爆索和导爆管起爆网路发生拒爆时，应首先检查导爆管是否有破损或断裂，发现有破损或断裂的应修复后重新起爆。

（5）不应拉出或掏出炮孔和药壶中的起爆药包。

（6）盲炮处理后，应仔细检查爆堆，将残余的爆破器材收集起来销毁；在不能确认爆堆无残留的爆破器材之前，应采取预防措施。

（7）盲炮处理后应由处理者填写登记卡片或提交报告，说明产生盲炮的原因、处理的方法和结果、预防措施。

10.7.4.1　处理浅孔爆破盲炮的办法

（1）经检查确认起爆网路完好时可重新起爆。

（2）打平行孔装药爆破：平行孔距盲炮不得小于 0.3m；对于浅孔药壶法，平行孔距盲炮药壶边缘不得小于 0.5m。为确定平行炮孔的方向，可从盲炮孔口掏出部分填塞物。

（3）用木、竹或其他不产生火星的材料制成的工具，轻轻地将炮孔内的填塞物掏出，用药包诱爆。

（4）在安全地点外用远距离操纵的风水喷管吹出盲炮填塞物及炸药，但应采取措施回收雷管。

（5）处理非抗水硝铵炸药的盲炮，可将填塞物掏出，再向孔内注水，使其失效，但应回收雷管。

（6）盲炮应在当班处理，当班不能处理或未处理完毕，应将盲炮情况（盲炮数目、炮孔方向。装药数量和起爆药包位置，处理方法和处理意见）在现场交接清楚，由下一班继续处理。

关于浅孔电雷管和非电雷管拒爆处理流程图见图 10-15、图 10-16。

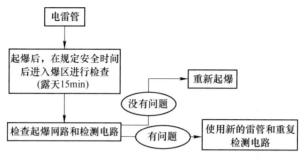

图 10-15　浅孔电雷管起爆器材拒爆处理流程

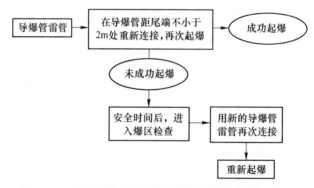

图 10-16　浅孔非电导爆管雷管起爆器材拒爆处理流程

10.7.4.2　处理深孔爆破盲炮的办法

（1）爆破网路未受破坏，且最小抵抗线无变化者，可重新联线起爆；最小抵抗线有变化者，应验算安全距离，并加大警戒范围后，再联线起爆。

（2）在距盲炮孔口不小于 10 倍炮孔直径处另打平行孔装药起爆。爆破参数由爆破工程技术人员确定，并经爆破领导批准。

（3）所用炸药为非抗水硝铵类炸药，且孔壁完好时，可取出部分填塞物向孔内灌水使之失效，然后做进一步处理。

10.7.4.3　处理硐室爆破盲炮的办法

（1）如能找出起爆网路的电线、导爆索或导爆管，经检查正常仍能起爆者，可重新测量最小抵抗线，重划警戒范围，联线起爆。

（2）沿竖井或平硐清除填塞物，重新敷设网路联线起爆，或取出炸药和起爆体。

思　考　题

10-1　爆破作业可能产生的危害因素有哪些？

10-2　拒爆是如何产生的，如何预防？

10-3　早爆是如何产生的，如何预防？

10-4　如何确定爆破的安全距离？

10-5　试述爆破地震效应的影响因素和降震措施。

参 考 文 献

[1] 齐金释. 现代爆破理论 [M]. 北京：冶金工业出版社，1996.

[2] 李翼琪，等. 爆炸力学 [M]. 北京：科学出版社，1992.

[3] 《采矿手册》编委会. 采矿手册 [M]. 北京：冶金工业出版社，1991.

[4] 《采矿设计手册》编委会. 采矿设计手册 [M]. 北京：中国建筑工业出版社，1987.

[5] 中国力学学会工程爆破专业委员会. 爆破工程 [M]. 北京：冶金工业出版社，1992.

[6] 何广沂. 工程爆破新技术 [M]. 北京：中国铁道出版社，2000.

[7] 姜彦忠. 爆破技术基础 [M]. 北京：中国铁道出版社，1999.

[8] 哈努卡那卡. 矿岩爆破物理过程 [M]. 刘殿中，译. 北京：冶金工业出版社，1980.

[9] 张时忠. 空气柱装药光面爆破方面的应用研究 [D]. 武汉：中国地质大学，1992.

[10] 张志呈. 定向断裂控制爆破 [M]. 重庆：重庆出版社，1997.

[11] 李树昌. 岩体构造特性的爆破破岩效应. 商业部设计院.

[12] 宋琦. 岩石内爆炸应力波破裂区半径的计算 [J]. 爆破，1994（2）：15~17.

[13] 高文学. 岩体爆破成缝的试验研究 [J]. 爆破，1991（1）：52~55.

[14] 伊滕一郎，等. 光面爆破译文集 [M]. 北京：煤炭工业出版社，1979.

[15] 李浩. 断裂力学 [M]. 济南：山东科学技术出版社，1980.

[16] 钱叶甫. 光面、预裂爆破成缝原理 [J]. 重庆大学学报，1994，17（1）：126~130.

[17] 刘海弟. 切槽预裂爆破的应用与研究 [J]. 爆破，1995（2）：23~25.

[18] 张志呈. 爆破原理与设计 [M]. 重庆：重庆大学出版社，1992.

[19] 陈益蔚，王同福. 岩石爆破中的断裂控制 [J]. 爆破，1992（4）：26~34.

[20] 秦虑，汪旭光. 断裂爆破新技术的研究与应用 [J]. 有色金属（矿山部分），1994（5）：26~30.

[21] 杨永琦. 岩石聚能装药爆破 [C] //工程爆破文集. 北京：冶金工业出版社，1993.

[22] 庞秉远. 大孔径预裂爆破的理论计算 [J]. 中国矿业，1991（2）：41~45.

[23] 高金石. 爆破工程中的堵塞 [D]. 西安：西安建筑科技大学，1981.

[24] 孟吉复，等. 爆破测试技术 [M]. 北京：冶金工业出版社，1991.

[25] 焦永斌. 爆破地震安全评定标准初探 [J]. 爆破，1995（3）：45~47.

[26] 王德胜. 爆破振动安全标准的研究 [J]. 有色金属（矿山部分），1995（3）：47~48.

[27] 龙维祺，郭安福. 深孔爆破振动安全判据的确定与估计 [J]. 有色金属，1983，35（1）：26~30.

[28] U. 兰格福斯，B. 基尔斯特略. 岩石爆破现代技术 [M]. 北京：冶金工业出版社，1983.

[29] 龙源，冯长根，等. 爆破地震波在岩石介质中传播特性与数值计算研究 [J]. 工程爆破，2000，6（3）：1~7.

[30] 李彤华，唐春海，于亚伦. 爆破振动的频谱特征及其工程应用 [J]. 工程爆破，2000，6（2）：1~5.

[31] 阳生权、廖先葵、刘宝琛. 爆破地震安全判据的缺陷和改进 [J]. 爆炸与冲击，2001，21（3）：223~228.

[32] Isaac I D, Bubb C. A study of blast vibration [J]. Tunnels & Tunneling, 1981, 13 (6).

[33] 戈鹤川，杨年华. 爆破振动测试技术及安全评价问题探讨 [C]//. 铁道工程爆破文集. 北京：铁道出版社，2000.

[34] The Commission on Test Methods, Suggested Method for Blast Vibration Monitoring [J]. Int J Rock Mech Min Sci & Geomech Abstr, 1992, 29 (2).

[35] Crum, Sinkind S V, et al. Blast Vibration Measurements at Far Distances and Design Influences on Ground Vibration, Pro. 18th Annual Conf. On Explosives and Blasting Technique, Soc. Of Explosives Engineer,

Orlando, FL, 76.

[36] Rossmanith H P. 第四届国际岩石爆破破碎学术会议论文集 [C]. 北京：冶金工业出版社. 1995.

[37] 许红涛，卢文波. 几种爆破振动安全判据 [J]. 爆破，2002，19（1）：8.

[38] R. Holmberg. Editor "Pro. Of the 1st World Conf. On Explosives & Blasting Technique" Munich, Germany, 2000.

[39] 梁国庆，李德武，朱宇，等. 临近隧道爆破施工振动控制技术 [M]. 北京：科学出版社，2015.

[40] 闫长斌，王贵军，王泉伟，等. 岩体爆破累积损伤效应与动力失稳机制研究 [M]. 郑州：黄河水利出版社，2011.

[41] 闫鸿浩，王小红. 城市浅埋隧道爆破原理及设计 [M]. 北京：中国建筑工业出版社，2013.

[42] 杨年华. 爆破振动理论与测控技术 [M]. 北京：中国铁道出版社，2014.

[43] 吴腾芳，丁文，李裕春，等. 爆破材料与起爆技术 [M]. 北京：国防工业出版社，2008.

[44] 闫鸿浩，李晓杰. 城镇露天爆破新技术 [M]. 北京：中国建筑工业出版社，2015.

[45] 高文学，邓洪亮. 公路工程爆破理论与技术 [M]. 北京：科学出版社，2013.

[46] 张正宇，等. 水利水电工程精细爆破概论 [M]. 北京：中国水利水电出版社，2009.

[47] 秦建飞. 双聚能预裂与光面爆破综合技术 [M]. 北京：中国水利水电出版社，2014.

[48] 谢先启. 精细爆破 [M]. 武汉：华中科技大学出版社，2010.

[49] 门建兵，蒋建伟，王树有. 爆炸冲击数值模拟技术基础 [M]. 北京：北京理工大学出版社，2015.

[50] 杨军，陈鹏万，胡刚. 现代爆破技术 [M]. 北京：北京理工大学出版社，2005.

[51] 周传波，何晓光，郭廖武，等. 岩石深孔爆破技术新进展 [M]. 武汉：中国地质大学出版社，2005.

[52] 璩世杰. 爆破理论与技术基础 [M]. 北京：冶金工业出版社，2016.

[53] 王晓雷. 爆破工程 [M]. 北京：冶金工业出版社，2016.

[54] 中国工程爆破协会，等. GB 6722—2014 爆破安全规程 [S]. 北京：中国标准出版社，2015.

[55] 中国华西企业股份有限公司，等. GB 50201—2012 土方与爆破工程施工及验收规范 [S]. 北京：中国建筑工业出版社，2012.

冶金工业出版社部分图书推荐

书　名	作　者	定价(元)
中国冶金百科全书·采矿卷	本书编委会　编	180.00
中国冶金百科全书·选矿卷	本书编委会　编	140.00
选矿工程师手册（共4册）	孙传尧　主编	950.00
金属及矿产品深加工	戴永年　等著	118.00
露天矿开采方案优化——理论、模型、算法及其应用	王青　著	40.00
金属矿床露天转地下协同开采技术	任凤玉　著	30.00
选矿试验研究方法	王宇斌　等编	48.00
选矿试验研究与产业化	朱俊士　等编	138.00
金属矿山采空区灾害防治技术	宋卫东　等著	45.00
尾砂固结排放技术	侯运炳　等著	59.00
采矿学（第2版）（国规教材）	王青　主编	58.00
地质学（第5版）（国规教材）	徐九华　主编	48.00
碎矿与磨矿（第3版）（国规教材）	段希祥　主编	35.00
选矿厂设计（本科教材）	魏德洲　主编	40.00
现代充填理论与技术（第2版）（本科教材）	蔡嗣经　编著	28.00
金属矿床地下开采（第3版）（本科教材）	任凤玉　主编	58.00
边坡工程（本科教材）	吴顺川　主编	59.00
爆破理论与技术基础（本科教材）	璩世杰　编	45.00
矿物加工过程检测与控制技术（本科教材）	邓海波　等编	36.00
矿山岩石力学（第2版）（本科教材）	李俊平　主编	58.00
金属矿床地下开采采矿方法设计指导书（本科教材）	徐帅　主编	50.00
新编选矿概论（本科教材）	魏德洲　主编	26.00
固体物料分选学（第3版）	魏德洲　主编	60.00
选矿数学模型（本科教材）	王泽红　等编	49.00
磁电选矿（第2版）（本科教材）	袁致涛　等编	39.00
采矿工程概论（本科教材）	黄志安　等编	39.00
矿产资源综合利用（高校教材）	张佶　主编	30.00
选矿试验与生产检测（高校教材）	李志章　主编	28.00
选矿概论（高职高专教材）	于春梅　主编	20.00
选矿原理与工艺（高职高专教材）	于春梅　主编	28.00
矿石可选性试验（高职高专教材）	于春梅　主编	30.00
矿山企业管理（第2版）（高职高专教材）	陈国山　等编	39.00
露天矿开采技术（第2版）（职教国规教材）	夏建波　主编	35.00
井巷设计与施工（第2版）（职教国规教材）	李长权　主编	35.00
工程爆破（第3版）（职教国规教材）	翁春林　主编	35.00
金属矿床地下开采（高职高专教材）	李建波　主编	42.00